Wendelin Küpers
Jürgen Weibler

Emotionen in Organisationen

Verlag W. Kohlhammer

Umschlag: Gestaltungskonzept Peter Horlacher
Gesamtherstellung:
W. Kohlhammer Druckerei GmbH + Co. KG, Stuttgart
Printed in Germany

ISBN 3-17-018002-9

Geleitwort der Herausgeber

Diese neu vorliegende Management-Lehrbuchreihe befasst sich in ihren verschiedenen Einzelbänden mit ausgewählten Fragen der Organisation und Führung. Die Verbindung von wissenschaftlicher Problembehandlung und praktischer Anschaulichkeit soll ihre Ausführungen leiten. Darüber hinaus sind unterschiedliche Zugänge ausdrücklich erwünscht – hierdurch wird ein inhaltlich wie methodisch vielfältiges Spektrum für die Behandlung von Organisations- und Führungsfragen ermöglicht. Denn auch die Probleme, denen wir im Rahmen des Nachdenkens über und des Handelns in Organisationen begegnen, tragen keine disziplinären Etiketten.

Die jeweiligen Einzelbände wenden sich dabei zunächst an Dozenten und Studierende in der grundständigen wie weiterbildenden Lehre. Praktiker können von den anwendungsorientierten Ausführungen jedoch ebenfalls profitieren.

Das Sujet dieses Bandes entstammt der jüngeren Organisations- und Personalforschung und greift einen Themenkreis auf, der trotz seiner unbestrittenen ökonomischen Bedeutung lange vernachlässigt worden ist: Emotionen im Arbeitsleben. Wendelin Küpers und Jürgen Weibler zeigen in ihrem Buch, dass der rationaldominierte Homo Oeconomicus endgültig ausgedient hat und Gefühle im Arbeitsleben letztlich nicht folgenlos zu negieren sind. Im Folgenden wird nicht nur ein solider erklärungstheoretischer Hintergrund geliefert, sondern auch danach gefragt, wie sich Emotionen im Arbeitsleben auswirken und gegebenenfalls beeinflussen lassen.

In ihrem anschaulich geschriebenen und zugleich um praktische Bezüge bemühten Lehrbuch nehmen Wendelin Küpers und Jürgen Weibler die ganze Spannweite der modernen Emotionsforschung ins Visier. Hierdurch verzahnen die Autoren betriebswirtschaftliche, psychologische und neurowissenschaftliche Aspekte des Denkens, Fühlens und Handelns in Organisationen. Ihre Arbeit ist zugleich von einschlägigen historischen Einsichten inspiriert. Die Autoren widerstehen so der Verlockung einer einseitig betriebswirtschaftlichen Verengung des Themas und tragen durch ihren multiperspektivischen Ansatz zum besseren Verständnis dieses vielschichtigen Organisationsphänomens bei.

Ich wünsche dem Werk eine positive Aufnahme und weite Verbreitung.

Ilmenau, im Juli 2005

Dietrich von der Oelsnitz
Technische Universität Ilmenau
Leiter des Fachgebiets Unternehmensführung

Einführung

Emotionen spielen für die Organisations- und Führungspraxis in Unternehmen eine grundlegende Rolle. Maßgeblich beeinflussen und bestimmen sie die Gefühlslage des Einzelnen sowie die Qualität des Mit- und manchmal auch Gegeneinanders in Organisationen. So sind Emotionen sowohl für die Entwicklung und Gestaltung von Organisationsprozessen, wie zur Durchführung und Interpretation von Führungspraktiken oft entscheidend. Als einflussreicher, aber oftunterschätzter »energetischer« Zusammenhang ist die Wirkungsbreite von Emotionen immens – bis hin zur Leistungsbereitschaft von Mitarbeiterinnen und Mitarbeitern aller Hierarchiestufen.

Im Folgenden haben wir uns das Ziel gesetzt, diese bislang kaum ausreichend gewürdigte Bedeutung des Emotionalen in Organisationen darzustellen und zu fragen, warum und weshalb dies der Fall ist. Dabei werden wir ergründen, wieso die deutsche Betriebswirtschaftslehre es über lange Zeit nahezu systematisch vermieden hat, sich diesem Bereich organisationaler Praxis zuzuwenden und sich auch heute noch schwer damit tut. Wer Organisationen und ihre Prozesse beschreiben will, zumal verantwortlich und erfolgreich in ihnen zu handeln gedenkt, ist mehr als gut beraten, sich in neues Fahrwasser zu begeben. Dies wird dann eindrücklich, wenn die Folgen des Misslingens einer solchen Orientierung veranschaulicht werden.

So werden in diesem Buch Organisationen als emotionale Lebenswelten gesehen. Natürlich sind Organisationen nicht nur emotionale Arenen, in denen Stolz, Freude, Ärger oder Hoffnung entstehen, sich verbreiten oder den Besitzer wechseln. Aber manchmal ist eine klare Fokussierung notwendig, um die Botschaft, die vermittelt werden soll, zu verdeutlichen.

Anbetracht der Vernachlässigung emotionaler Dimensionen in herkömmlichen betriebswirtschaftlichen und organisationstheoretischen Betrachtungen, konzentrieren wir uns dabei nicht nur auf ein Aufzeigen der Relevanz des Emotionalen. Es sollen auch Grenzen der von uns gewählten Perspektiven aufgezeigt und Brücken für ein übergreifendes Verständnis von Emotionen in Organisationen gebaut werden.

Die Betrachtungen erfolgen dabei sowohl aus einem forschungstheoretischen Blickwinkel wie aus einer praktischen Perspektive. Aus einer theoretischen Forschungsperspektive werden aktuelle Forschungserkenntnisse und -entwicklungen eingebracht und systematisch in einen Zusammenhang gestellt und diskutiert.

Im praktischen Teil werden wir die Beziehung zu einigen klassischen Feldern verhaltenswissenschaftlicher Organisationsbetrachtungen zum Schwerpunkt haben und durch neue Erkenntnisse in ein verändertes Licht rücken. Damit werden gleichzeitig auch konkrete Einfluss- und Gestaltungsmöglichkeiten in spezifischen Organisationsbereichen dargestellt. Der bewusste Umgang mit Emotionen stellt für die Wirtschaftspraxis eine neuartige Herausforderung dar. Wie so oft, wirkt Vertrautes durch einen Wechsel der Perspektive auf einmal verändert, fremdartig und manchmal sogar überraschend.

Es wird sich zeigen, dass Gefühle und Emotionen einen komplexen Ursachen-, Einfluss- und Wirkungszusammenhang für das Leben in Organisationen darstellen. Wie unsere Analysen deutlich machen werden, kommt es darauf an, ein integratives Verständnis des Emotionalen zu entwickeln. Erst so können gleichermaßen die Bereiche der Gefühle des Einzelnen, die sozialen Dimensionen der Emotionen sowie auch die strukturellen Kontextaspekte systematisch berücksichtigt werden.

Vor dem Hintergrund dieser Überlegungen gliedert sich unsere Arbeit wie folgt: In Kapitel 1 definieren wir Organisationen als »emotionale Lebenswelten« und reflektieren, warum Emotionen in Organisationen bislang so wenig Beachtung fanden – und warum dies unzureichend ist. Kapitel 2 gibt einen Überblick über das Verständnis und die Bedeutung des Emotionalen in der bisherigen Ideengeschichte und klärt auf der begrifflichen Ebene den Unterschied zwischen Stimmungen und Affekten, Emotionen und Gefühlen. Das dritte Kapitel widmet sich der Frage, wie Emotionen entstehen und sich entwickeln und macht dabei deutlich, dass verschiedene wissenschaftliche Ansätze sehr unterschiedliche Antworten auf diese Frage geben. Kapitel 4 eröffnet den pragmatischen Teil unserer Arbeit und zeigt auf, wie Emotionen Organisationen beeinflussen – und umgekehrt. Das fünfte Kapitel widmet sich schließlich konkreten Anwendungs- und Gestaltungsfeldern des Emotionalen in Organisationen. In diesem – umfänglich größten – Teil unserer Darlegungen werden wichtige Bezüge zwischen dem Aspekt des Emotionalen und aktuellen Führungs- und Managementthematiken (z. B. Motivation und Commitment, emotionale Intelligenz, Arbeitszufriedenheit und Stress, Emotionsarbeit) sowie Wandel und Lernen in Organisationen hergestellt.

Viele Organisationen werden heutzutage von ihren Mitgliedern oder aber auch von Außenstehenden als wenig lebendig erlebt. Vielleicht liegt dies nicht selten daran, dass Emotionen darin keinen Spielraum haben. Dieses Buch soll dazu beitragen, sie in ihrer Notwendigkeit und Unvermeidlichkeit zu begreifen, zu akzeptieren und vor allem kommende wie gegenwärtige Führungskräfte zu ermutigen, das »Wagnis Emotion« offensiver einzugehen.

An dieser Stelle möchten wir uns bei Dr. Jürgen Deeg bedanken, der uns mit zahlreichen wertvollen Hinweisen versorgte und immer wieder für Diskussionen zur Verfügung stand. Ebenso schulden wir PD Dr. Thomas Kuhn und Herrn Michael W. Schmidt Dank, deren unbefangene Anregungen und redaktionelle Arbeiten die Lesbarkeit erhöhte. Frau Sandra Sperlich unterstützte uns bei der Manuskripterstellung mit viel Umsicht und Einsatzfreude. Hierfür gebührt auch ihr unser besonderer Dank.

Hagen, im Mai 2005

Wendelin Küpers

Jürgen Weibler

Inhaltsverzeichnis

Abbildungsverzeichnis

1 Organisationen als emotionale Lebenswelten

Haben Organisationen »reale Gefühle« (vgl. Albrow 1992; Küpers 1999a; van Maanen/Kunda 1989)? Wie äußern sich Emotionen als Teil des Organisationsalltags? Welche Häufigkeit, Wirkung und Bedeutung ist emotionalen Prozessen in Organisationen zuzuschreiben? Und: Wie wird das Emotionale in der Wirtschaftspraxis resp. in der Management- und Organisationstheorie bislang betrachtet? Vor dem Hintergrund dieser Fragen – auf die wir im Weiteren näher eingehen wollen – wird zunächst eine interessante Diskrepanz offenbar: Persönliche Erfahrungen, aber auch empirische Studien weisen darauf hin, dass Organisationen lebendige soziale Gebilde sind, in denen sich alle jene Emotionen wieder finden, die wir als Menschen fortwährend erleben: Freude und Ärger, Leid und Hoffnung, Angst, Stolz und andere mehr. Genau dieses wird in der herkömmlich wissenschaftlichen Diskussion über Organisationen jedoch weitgehend ausgeblendet oder bestenfalls am Rande berücksichtigt. Vielmehr wird der Eindruck vermittelt, als gäbe es Gefühle und Emotionen überhaupt nicht, als könnten Organisationen auch ohne sie realistisch beschrieben und analysiert werden. Dies dürfte allerdings ein Irrtum sein, wie die folgenden Beispiele belegen:

Bei der jährlich im Auftrag der EU-Kommission durchgeführten Untersuchung über die attraktivsten Arbeitsplätze in Europa wird im sog. »Great Place to Work®«-Modell (vgl. http://www.greatplacetowork.de/die_studie.html) neben der Relevanz von Werten und Tugenden (z. B. Vertrauen, Glaubwürdigkeit, Respekt und Fairness) immer auch die besondere Bedeutung von Emotionen für die Attraktivität von Arbeitsplätzen festgestellt, etwa in Form des Stolzes auf die Arbeit, des Stolzes auf das Team oder auch des Stolzes auf das Produkt bzw. die Dienstleistung.

Dem entspricht, dass Unternehmen in ihren Selbstdarstellungen regelmäßig bemüht sind, sich möglichst nicht als »emotionslos« oder »blutleer« zu präsentieren. Das Bestreben geht vielmehr dahin, die besonderen und positiven Emotionen bzw. Energien des Unternehmens herauszustellen, um für den Einzelnen und seine Bedürfnisse attraktiv zu sein. Gefühle wie Freude und Stolz stehen dabei häufig im Vordergrund, was die folgenden Unternehmensgrundsätze beispielhaft belegen: »Enjoy your work, and always brighten your working atmosphere!« (Honda); »...contribute as part of an energetic and enthusiastic team« (Safeway Stores); »Creating an environment of professionalism, integrity and fun« (Sun Life).

Solchermaßen erwünschte (positive) Gefühle und Emotionen sind natürlich nur die eine Seite der Medaille; die gefühlte Wirklichkeit in Organisationen kennt auch andere Effekte. So hat das Link-Institut für Markt- und Sozialforschung (vgl. Wachenfeld 2003) bei einer Befragung von 1000 Mitarbeitern festgestellt, dass es – neben 10 % »konstruktiven Kritikern« – 30 % »Frustrierte« und 20 % »Bremser« gibt, die mit ihrem Unternehmen unzufrieden sind und sich diesem emotional nicht verbunden fühlen. Ähnlich liest sich der Befund einer repräsentativen Umfrage von Gallup (2003), derzufolge sich in deutschen Unternehmen lediglich 12 % der Arbeitnehmer beruflich engagieren, während 70 % nur noch den gefürchteten »Dienst nach Vorschrift« versehen und 18 % der Mitarbeiter gar als innerlich gekündigt gelten. Durch das fehlende Engagement am Arbeitsplatz entsteht in Deutschland demnach ein geschätzter jährlicher gesamtwirtschaftlicher Schaden von 247 bis 260 Milliarden Euro. Eine empirische Studie von Wunderer und Küpers (2003) zeigt schließlich auf, dass personale Demotivation und negative Gefühlszustände positiv korrelieren und negative Emotionen Produktivitätseinbußen von über 20 % induzieren.

1.1 Häufigkeit und Arten von Gefühlen und Emotionen

Die genannten Beispiele bestätigen die Bedeutung der Gefühle und Emotionen für Organisationen und unterstreichen zudem das Spannungsfeld von Anspruch und Wirklichkeit. Welches sind nun aber die am häufigsten anzutreffenden Emotionen in Organisationen? Nach einer empirischen Untersuchung von Temme und Zapf (1997) sind die verbreitetsten positiven Gefühle in Organisationen Zuneigung, Freude und Zufriedenheit. Zu den häufigsten negativen emotionalen Empfindungen zählen Besorgtheit, Frustration und Langeweile. Über positive Gefühle und Emotionen wird dabei in der Regel häufiger berichtet als über negative. Zudem werden eher aufgabenbezogene Gefühle und Emotionen genannt als solche, die sich auf Kollegen und Vorgesetzte beziehen. Dies heißt jedoch nicht, dass letztere unbedeutend sind. Mit Hilfe des so genannten affektiven Ereignisansatzes (vgl. Weiss/Cropanzano 1996) wurden arbeitstypische Situationen mit Blick auf spezifische Emotionen untersucht (vgl. auch Bash/Fischer 1998). Dabei zeigte sich, dass positive Gefühle (z. B. Enthusiasmus, Stolz) vor allem in Situationen auftreten, in denen »Zielerreichung« oder »Anerkennung bekommen« eine große Rolle spielen. Im Gegensatz dazu sind negative Emotionen (z. B. Peinlichkeit, Ärger) besonders mit »Handlungen der Kollegen« und »Handlungen des Managements« verbunden.

Häufige positive Gefühle in Organisationen:
Freude, Zuneigung und Zufriedenheit

Häufige negative Gefühle in Organisationen:
Besorgtheit, Frustration und Langeweile

Beispiele für Einfluss- und Wirkungszusammenhänge:

Enthusiasmus, Stolz	→ bei »Zielerreichung« oder »Anerkennung«
Peinlichkeit, Ärger	→ bei Beziehungen zu Kollegen und Vorgesetzten
Frustration, Demotivation	→ bei unzureichender Arbeitskoordination
Stress	→ bei Fehlbeanspruchungen (z. B. Überforderung)

Abb. 1: Häufige Gefühle in Organisationen und Beispiele für ihre Einfluss- und Wirkungszusammenhänge

1.2 Gefühle und Emotionen sind ernst zu nehmen

Als menschliche Einrichtungen sind Organisationen Institutionen, die von den Kräften des Emotionalen mitbestimmt werden. Organisationen stellen damit emotionale Lebenswelten – der Freude wie des Leidens – ihrer Bewohner dar. Eine jede Organisation ist dabei sowohl Schauplatz fühlender Einzelner und Gemeinschaften als auch selbst eine Art überindividueller »Akteur« mit spezifischem emotionalen Klima. Bevor Peters und Waterman (1984) und ihnen nachfolgende Autoren (vgl. u. a. Schein 1994) die so genannten »weichen Faktoren« des Organisationsgeschehens unter dem Begriff der Organisationskultur zum Thema machten, galt die Kulturfrage für nicht wenige Organisationspraktiker wie Organisationstheoretiker als weitgehend entbehrlich. Dass sich dieses zwischenzeitlich drastisch geändert hat, dürfte nicht zuletzt an der offenkundigen Relevanz der weichen Faktoren für die harten Erfolgsziele von Organisationen liegen (Sackmann 2002; Neubauer 2003). Das Credo des »soft is hard« (Peters/Waterman 1984) machte die Frage der organisationsspezifischen Werte – inklusive der sich daraus ableitenden Handlungsorientierungen – somit anschlussfähig an das traditionelle ökonomisch-betriebswirtschaftliche Denken.

Analog dazu sind auch Emotionen als ökonomisch relevante Organisationsphänomene anzusehen, die insbesondere im Falle ihrer systematischen Missachtung auch bedeutsame finanzielle (Negativ-)Folgen haben können. Naturgemäß gestaltet es sich dabei schwierig, eindeutige und monokausale Beziehungen zwischen »Gefühlen und Gewinnen« herzustellen. Gleichwohl liegen zahlreiche Befunde vor, die darauf hinweisen, dass negative Gefühlszustände der Organisationsmitglieder (z. B. Unzufriedenheit, Stress, Aggression, Ärger, Angst) nicht nur als »seelische Kosten« bei den Betroffenen anfallen, sondern durchaus auch als pekuniäre Kosten für die Organisationen zu Buche schlagen können.

So haben Panse und Stegmann (1996) in einer Langzeitstudie herausgefunden, dass in einem von Angst geprägten Betriebsklima persönliche Frustration und soziales Misstrauen herrschen, während Kreativität und Motivation deutlich abnehmen. Nach dieser Studie werden die »Kosten der Angst« wie folgt beziffert: 16 Milliarden DM (8,2 Milliarden EURO) durch Fluktuationen, 68 Milliarden DM (34,8 Milliarden EURO) aufgrund innerer Kündigungen, 19 Milliarden DM (9,7 Milliarden EURO) infolge angstbedingten Medikamentenkonsums, 48 Milliarden DM (25,5 Milliarden EURO) durch Alkoholkonsum, 30 Milliarden DM (15, 3 Milliarden EURO) aufgrund von Mobbingprozessen sowie schließlich 18 Milliarden DM (9,2 Milliarden EURO) durch angstverursachte Fehlzeiten.

Jenseits solcher spekulativen Hoch- und Zurechnungen kann definitiv festgehalten werden, dass Gefühle und Emotionszustände einen großen Einfluss auf das Leistungs- und Kooperationsverhalten der Organisationsmitglieder haben (vgl. Isen/Baron 1991), darüber hinaus aber auch im Verhältnis zum externen Kunden eine wichtige Rolle spielen (vgl. Price/Deibler 1995; Holbrook/Hirschmann 1982). So wurde beispielsweise die Bedeutung der Emotionen für das Marketing im direkten Kundenkontakt, für die strategische Positionierung und für die Verbesserung der Markenidentität nachgewiesen (vgl. z. B. O'Shaughnessy/O'Shaughnessy 2003).

Mit Blick auf die Interaktionen zwischen den Organisationsmitgliedern wirken sich Emotionen überaus vielfältig aus. So werden bestimmte Informationen und Wissenselemente im Organisationsalltag nicht nur in Abhängigkeit vom Gefühlszustand verstärkt oder vernachlässigt, sondern auch emotions- und stimmungsabhängig interpretiert. Das Teilen emotionaler Erfahrungen lässt zudem eine wechselseitige, affektive Verbundenheit und Kohäsion entstehen, welche die Anonymität des professionellen Arbeitslebens durchbricht. Sowohl ein gemeinsames »Ein-ander-verstehen« als auch die Erfahrung von Identität wird über emotionale Prozesse erst ermöglicht (vgl. Bosma/Kunnen 2001). Positive Gefühle der Arbeitsfreude, Zuneigung, Solidarität und Gruppenzugehörigkeit wirken leistungs- und motivationssteigernd, kompensieren Stress und fördern die Gesundheit (vgl. Frese 1990, S. 289). Negative Gefühle bzw. eine negative Affektivität (vgl. Watson/Clark 1984) beeinträchtigen dagegen das organisationale Miteinander. Dabei stören insbesondere sog. »emotionale Dissonanzen«, also widersprüchliche Beziehungen zwischen gefühlsmäßigen Zuständen und Handlungen die Kommunikation am Arbeitsplatz (vgl. Ashforth/Humphrey 1995). Solche gefühlsbezogenen Diskrepanzen erzeugen zahlreiche Spannungen im Organisationsalltag (vgl. Abraham 1998a, 1998b, 1999; Rafaeli/Sutton 1987) und gefährden nicht nur das psychologische Wohlergehen (vgl. Adelmann 1989), sondern auch das Leistungsverhalten der Mitarbeiter (vgl. Morris/Feldman 1996).

1.3 Warum Emotionen nur unzureichend beachtet werden

Trotz der genannten Befunde zur praktischen Relevanz von Gefühlen und Emotionen in Organisationen, aber auch vielversprechender Erkenntnisse aus der sog. Psychotechnik (vgl. z. B. Münsterberg 1912), wurde die emotionale Dimension in der Organisationstheorie und -praxis lange Zeit vernachlässigt (vgl. Briner 1999a, b; Fineman 2000). Um diese Nichtbeachtung genauer zu verstehen, ist eine nähere Betrachtung des Begriffs der Organisation sowie des Einflusses einer rationalen Orientierung im ökonomischen Denken und Handeln erforderlich.

Der Begriff »Organisation« ist sowohl im alltäglichen als auch im wissenschaftlichen Sprachgebrauch mit zum Teil widersprüchlichen und sich wandelnden Bedeutungen belegt (vgl. Thommen/Achleitner 1998, S. 674; Vahs 2001, S. 8). Wie auch andere Begriffe der Sozialwissenschaften ist er eng mit der Umgangssprache verwoben und demzufolge mehrdeutig und unbestimmt (vgl. Büschges/Abraham 1997, S. 50). Diese allgemeine begriffliche Uneindeutigkeit hat allerdings nicht verhindert, dass der Organisationsbegriff – gerade in der deutschsprachigen Betriebswirtschaftslehre – überwiegend funktional besetzt wurde (»Die Unternehmung wird organisiert«) und mithin ein instrumentelles Verständnis in den Mittelpunkt rückte (»Die Unternehmung hat eine Organisation«). Die mit diesem Verständnis etablierte Mittel-Zweck-Ausrichtung konnte gefühlsmäßige Zustände bzw. die emotionale Dimension insgesamt nur ungenügend berücksichtigen. Die Konzentration auf das Kalkulierbare und Vorhersehbare hatte zur Folge, dass Gefühle und Emotionen primär als zu eliminierende, bestenfalls zu kontrollierende Störfaktoren betrachtet wurden (vgl. z. B. Oatley/Johnson-Laird 1987, S. 30). Damit wurden (und werden) Emotionen als etwas Unberechenbares und Irrationales bewertet, das mit den Modellannahmen der modernen ökonomischen Theorie kollidiert.

Im Zentrum dieser theoretischen Annahmen steht der sog. methodologische Individualismus bzw. die Vorstellung des (wirtschaftlich) handelnden Menschen als »homo oeconomicus« (vgl. Kirchgässner 1991). Als rational bzw. vernünftig gilt demnach ausschließlich solches individuelles Handeln, das sich strikt an den eigenen Interessen (so wie sie sind) ausrichtet und dabei stets dem ökonomischen Prinzip folgt. Letzteres besagt, ein gegebenes Ziel entweder mit einem minimalen Aufwand an Mitteln zu erreichen (Minimalprinzip) oder mit gegebenen Mitteln eine maximale Zielerreichung anzustreben (Maximalprinzip). Der Kern ökonomischer Rationalität besteht somit darin, die Folgen alternativen Handelns zu bedenken und bei der Handlungswahl im Sinne der individuellen Nutzenmaximierung zu entscheiden (vgl. Esser 1999, S. 248 ff.; 2001, S. 323). Mit diesem Modell der rationalen individuellen Wahlhandlung wird das gesamte, also auch das emotionale Verhalten zu erklären versucht (vgl. Becker 1982). Damit wird jedes »abweichende« Verhalten als schlecht oder problematisch charakterisiert bzw. als vernachlässigbar interpretiert (vgl. Hey 1993, S. 17). »Das Individuum handelt (nur) entsprechend seinen eigenen Interessen. Missgunst, Neid und Altruismus sind damit ausgeschlossen« (Kirchgässner 1991, S. 15, Fn. 13). Denn der homo oeconomicus hat keine Veranlassung missgünstig zu sein, weil er aufgrund der modellbedingten unabhängigen Nutzenfunktion keinen Vorteil davon hat, dass ein anderer keinen Vorteil hat. Gleichzeitig hat der homo oeconomicus aber auch keine Veranlassung altruistisch zu sein, da er keinen Vorteil davon hat, dass ein anderer einen Vorteil hat (vgl. zu weiteren Differenzierungen Kirchgässer 2003). Menschen verhalten sich zueinander so gesehen mit einer »gegenseitig desinteressierten Vernünftigkeit« (vgl. Kirchgässner 1991, S. 15).

Die Problematik eines derartigen Vorgehens wurde bereits vielfach aufgezeigt (vgl. Ulrich 2001; Weibler 1996; Weibler/Wald 2004). Vor allem wenn man konkret hinterfragt, was in Organisationen tatsächlich geschieht (Beschreibung), warum dieses geschieht (Erklärung) und wie gewisse (kritische) Zustände oder Entwicklungen möglicherweise zu verändern bzw. zu verbessern sind (Gestaltung), hilft das Verdrängen von Offensichtlichem kaum weiter. Genau dieses hatte im Übrigen bereits Adam Smith, einer der Urväter des ökonomischen Denkens, früh erkannt, als er seine »Theory of Moral Sentiments« (1759) wie folgt einleitete: »Mag man den Menschen für noch so egoistisch halten, es liegen doch offenbar gewisse Prinzipien in seiner Natur, die ihn dazu bestimmen, an dem Schicksal anderer Anteil zu nehmen, und die ihm selbst die Glückseligkeit dieser anderen zum Bedürfnis machen, obgleich er keinen anderen Vorteil daraus zieht, als das Vergnügen, Zeuge davon zu sein. Ein Prinzip dieser Art ist das Erbarmen oder das Mitleid, das Gefühl, das wir für das Elend anderer empfinden, sobald wir dieses entweder selbst sehen, oder sobald es uns so lebhaft geschildert wird, daß wir es nachfühlen können« (Smith 1926, S. 1).

Entgegen diesem klassischen Verständnis soll der homo oeconomicus bzw. sein modernisiertes Nachfolgemodell, der »Resourceful Evaluating Maximizing Man« (REMM), sich nur am eigenen relativen Vorteil orientieren. Die Unterstellung, dass ein Mensch in der Lage sei, gemäß seines relativen Vorteils zu handeln, d. h. unter gegebenen Handlungsalternativen die nutzenmaximale Handlung zu wählen, gilt den ökonomischen Puristen dabei als so realitätsnah, dass sie folgern: »Der neue homo oeconomicus ist der normale Mensch.« (Homans, zitiert nach Kirchgässner 1991, S. 15, Fn. 13). In diesem Sinne sind Gefühle und Emotionen für die Ökonomie eine »terra incognita« (vgl. Loewenstein 2000). Hinter dieser systematischen Missachtung von Gefühlen und Emotionen steht der Mythos einer von Gefühlen trennbaren Rationalität (vgl. Putnam/Mumby 1993; Steger 2001, S. 81), welcher das westliche Denken traditionell prägt (vgl. grundlegend Damasio 1994).

Auch wenn die ökonomische Beobachter- bzw. Metarationalität von der Mehrheit ihrer Vertreter korrekterweise nicht als Tatsachenbehauptung mit Beschreibungsanspruch, sondern als methodische Heuristik i. S. einer pragmatischen Strukturierungs- und Suchanweisung verstanden wird (vgl. Kirchgässner 1991; Suchanek 1991), ist dies für das Verhältnis zum Emotionalen faktisch unerheblich. So werden emotionale Einflüsse auf das Entscheidungsverhalten, z. B. bei Informations- und Anreizinstrumenten, in der neuen Institutionenökonomie ebenfalls als beeinträchtigend für die Rationalität bewertet (vgl. Franck/Zellner 2001, S. 265). Eine gleichberechtigte Aufnahme von Emotionen würde die Theorie des ökonomisch-rationalen Handelns quasi unterlaufen (vgl. Elster 1999, S. 306).

Selbst da, wo sich das ökonomische Denken dem Emotionalen öffnet, besteht die Gefahr, Emotionen in eine instrumentelle (System-)Logik zu überführen und zu vereinnahmen. So dient beispielsweise die »Strategie der Gefühle« (Frank 1992) dazu, die Schattenseiten des zügellosen homo oeconomicus zu mildern. Die Problematik, dass dieser als Opportunist unbeobachtet jegliche Vorteile zu ergattern sucht, wird hier durch »nützliche« Gefühle relativiert: Wenn ich jemanden liebe, werde ich ihm zuliebe auf die sofortige Realisierung meines Vorteils verzichten. Aber auch aus emotional getragenem Gerechtigkeitssinn oder Altruismus kann ich bereit sein, möglichem Nutzen zu entsagen. Beides dient jedoch letztlich dazu, »soziales Kapital« zu erwerben, z. B. in Form wechselseitig aufgebauten Vertrauens. Es ist demnach rational, Nachteile in Kauf zu nehmen, wenn man sich dadurch den Ruf eines gutwilligen, vertrauenswürdigen und einfühlsamen Menschen erwirbt. Auch wurde in einem erweiterten Modell der rationalen Wahl (»Rational-Choice«) die Bedeutung der Emotionen für die Erhaltung sozialer Normen, wie umgekehrt der Einfluss sozialer Normen für die Regulation von Gefühlen, beschrieben (vgl. Elster 1996). Darin wird der wohlfahrtsfördernde Beitrag einer »rationalen Emotionalität« in allen Begegnungen, wie auch die kostenverursachenden Folgen verdrängter oder unterdrückter Empfindungen zu erfassen versucht.

Auch neuere Betrachtungen des Organisationsgeschehens, die eine beschränkte Rationalität der Akteure annehmen, sind anscheinend durch ein gespanntes Verhältnis zu Emotionen geprägt. Gemäß dieser Ansätze können organisationale Akteure aufgrund unvollständigen Wissens, kognitiver Begrenztheiten, praktischer Bewertungsschwierigkeiten sowie einer eingeschränkten Auswahl an Entscheidungsalternativen nicht optimal im Sinne einer substantiven Rationalität handeln. Mit einem »satisficing« (satisfying + optimizing) wird vielmehr, je nach Anspruchsniveau des Entscheiders, eine lediglich befriedigende Wahl mit einem befriedigenden Resultat angestrebt. Dabei erfüllen bei der Befriedigung von »Echtzeit-Bedürfnissen« emotionale Stimuli als Unterbrechungen eine wesentliche Überlebensfunktion, indem sie laufende Verarbeitungsprozesse stören und die Aufmerksamkeit auf ein für das Überleben des Individuums dringlicheres Problem oder Bedürfnis lenken (vgl. Simon 1967). Emotionen werden so in Form eines funktionalen Kontroll- und Unterbrechungsystems in den weiterhin rationalen, zielorientierten Prozess der Informationsverarbeitung zu integrieren versucht. Als »tie-breaker in cases of indifference« (Elster 1999, S. 288) sollen Gefühle dabei auch rationale Entscheidungsprozesse beschleunigen helfen.

Insgesamt betrachtet wird die begrenzte Rationalität damit jedoch nur auf einer höheren Ebene der organisationalen Gesamtrationalität angesiedelt. Solche revidierenden Ansätze können folglich als »neo-rationalistisch« (Crozier/Friedberg 1979, S. 197) eingestuft werden. Denn der Einzelne handelt hier nach wie vor absichtsvoll rational, und (Zweck-)Rationalität bleibt aufgrund ihrer Überlegenheit weiterhin erstrebenswert (vgl. Perrow 1986, S. 120). Auch die Ansätze zur »organisierten Anarchie« (vgl. z. B. Cohen/March/Olsen 1990, S. 331), zur »vernünftigen Torheit« (March 1990), zur befähigenden »Augenblicksrationalität« (vgl. Elster 1987, S. 204) sowie zur »irrationalen Organisation« (vgl. Brunsson 1985) halten im Kern am klassischen Rationalitätsbegriff fest, modellieren ihn nur anders. Das vorherrschende Rationalitätsdenken verkennt damit auch in diesen erweiterten Studien die grundlegenden und ko-evolutionär miteinander verflochtenen Prozesse des Denkens, Fühlens und Handelns wirtschaftlicher Akteure und Gemeinschaften.

Problematisch wird der Anspruch der ökonomischen Theorie als Idealtheorie rationalen Wirtschaftshandelns immer dann, wenn menschliches Verhalten monoperspektivisch zu erklären versucht wird. Ein entsprechender »ökonomischer Imperialismus« (Suchanek/Homann 2000, S. 437 ff.) ist dabei besonders dann prekär, wenn er eine vermeintlich »wertfreie« Kapitalverwertungslogik nicht nur von ethisch-politischen Einwänden (vgl. Ulrich 2001; Weibler/Lucht 2004; Weibler 2005), sondern auch von einer Anerkennung emotionaler Beweggründe für menschliches Verhalten »frei« zu halten sucht.

1.4 Wachsende Bedeutung von Emotionen in Makro- und Mikrokontexten

Der eingeschränkten Beachtung des Emotionalen im ökonomischen Denken steht allerdings eine zunehmende Bedeutung dieser Dimension in den gegenwärtigen Makro- und Mikrokontexten von Organisationen gegenüber. So wachsen in Zeiten des Wertewandels, der »Risikogesellschaft« (vgl. Beck 1986) oder der »Organisationsgesellschaft« (vgl. Schimank 2001) die emotionalen Bedürfnisse nach Sicherheit und Identität, Zugehörigkeit und sozialem Zusammenhalt. Und dieses womöglich umso stärker, je mehr die Wirtschaftslogik alle anderen Teilsysteme der Gesellschaft infiltriert. Im Kontext einer zunehmenden neoliberalen Ökonomisierung – mit ihren Prozessen der Deregulierung, der »Verschlankung«, des »Downsizing«, der Individualisierung sowie der Flexibilisierung – droht die entfesselte Marktwirtschaft sich in ein »System der Gleichgültigkeit« (Forrester 1997) zu verwandeln. Durch diese und weitere aktuelle gesellschaftliche Entwicklungen kommt der Sehnsucht nach Nähe, Solidarität, Gemeinschaft und emotionaler Bindung eine immer stärkere Bedeutung zu (vgl. Dederichs 1999, S. 13 ff.; Buss 1999, S. 14 ff.). Möglichkeiten des Erlebens und des Äußerns von Gefühlen werden damit zu einem immer wichtigeren immateriellen Wert (vgl. Gerhards 1988, S. 239).

Die Bedeutung des Sinnlichen und Emotionalen wächst dabei vermutlich umso stärker, je mehr auch der Organisationsalltag mit seinen Mikrosituationen und -beziehungen durch Rationalisierung, Technisierung, Objektivierung und insgesamt ansteigenden Problemdruck bestimmt wird. Aufgrund der in Organisationen zunehmenden Krisen und Belastungen wie Zeit- und Arbeitsdruck, Stress und Konflikte, Arbeitsunzufriedenheit, Frustrationen, innerer Kündigung und Demotivation usw., entwickelt sich auch hier ein starker emotionaler Kompensations- und Revitalisierungsbedarf.

Auch neue Organisationsformen, wie z. B. »postbürokratische Enthierarchisierung«, »verschlankende Dezentralisierung«, »flexible Spezialisierung« etc. sowie neue organisationale Arbeitsformen, z. B. Emotionsarbeit (vgl. Kapitel 5.2.3) stellen spezifische Herausforderungen für gefühlsmäßige Bindungen des Einzelnen und emotionale Beziehungen zu anderen Organisationsmitgliedern dar.

1.5 Zusammenfassung und Fazit

In diesem Kapitel wurden Organisationen als auch emotionale Lebenswelten vorgestellt. Besonderes Augenmerk fand dabei die problematische Diskrepanz zwischen einer stetig wachsenden Bedeutung des Emotionalen in der organisationen Praxis und seiner unzureichenden Beachtung in der Theoriebildung. Der praktische Bedeutungszuwachs wurde dabei vorrangig mit aktuellen Veränderungen in den Mikro- und Makrokontexten der Unternehmen in Verbindung gebracht. Die theoretische Vernachlässigung des Emotionalen wurde ihrerseits mit der starken Orientierung am (Rational-) Modell des homo oeconomicus erklärt, in dem Bedeutung und Qualität des Emotionalen systematisch verdrängt, verleugnet, minimiert oder neutralisiert wurde (vgl. Fineman 1993, S. 9; 1994, S. 79 f.; Fiehler 1990, S. 22). Tatsächlich sind Rationalität und Gefühl, Kognition und Emotion jedoch vielschichtig miteinander verflochten (Fineman 1993, S. 16). Dem entspricht, dass im anglo-amerikanischen Bereich derzeit eine »Emotionalisierung« bzw. eine »emotionalen Wende« in der Organisationsbetrachtung zu beobachten ist; diese nicht nur mit dem Ziel, Organisationen besser zu verstehen, sondern auch, um ihren wirtschaftlichen Erfolg nachhaltig zu steigern. Hierfür stehen Begriffsprägungen wie »emotionales Kapital« (Haumer 1998; Thomson 1999, 2000), »emotionale Qualitäten« (Freemantle 1999) oder »emotionale Intelligenz« (Goleman 2003; vgl. Kapitel 5.1.6). Diese Kopplung von Emotion und Erfolg scheint notwendig, um dem Emotionalen innerhalb der Betriebswirtschaftslehre eine angemessene Beachtung zukommen zu lassen.

Vertiefungsliteratur zu Kapitel 1

Fineman, S. (2002): Emotion in Organizations, London.

Loewenstein, G. (2000): Emotions in economic theory and economic behavior, in: American Economic Review, 90. Jg. (2000) 2, S. 426–438.

Schreyögg, G./Sydow, J. (Hrsg.) (2001): Emotionen und Management, Managementforschung 11, Wiesbaden.

Zapf, D. (2000): Emotionen in Organisationen, in: Otto, J. H./Euler, H. A./Mandl, H. (Hrsg.): Handbuch Emotionspsychologie, Weinheim, S. 567–575.

2 Geschichte und Vielfalt des Emotionalen

Stellen Sie sich vor, es gäbe keine Gefühle und Emotionen. Wie sähe ein solches Leben wohl aus? Wäre es nicht charakter- und ausdruckslos und letztlich ohne Bedeutung? Gefühlsmäßiges Empfinden und emotionale Dimensionen sind anscheinend eine »conditio sine qua non«, also eine unverzichtbare Grundbedingung für ein sinnvolles menschliches Leben. Auf den ersten Blick gilt Fühlen und emotionales Erleben als ein selbstverständliches Phänomen des Alltags: Das menschliche Leben wird durch die unterschiedlichsten Gefühle und emotionalen Erfahrungen gekennzeichnet, die zudem häufig im Verbund auftreten. Das emotionale Spektrum reicht von Angst, Ärger, Wut, Trauer, Scham, Schuld, Neid, Eifersucht, Ekel und Verachtung bis hin zu Überraschung, Stolz, Erheiterung, Liebe, Zuneigung, Freude und Glück. Gefühle und Emotionen beeinflussen dabei sowohl die gegenwärtigen Wahrnehmungen als auch Erinnerungen und zukunftsorientierte Gedanken, Hoffnungen und Träume. Zudem erscheinen Gefühle in vielfältigen Formen und Konstellationen. So werden gefühlsbasiertes Erleben und emotionale Erfahrungen einerseits nonverbal, z. B. durch Mimik, Gestik, Körperhaltungen und -bewegungen geäußert, andererseits durch subtile sprachliche Mittel ausgedrückt. Dabei können Gefühle und Emotionen sowie ihre alltäglichen Ausdrucksformen aufgrund der genetischen Veranlagung, des Geschlechts, der Kultur, der Erziehung oder der Erfahrung stark variieren.

Lange Zeit wurden Gefühle als »böse« und »gefährliche« »Piraten« angesehen, die das von der menschlichen Vernunft gesteuerte Schiff plötzlich überfallen und das Ruder übernehmen können (vgl. Cacioppo/Gardner 1999, S. 194). Inzwischen wird jedoch die Bedeutung von Gefühlen für das Denken und Handeln vollkommen anders bewertet. Affekte, Gefühle und Emotionen sind keine »schlechten« Einflüsse, die den menschlichen Verstand und das menschliche Handeln beeinträchtigen; sie sind vielmehr überlebenswichtige und nützliche Aktivierungs- und Bewertungssysteme, die im Laufe der Evolution entstanden sind (vgl. Kapitel 3.6). Sie können zwar primitives oder problematisches Verhalten beim Menschen auslösen (z. B. unkontrollierte Aggression), aber auch seine höchsten Fähigkeiten (z. B. selbstloses Engagement) entfalten. Sie umfassen sowohl Formen des Leidens wie Erfahrungen des Leidenschaftlichen. Das Spannende an Gefühlen und Emotionen – auch und gerade in Organisationen – rührt wohl daher, dass es sich bei ihnen um sehr ambivalente Phänomene bzw. Zustände handelt. Beim Fühlen verschränken sich »Innen« und »Außen«, »Aktives« und »Passives« sowie »Individuelles« und »Kollektives« des menschlichen Lebens. Gefühlsbedingte und emotionale Prozesse können sowohl antagonistisch als auch komplementär sein (vgl. Nedelmann 1988, S. 28). Zudem können sie sich gegenseitig verstärken oder schwächen. Weil Emotionen in ihrer Launenhaftigkeit oftmals als Mischgefühle auftreten, z. B. Sympathie/Antipathie oder Liebe/Angst, sind sie häufig widersprüchlich und instabil. Da emotionale Einstellungen oder die Verdrängung von Gefühlen häufig tief im Unbewussten verankert sind, sind sie zudem nicht einfach veränderbar. Einerseits werden Gefühle und Emotionen lebendig gespürt, konstruiert oder kommuniziert; andererseits können sie überwältigend oder sogar lähmend wirken. Gefühle üben so eine einflussreiche Macht über uns aus; wir können sie jedoch auch meistern, sie verbergen oder lernen, mündig und intelligent mit ihnen umzugehen.

2.1 Wie wurden Emotionen in der Ideengeschichte verstanden?

Der Begriff »Emotion« geht etymologisch auf die lateinischen Verben »emovere« (= »herausbewegen«) und moveri (= »bewegt werden«) zurück. Die Herkunft des Wortes verdeutlicht, wie sehr sich emotionale Zustände in körperlich-sinnlichen bzw. energetisierenden Zusammenhängen manifestieren, prozessieren und wirken (vgl. Mazis 1993).

In der abendländischen Geistesgeschichte und Philosophie sind Emotionen ein seit langem bekanntes und untersuchtes Phänomen (vgl. Solomon 1993; Goldie 2000). Die »lange Geschichte der Gefühle« (Benthien/Fleig/Kasten

2000) hat demnach zahlreiche Facetten. Schon bei den sog. Vorsokratikern (z. B. Empodocles 490 v. C; Hippocrates 460 v. C.) wird Glückseligkeit als ein Zustand körperlichen und geistigen Gleichgewichts beschrieben, der aufs Engste mit positiven Emotionen verbunden ist. Von Platon (427–347 v. C) stammt die erste »Theorie« des Emotionalen. Lust und Schmerz werden dabei als die zentralen Empfindungen bestimmt, die sich jeweils von einem neutralen Zustand ableiten. Während Schmerz als eine Zerstörung der organischen Harmonie gesehen wird, soll die Lust zu deren Wiedergewinnung dienen. In der platonischen Seelenlehre wird entsprechend beschrieben, wie Leib und Seele zusammenwirken. In seiner einsichtsbasierten Tugendlehre fordert Platon – neben der Weisheit als Tugend des Verstandes und der Tapferkeit als Tugend des Willens – Besonnenheit (Sophrosyne), mit der ein Gleichgewicht von Genuss und Askese erreicht werden kann. In der Gerechtigkeit sind alle diese Tugenden vertreten, in dem das Gute, Wahre und Schöne zu einem Ganzen integriert wird (vgl. auch Wilber 2002). Das platonische Denken mit seiner metaphysischen Ideenlehre ist dabei wesentlich auf einem Primat des Logos, also des vernünftigen Denkens und Redens aufgebaut, was im Weiteren allerdings zu folgenschweren Abwertungen des Sinnlichen und Leidenschaftlichen geführt hat.

In der Nachfolge Platons schreibt Aristoteles (384–322 v. C.) den Emotionen vor allem eine motivationale Rolle zu. Sie sind demnach mit Bewertungen (Lust- oder Unlustempfinden) und Handlungsabsichten verbunden und beeinflussen so das menschliche Urteilen und Agieren. Anders als Platon beschreibt Aristoteles Schmerz und Lust also nicht als Entfernung von oder Rückkehr in einen neutralen Zustand, sondern als eigene, leidenschaftliche (Begleit-)Zustände des Lebendigen und Bewussten, die sich sowohl auf Vergangenes (Gedächtnis) wie auf die Zukunft (Erwartungen, Hoffnungen) beziehen. Die Intensität von Lust ist, je nach Abhängigkeit vom Materiellen, verschieden, wobei die Reinheit der intellektuellen Lust die edelste Form darstellt. Bereits Aristoteles ordnete den Leidenschaften auch antagonistische Paare zu (z. B. Liebe und Hass). In seiner Poetik entwickelt Aristoteles zudem eine Theorie über die Tragödie, nach der durch Emotionen (Furcht, Mitleid) ein befreiendes Abreagieren, eine Reinigung oder Klärung (Katharsis) bewirkt wird. Ausgehend vom menschlichen Streben nach dem Guten empfiehlt er in seiner »Nikomachische Ethik« eine moralische Lebensweise der Mitte, die durch Vermeidung von Extremen zu einem tugendhaften Leben führt.

Während Aristoteles Emotionen als grundlegend für ein gutes und tugendhaftes Leben betrachtete, sahen die antiken Stoiker, z. B. Seneca (4 n. Chr. v.–65 n. Chr.), Epiktet (50–130 n. Chr.), Aurelius (121–180 n. Chr.), sie als »konzeptionellen Fehler« an, der zum Unglück beiträgt. Gemäß der Lehre der Stoa hindern die Affekte vernunftgemäßes Handeln und stören die Harmonie der Seele, sind gar Krankheiten der Seele. Entsprechend fordern die differenzierten stoischen Gefühlstheorien eine kognitive Steuerung des Emotionalen. Da Gefühle für Stoiker zur Voreingenommenheit im moralischen Urteil (Ärger), zur Verletzbarkeit (Liebe) oder zum Verlust von Sicherheit (Angst) führen, propagieren sie eine Leidenschaftslosigkeit im Sinne emotionaler Indifferenz (Apatheia). Entsprechend wird ein von unerschütterlicher Selbstbeherrschung und Selbstverleugnung geprägtes Leben unbedingter sittlicher Pflichterfüllung präferiert.

Einen besonderen Stellenwert nimmt Epikur (341–407 n. Chr.) ein, der einen aufgeklärten Hedonismus vertritt, bei dem lustvolle Emotionen zur Erlangung der »Eudaimonia«, sprich: zur erfüllten Glückseligkeit beitragen. Vorangestellt ist dabei allerdings eine normative Differenzierung von Gefühlen (in natürliche und gesunde, natürliche und unnötige sowie künstliche und exzessive Bedürfnisse), wobei er insbesondere die Unersättlichkeit der in sich leeren Gefühlsstrebungen (z. B. nach Macht, Besitz) problematisierte. Mit seinem Programm einer Vermeidung von Unlust und einer kultivierten Gewinnung von Lust werden Ausschweifungen also nicht unterstützt; vielmehr muss nach Epikur die Vernunft das Streben nach diesseitigem Glück leiten und zügeln. Die Vernunft aber lehrt, dass das eigentliche Glück nur in heiterer Beschaulichkeit oder in ausgeglichener Ruhe des Geistes (Ataraxie) zu finden ist, ohne Angst vor den Göttern oder dem Tod.

Im Mittelalter wurden Emotionen im Sinne einer christlich-theologischen Psychologie als sündhaftes Begehren problematisiert. Mit der neoplatonisch orientierten Patristik, v. a. Augustinus (354–430) und der neoaristotelisch ausgerichteten Scholastik, v. a. Thomas von Aquin (1224–1274) wurden griechische Ideen mit christlichen Vorstellungen, z. T. aber auch mit der islamischen Lehre, v. a. bei Avicenna Ibn Sina (980–1037) und Averroes Ibn Roschd (1126–1198) vereinigt. Fragen des Emotionalen wurden dabei auf Glaubensaspekte und Möglichkeiten eines gottgefälligen, religiösen Lebens in Glaube, Liebe und Hoffnung bezogen. Interessanterweise tragen christliche Todsünden den Namen von Gefühlen (z. B. Stolz, Habsucht, Wollust, Neid, Gier, Zorn), während die christlichen Kardinaltugenden (z. B. Besonnenheit, Seelenstärke, Enthaltsamkeit, Gerechtigkeit) jene Dispositionen darstellen, die helfen sollen, den emotionalen Versuchungen zu widerstehen. So schrieb Thomas: »Die Vernunft ist dem Menschen Natur. Was immer also wider die Vernunft ist, das ist wider des Menschen Natur.« (Thomas von Aquin 2001, 14,2, ad8). Emotionales Wohlergehen auf Erden wird folglich durch sittliche Bewährung in Aussicht gestellt; endgültige Verwirklichung wird nach der christlichen Seeligkeitslehre – auch in deren Weiterentwicklung im Protestantismus – gleichwohl erst im Jenseits erreicht. Um das Mittelalter nicht nur als eine »emotionsfeindliche« Zeit erscheinen zu lassen, sind hier auch die Minne und Troubadoure zu erwähnen, die Glück und Leid des fühlenden Menschen besungen haben.

In dem von Hobbes (1588–1679) beschriebenen Naturzustand, bei dem ein Krieg aller gegen aller vorherrscht, ist der Mensch des Menschen Wolf. Dieses Welt- und Menschenbild ließ Hobbes in seiner Staatstheorie einen starken Staat befürworten, der allein die Bestie Mensch zu zähmen vermag. Rechtsschutz, Sicherheit und die Möglichkeit praktischer Tugendübung finden die Menschen demnach erst dann, wenn sie sich durch ihre Übereinkunft im Staat eine übergeordnete Gewalt und Ordnung schaffen, deren Willen sie sich dauerhaft unterwerfen.

Im Zuge der geistigen Wende vom Mittelalter zur Neuzeit, der sog. Renaissance, kam es zu einer Befreiung des Individuums aus überkommenen Bindungen, zur Wiedergeburt antiker Emotionsbegriffe sowie zu utopischen Vorstellungen bezüglich eines auch emotional gelingenden Lebens (z. B. bei Thomas Morus, Tomasso Campanella oder Francis Bacon). Descartes (1596–1650) begründete eine rationale Erkenntnistheorie, die nur das als richtig und als gut akzeptiert, was durch die eigene individuelle Reflexion als richtig und gut verifiziert ist. Des Weiteren entwickelte er eine Ethik, der gemäß das Individuum sich im Sinne des Allgemeinwohls selbst zu kontrollieren habe. Schließlich entwickelt er eine Philosophie, die auf einer von den Naturgesetzen bestimmten Physik aufbaut und die Aufgabe hat, die innere und äußere Natur des Menschen zu erklären und vollständig zu beherrschen.

Nach Descartes sind die Gefühle in der Seele, dem Sitz des Bewusstseins, lokalisiert. Weil die Seele ihnen gegenüber jedoch passiv ist, nennt er sie Leidenschaften und stellt sie dem klaren Denken gegenüber. Leidenschaften sind starke seelische Kräfte (Lebensgeister), die den ganzen Menschen erfassen. In seiner letzten Schrift »*Die Leidenschaften der Seele*« (1649) entwickelt er eine

Affektlehre, die eine vernunftgemäße, d. h. durch den Willen kontrollierte Leitung der Emotionen vorsieht. In ähnlicher Weise versteht auch Leibniz das Gefühl als unzulängliches Erkenntnisinstrument, als seltsame und schädliche Verdunkelung, die nicht den gleichen Rang einnimmt wie die Perfektionsform des Erkenntnisprogramms von Descartes: die »cognitio clara et distincta«.

Entgegen der cartesianischen Trennung zwischen den Substanzen »Körper« und »Seele« verteidigte Spinoza (1632–1677) wiederum die Einheit von denkendem Geist und fühlendem Leib. Das Ziel seiner rationalistisch begründeten Theorie menschlicher Praxis (»*Ethik*« 1677) war dabei eine »vernünftige Weltorientierung« des Menschen, die erreicht ist, wenn man jegliche Form der Fremdbestimmung ablegt und nur aus sich heraus, also frei zu handeln vermag. Daran wird man nach Spinoza jedoch unter anderem durch seine Gefühle gehindert. Potenziell verfügt der Mensch jedoch über die Macht, seine Emotionen zu zügeln. Spinoza entwickelte eine Gefühlsethik, die die moralische Dimension von Gefühlen untersuchte. Fühlend können wir an unserer Selbstvervollkommnung wie auch an der Perfektion der Welt arbeiten. Die Bestimmung des Menschen besteht nach Spinoza darin, sich gleichermaßen als ein Gefühls- und Vernunftswesen zu verwirklichen.

Der Empirist Hume (1711–1776) wertete in seiner »*treatise of human nature*« (1739) die Emotionen auf und stellte sie in ein kausales Netzwerk von sinnlichen Wahrnehmungseindrücken (Impressionen) und kognitiven Ideen. Emotionen, die gut oder schlecht sein können, bilden für ihn einen wesentlichen Teil der sozialen Praxis und Ethik. Die Bedeutung der »moral sentiments« wurde auch von Humes Freund, dem Moralphilosophen und Ökonomen Adam Smith (1723–1790) verteidigt. Beide erheben Sympathie zum universalen Merkmal der menschlichen Natur, die dem Selbstinteresse gegenüberstehe.

Kant (1724–1804) wiederum verstärkte die Trennung zwischen Vernunft und Emotionen, indem er zwischen »subjektiver« und »objektiver Empfindung« sowie zwischen Affekt und Leidenschaft unterschied. Seine Beziehung zum Emotionalen blieb indes mehrdeutig: So hob er in seiner »*Kritik der Urteilskraft*« (1790) die Bedeutung von gemeinsam geteilten Emotionen in der Schätzung des Schönen und Erhabenen hervor. Ebenso diente ihm das Geschmacksurteil als Beispiel, dass die Urteilskraft grundsätzlich und vor aller Erfahrung mit der Sphäre der Emotionen, Gefühle und Empfindungen verknüpft sei (vgl. Wieland 2001). Das kantische Apriori hat demnach auch eine emotionale Dimension. In Kants »Ästhetik« verbirgt sich so eine Theorie der emotionalen Sinnlichkeit prä-rationaler Art, die einer rationalen, d. h. vernunftorientierten Erkenntnis- und Wahrheitstheorie jedoch verpflichtet bleibt. Es gilt, die »unreine« sinnlich-emotionale Erfahrung durch eine reflexive Rationalisierung zu bändigen und zu neutralisieren. Die damit verbundene »Durchrationalisierung« des erlebten Daseins steht allerdings in Gefahr, ein ihr zugehöriges »Irrationales« zu verdrängen, womit das »Andere der Vernunft« unzugänglich bliebe (vgl. Böhme/Böhme 1983).

Nach klassischer Auffassung ist der Mensch ein »animal rational«, ein rationales Wesen, das mit seinem Verstand seine Emotionen kontrollieren kann bzw. soll. Kosmos und Polis, Naturordnung und gesellschaftliche Ordnung des klassischen wie neuzeitlichen Welt- und Wirklichkeitsbildes bauen damit auf dem Prinzip des Rationalen auf und legen so den Grundstein der modernen Weltanschauung und -beherrschung. Als Grundmuster kann eine positiv bewertete Gleichsetzung von Vernunft, Aktivität, Männlichkeit und Herrschaft gegenüber einer negativ bewerteten Gleichsetzung von Affektivität, Passivität, Weiblichkeit und Unterlegenheit erkannt werden. Das Credo lautet dabei: Man kann leicht dem unsteten, irritierenden, überwältigenden, krankmachenden Einfluss der Emotionen unterliegen, wenn man nicht die mäßigende Herrschaft der Vernunft und freiheitlichen Selbstbestimmung gegen sie aufbietet.

Ein weiterer Meilenstein in der Geschichte des Emotionalen ist die Rehabilitation des Gefühls in der kulturhistorischen Epoche der Romantik (ca. 1795–1835, z. B. bei Novalis; Schlegel, Schelling, E. T. A. Hoffmann). Dabei hatte bereits Herder in seiner »*Philosophie des Gefühls überhaupt*« (1769) einen Sensualismus gefordert, der – i. S. eines ›Ich fühle mich! Ich bin!‹ – das nach dem Modell der Taktilität gedachte Fühlen an den Körper bindet.

Die romantischen Vorstellungen eines ganzheitlichen Gefühls- und Denkvermögens traten mit der sich ausbreitenden Industrialisierung und Rationalisierung im 19. Jahrhundert abermals in den Hintergrund. Im fortschrittsgläubigen Diskurs dieser Zeit wurden Gefühle sozusagen in den animalischen Restbestand des Menschen abgedrängt. Parallel dazu begann auch die Etablierung der wissenschaftlichen Psychologie, die der Philosophie die Deutungshoheit für das Zusammenspiel von Geist und Körper streitig machte. Die sehr früh einsetzende und sich im 20. Jahrhundert nahezu exponentiell entfaltende naturwissenschaftlich ausgerichtete Psychologie entfremdete sich jedoch zunehmend von ihrer »Mutterdisziplin« und wies den Emotionen über die Zeit nur noch einen Außenseiterplatz zu. Insbesondere die psychoanalytische Variante, die in Europa zunehmend ihren Status als Wissenschaft zu verteidigen hatte, betrieb eine quasi-programmatische »Entmonopolisierung« des Rationalen (Freud 1856–1939). In Form der Emotionspsychologie verblieb den Emotionen so zumindest eine Nische innerhalb der etablierten Psychologie (vgl. Otto/Heuler/Mandl 2000). Erst in jüngerer Zeit wurden verschiedene Theorien zur Entstehung und Entwicklung des Emotionalen erarbeitet (für Übersichten vgl. Meier-Seethaler 1998; Hogen 1999; Lindsey et al. 2004). Dabei sind aufschlussreiche Erkenntnisse, insbesondere über das Verhältnis des Emotionalen zum Rationalen gewonnen worden, die manche geschichtliche Einsichten bestätigen oder wiederentdecken lassen; andere Auffassungen werden dagegen radikal in Frage gestellt. Als aktuell besonders einflussreich erweisen sich die Erkenntnisse der Neurowissenschaften. Diese eröffnen radikale Einsichten in das komplexe Zusammenspiel des Körperlichen, Emotionalen, Psychischen und Geistigen im Menschen (vgl. Kapitel 3.3).

2.2 Was Affekte, Stimmungen, Gefühle und Emotionen verbindet und unterscheidet

Was sind Gefühle und Emotionen? Die Antwort auf diese scheinbar leichte Frage fällt unterschiedlich aus, je nachdem, welche Perspektive gewählt bzw. welche Disziplin befragt wird. So betrachten die naturwissenschaftlich orientierte Psychologie und die Kognitionswissenschaft das Emotionale völlig anders als die anwendungsorientierte Erziehungswissenschaft oder die Psychotherapie. Auch stehen beispielsweise in der Medizin oder Neurowissenschaft andere Aspekte im Vordergrund als in der Philosophie, (Sozial-)Psychologie, Soziologie oder in den Wirtschaftswissenschaften.

Eine genaue begriffliche Bestimmung des Phänomens Gefühle und Emotionen erweist sich damit als vielfältig und komplex (vgl. z. B. Zepf 1997; Kleinginna/Kleinginna 1981; Elster 1999; Ekman/Davidson 1994; LeDoux 1998; Hülshoff 2001). Daher ist es uns an dieser Stelle wichtig aufzuführen, wie wir die Begriffe verwenden. Unserer Ansicht kann grundsätzlich zwischen

Affekten und Stimmungen einerseits sowie Gefühlen und Emotionen andererseits differenziert werden.

2.2.1 Affekte und Stimmungen

Affekte sowie die zumeist hintergründiger erlebten Stimmungen verweisen auf die eher passiv erfahrene, körperliche oder psychologische Gestimmtheit des Einzelnen. Das Wort Affekt stammt aus dem Lateinischen und bedeutet etwa »Angetansein« bzw. »Gereiztsein durch irgendeine Form der Beeinträchtigung« (von lat. »afficere« = »anregen«, »in eine Stimmung versetzen«). In den Affekten, verstanden als kurze und intensive Gefühlsform, reagiert das Subjekt mehr oder minder stürmisch, kämpferisch, gekränkt oder leidenschaftlich auf die Umwelt. Beispiele für Affekte sind Aggression, Hass, Wut, Zorn, Eifersucht, Geiz oder in einem weiteren Sinne auch Melancholie, Scham und Ekel. Allgemeines Merkmal und Funktion des Affektes als Verteidigungs- oder Angriffshaltung ist es, sich zu distanzieren. So dienen Affekte dazu, Mitmenschen zurückzustoßen oder sich Situationen ›vom Leib zu halten‹, die als bedrängend, überfordernd oder bedrohlich wahrgenommen werden.

Affekte sind in gewisser Weise die Nachfolger der Instinkte und können daher als psychische Repräsentanzen von hierarchisch organisierten, zielorientierten Motivsystemen verstanden werden, die durch externe Reize aktiviert werden. Der »Nutzen« von Affekten liegt in einer momentanen Befreiung vom Druck der Welt, etwa in dem Sinne, dass Kränkungen, Angriffe oder belastende Situationen innerlich bzw. öffentlich zurückgewiesen, verarbeitet oder kathartisch geklärt (»reinigendes Gewitter«) werden.

Die Wirkungen von Affekten sind meist unangenehm und befremdlich für denjenigen, den sie treffen. So werden Betroffene beim Aggressionsaffekt eingeschüchtert und empfinden Furcht oder Mitleid. Zudem ist es in einer Affektsituation meist nicht möglich, zu dem »Affektierten« vorzudringen und vernünftig mit ihm zu sprechen. Der affektgeladene Mensch selbst erlebt demgegenüber eine innere Aufwertung, weil er sich verteidigt und mächtig auf andere (ein)wirkt. So gesehen wird im Affekt versucht, Zuständen oder Erlebnissen der Angst, Ohnmacht oder Unterlegenheit zu entfliehen oder sogar in Überlegenheit zu wenden. In diesem Sinne sind Affektbereitschaften eine Vorwegnahme vermeintlicher oder realer Kränkungen und sozialer Verkürzungen.

Da affektives Verhalten mit einer selektiven Wahrnehmung und sozialen Vorurteilen einhergeht (z. B. vereinfachende Schemata von »Gut« und »Böse«, »Hässlich« und »Schön« usw.) und differenzierte Problemlösungen und emotionale Intelligenz oft vermissen lässt, haben Gesellschaften oder Gemeinschaften ein Interesse daran, Affekte weitestgehend zu kontrollieren. Dies ist Gegenstand mehrerer soziologischer Arbeiten, die auch einen Zusammenhang mit der Entwicklung der Zivilisation und der bürgerlichen Gesellschaft (Elias 1978) sowie der Verbreitung des Kapitalismus (Weber 1976, 1988) herstellen. Nach Weber bildete eine asketische Grundhaltung und eine ihr entsprechende Rationalisierung des Affektiven die moderne methodisch-rationale Lebensführung und den »Geist des Kapitalismus« heraus. Leiblichkeit und Affekte werden unter dem Druck einer rationalen (Wirtschafts-)Führung modelliert und funktionalisiert. Triebe, Bedürfnisse und Affekte müssen entsprechend gezügelt und der maschinellen bzw. industriellen Welt angepasst werden. Die Disziplinierung des affektiven Körpers wird dabei über Formen von »Überwachen und Strafen« (Foucault 2001) organisiert. Die zunehmende technisch-industrielle Durchdringung der Lebenswelt (z. B. durch eine »Apparatisierung«) modifiziert maßgeblich die körperlich-emotionale Seite des Menschen. Affektive Regungen werden für den (scheinbaren) Gewinn dauerhafter Leistungsbereitschaft unterdrückt oder ausgeblendet. Da Affekte das Miteinander stark beeinträchtigen und dazu angetan sind, Autoritäten herauszufordern, hat sich deshalb parallel eine Rechtssprechung etabliert, die Affektausbrüche im Arbeitsleben vergleichsweise eindeutig sanktioniert.

Stimmungen (z. B. gut oder schlecht gelaunt, gereizt oder depressiv) gelten allgemein als schwächer, weniger variabel, dafür aber länger andauernd als Affekte. Zudem fehlt ihnen ein klarer Bezug zu einem Auslöser; sie sind nicht auf bestimmte Objekte oder Handlungen ausgerichtet. Eher stellen sie eine Art hintergründige Dauertönung des Erlebens dar, vor der sich andere Erlebnisinhalte als Figur abheben, ohne aber direkt das Denken oder Handeln zu unterbrechen (vgl. Isen 1984). Stimmungen beeinflussen grundlegend die Befindlichkeit als ursprüngliche Vollzugsform und Strukturmoment des menschlichen Daseins in der Welt (vgl. Heidegger 1986, S. 134 ff.).

Für das Entstehen von Stimmungen können kleine Ereignisse, aber auch zeitlich zurückliegende Erfahrungen verantwortlich sein, die nicht im Fokus der Aufmerksamkeit liegen (vgl. Morris 1989). Als stimmungsauslösende Bedingungen wurden empirisch insbesondere Ereignisse von »hedonistischer«, also lustförderlicher Relevanz und imaginative Tätigkeiten erkannt (vgl. Abele 1995). Analog zu den Gefühlen lassen sich verschiedene Stimmungstypen unterscheiden. So bilden z. B. Traurigkeit, Reizbarkeit und Ängstlichkeit ein Muster negativer Stimmung; gehobene Stimmung und Zufriedenheit lassen sich dagegen in einem Cluster positiver Stimmung zusammenfassen. Im Rahmen der Stimmungsforschung (vgl. Forgas/Bower 1987) wurde erkannt, dass eine Person bevorzugt jene Informationen selektiert, die ihrer momentanen Stimmungslage entspricht. Die jeweilige Stimmung wirkt somit als Filter, der für eine sog. »Stimmungskongruenz« sorgt. In guter Stimmung nehmen Menschen eher Positives wahr und in schlechter Stimmung eher Negatives. Gleiches gilt für das Speichern von und Erinnern an Informationen. Interessanterweise setzen sich allerdings Personen in guter Stimmung mit einem Thema gedanklich weniger intensiv auseinander als in schlechter Stimmung. Wie in Untersuchungen zur Wirksamkeit von Werbung festgestellt wurde, verwenden Personen in guter Stimmung einfachere Denkmodelle (Stereotypen) bzw. Intuitionen und greifen seltener auf Informationen zurück als Personen in schlechter Stimmung (vgl. Jäkel 1997). Positive Stimmung bewirkt eine Haltung des Optimismus und ein Vertrauen in sich und seine Umwelt, was freies Assoziieren ebenso begünstigt wie die Bereitschaft, Fehler zu riskieren. Die Person befreit sich sozusagen von habituellen, normativen und intellektuellen Zwängen und entwickelt unter Umständen neue und kreative Ideen. Eine negative Stimmung führt hingegen zu einer Haltung der Anstrengung, der Fehlervermeidung und des Sicherheitsstrebens (vgl. Fiedler 1988). Dies erklärt teilweise, warum Entscheidungsfreude und mutiges Anpacken bei Reorganisationen zwar gefordert ist, gerade dort aber nicht ohne weiteres erwartet werden kann.

2.2.2 Gefühle

Im Gegensatz zu Affekten und Stimmungen sind Gefühle ein eher aktiv erlebtes Wahrnehmen und Erfahren. Während Affekte komplexe Verhältnisse vereinfachen und den Freiheitsspielraum des Einzelnen einengen, verbinden Gefühle den Menschen mit der Welt in einer offeneren Weise und erweitern die Spielräume der menschlichen Persönlichkeit. Fühlend ist der Mensch mit der Welt verflochten und engagiert sich in ihr. Dabei treten Gefühle nicht isoliert auf, sondern sind Teil eines umfassenderen Erlebens, d. h. verbunden mit Empfindungen, Begehren, Wünschen, Bedürfnissen, Vorstellungen, Phantasien, Interpretationen und Bewertungen. Gefühlsmäßige Intentionen richten sich – anders als Stimmungen – immer auf »etwas Spezifisches« oder »jemand Speziellen«. Der Fühlende freut sich beispielsweise über »etwas«, ist stolz auf »etwas«. Das intendierte »Etwas« muss dabei nicht konkret existieren, es kann auch vorgestellt sein (z. B. ein zukünftiges Ereignis). Die Intentionalität der Gefühle ist somit auf bestimmte oder imaginierte Gegenstände, Sachverhalte oder Personen bezogen. Gefühle sind somit ein empfundenes (Sinnes-)Erleben in Form eines Prozesses oder Zustandes von Jemandem, der »fühlt« und sich dabei intentional auf etwas richtet. Fühlen ist damit eine grundlegende Funktion des psychischen Erlebens und des menschlichen Weltverhältnisses.

Zu Gefühlen gehört ferner, dass sie zum Ausdruck gebracht werden können. Ausdrucksformen von Gefühlen werden durch eine genetische Basis mitbestimmt (z. B. Phylogenese des Lächelns oder angeborene motorische Programme). Dennoch ist es wichtig zu beachten, dass diese Expressionsweisen immer in Abhängigkeit von soziokulturellen normativen Standards sozialisiert und erlernt werden. Erst so entstehen die Möglichkeiten einer sozialen Verantwortlichkeit und Entschuldbarkeit emotionalen Fehlverhaltens. Bei den Ausdrucksformen unterscheidet man zweckmäßigerweise nach den beiden spezifischen (Gefühls-)Qualitäten und -intensitäten des nonverbalen und verbalen (Verhaltens-)Ausdrucks. Das Gesicht gilt dabei als besonderer kommunikativer Signalbereich, dessen Veränderungen zum Teil auf physiologische Einflüsse, zum Teil auf soziale Entwicklungen zurückzuführen sind. So sind z. B. bei Wut eine stärkere Adrenalin- und Speichelbildung sowie eine erhöhte Blutzufuhr der Haut zu beobachten. Das erklärt, warum wütende Menschen zu »kochen« scheinen und oft rot im Gesicht sind. Gerade Untersuchungen über Ausdrucksformen im Gesicht waren und sind für die Erforschung von Gefühlen von besonderer Bedeutung (vgl. Ekman 1984). So dient ein »Facial Action Code System« (FACS) dazu, alle sichtbaren Gesichtsbewegungen zu erfassen (vgl. Ekman/Friesen 1978). Auch wenn es universale Ausdrucksformen zu geben scheint, stehen dennoch – je nach Kultur und sozialem Konstruktionskontext – spezifische Mimiken für bestimmte Gefühle.

Gefühle beeinflussen und äußern sich aber auch in der Stimme, insbesondere mittels Tonfall, Sprachmelodie, Stimmfärbung, Intonation und Sprechgeschwindigkeit. Zudem werden durch Körperbewegungen und -haltungen sowie durch die Gestik körperliche Befindlichkeiten und emotionale Signale ausgesendet. Mimische, gestische und andere non-verbale Signale werden dabei meist in enger Verbindung mit der Sprache verwendet. Mit ihnen werden Bedeutungen von Äußerungen unterstrichen, Aufmerksamkeit und Interesse am Gespräch gezeigt oder Rückmeldungen eingefordert (vgl. Argyle 1996). Registriert man, dass verbale und nonverbale Signale nicht übereinstimmen, wird den nicht-sprachlichen Ausdrucksformen üblicherweise die größere Aufmerksamkeit entgegengebracht. Dies ist ein für Organisationen wichtiger Befund. Er hilft zu erklären, warum nicht-authentische Personen, also Personen, deren offizielle Botschaft ihren Überzeugungen nicht recht zu entsprechen scheint, schnell als unglaubwürdig eingestuft werden. Äußerliche Ausdrucksformen gewähren den Anderen so einen Zugang zur Welt der subjektiven Gefühle eines Mitmenschen.

Gefühlsäußerungen haben damit auch eine interaktive Dimension. Sie üben eine wichtige Funktion bei der Mitteilung von handlungsrelevanten inneren Zuständen zur Steuerung oder Unterstützung verbaler Kommunikation aus (z. B. Gesten und Blickbewegungen zur Veranschaulichung von Begriffen oder für den Wechsel von der Sprecher- zur Hörerrolle). Auch wenn das Ausdrucksverhalten meist unwillkürlich ist, kann es willentlich gehemmt oder verstärkt werden, was besonders in der sog. Gefühlsarbeit relevant ist (vgl. Kapitel 5.2.3).

2.2.3 Emotionen

Wie die Gefühle basieren auch die Emotionen auf biologischen, genetischen und neurologischen, also auf natürlich-körperlichen Wahrnehmungs- und Erfahrungsprozessen. Emotionen ergeben sich zudem aus komplexen, sozialen und kulturellen Beziehungen. Auf diese grundlegenden Prozesse wird bei der Betrachtung der Entstehung und Entwicklung von Emotionen detaillierter eingegangen (vgl. Kapitel 3.4, 3.5). In Ergänzung zu personalen Gefühlen sind die umfassender zu verstehenden Emotionen immer auf zwischenmenschliche Begegnungen innerhalb eines sozialen Kontextes bezogen. Als interpersonaler und interaktiver Prozess konstituieren und entwickeln sich Emotionen also in Beziehungsgefügen innerhalb sozialer Situationen.

Einerseits sind soziale Situationen Auslöser für Emotionen (vgl. Scherer 1986); andererseits strukturieren Emotionen soziale Kontexte, indem sie die Wahrnehmung durch andere und die Regulation zwischenmenschlicher Beziehungen koordinieren. Sie informieren über das soziale Umfeld, über darin vorkommende Einstellungen und Erwartungen sowie über mögliche

Handlungen. Insbesondere regulieren sie selektiv Aufmerksamkeiten und eröffnen oder reduzieren so Handlungsalternativen bzw. -bereitschaften von Kollektiven. Emotionen dienen folglich der Vorbereitung und Umsetzung sozialer Motivation, Kooperation und Konfliktbewältigung.

Insgesamt stellen Emotionen ein wesentliches Medium sozialer Kommunikation dar (vgl. Wentworth/Ryan 1994). Die interpersonale Dimensionen des Emotionalen verweisen nicht nur auf die fortlaufende Erfassung und Koordination sozialer Situationen, sondern auch auf konkrete gemeinschaftliche Entscheidungs- bzw. Gestaltungsprozesse. So beeinflussen Emotionen die Auswahl, Bewertung, Motivation, Ausrichtung und Intensität der jeweiligen Entscheidungen und Rollen sowie eine entsprechende soziale Verhaltenspraxis.

Emotionales Verhalten kann auch eingesetzt werden, um bestimmte (erwünschte) Gefühle in sozialen Situationen vorzutäuschen. Um einen bestimmten Eindruck bei Dritten zu erwecken, wird ein z. B. positives emotionales Verhalten sehr betont gezeigt. So könnte etwa bei der Einladung eines Vorgesetzten versucht werden, das Bild einer »harmonischen« Familie vorzutäuschen, obwohl die aktuelle Beziehung nicht diesem Ideal entspricht. Dabei sind ungewollte Effekte möglich, insbesondere dann, wenn das spontane und willkürliche emotionale Verhalten sich unterscheiden. So kann es beispielsweise zu Irritationen in der zeitlichen Verlaufsstruktur des Lächelns kommen. Entweder wird zu lange gelächelt, oder das Lächeln endet zu schnell und ist asymmetrisch, was ein Anzeichen für einen gestellten emotionalen Ausdruck ist. Da es keine Identität zwischen dem vorgetäuschten und dem tatsächlichen emotionalen Zustand gibt kann es passieren, dass ein genuines emotionales Verhalten auftritt. Dieses kann dann wie eine undichte Stelle – wie ein Leck in der Täuschung – die Inszenierung entlarven. Beispielsweise könnte kurzzeitig eine Ärgermimik sichtbar werden. Wird die Person sich dieses, der eigentlichen Täuschungsabsicht widersprechenden Verhaltens bewusst, maskiert sie es durch ein sich unmittelbar anschließendes Lächeln. Auch Unstimmigkeiten zwischen verschiedenen Kanälen des Ausdrucksverhaltens, die nie alle gleichzeitig kontrolliert werden können, sind verräterisch (DePaulo 1992). So zeigen Inkonsistenzen beispielsweise zwischen emotionalen Gesichtsausdrücken (scheinbar ruhig) und bestimmten Körperhaltungen oder Tonlagen der Stimme (faktisch erregt) den nicht-authentischen Charakter einer Mimik.

Entgegen der häufig vertretenen Meinung, dass ein Wegschauen oder ein »Nicht-in-die-Augen-sehen-konnen« Lügen und Täuschungen verraten, ist die Realität eine andere. Untersuchungen haben gezeigt (vgl. Reggio/Friedman 1983), dass die Fähigkeit, seinem Gegenüber ruhig und fest in die Augen sehen zu können keineswegs ein Beleg für Ehrlichkeit ist. Erfahrene bzw. gekonnte Lügner haben es oftmals gelernt, dem Gegenüber besonders dann in die Augen zu schauen, wenn sie eine Lüge wirksam einsetzen wollen. Kleine Lügen bzw. selektive Informationsangaben gehören – ohne dies hier bewerten zu wollen – zum alltäglichen Miteinander: Man setzt häufig kleine Lügen ein, um jemanden nicht zu kränken, um komplizierte Auseinandersetzungen und Erklärungen zu umgehen. Problematisch werden Lügen spätestens dann, wenn sie gezielt eingesetzt werden, um andere zu täuschen und in unvertretbarer Form zu benachteiligen, zu desinformieren oder in die Irre zu führen. Zudem bestehen kultur- und gesellschaftsabhängige Wechselwirkungen zwischen Emotionen und Interaktionen (vgl. Lutz/Abu-Lughod 1990; Banse 2000, S. 361 f.; Mesquita/Frijda 1992; Mesquita/Frijda/Scherer 1997; Kapitel 3.4).

Mit dem Gesagten sollte deutlich geworden sein, dass Gefühle einen intentionalen und expressiven Zustand des Einzelnen beschreiben, während Emotionen einen interaktiven Zustand im sozialen Handeln und Verhalten darstellen. Sowohl Gefühle wie Emotionen beeinflussen sich dabei gegenseitig und werden zudem durch den strukturellen-kontextuellen Rahmen, in den sie eingebettet sind, hinsichtlich ihres Entstehens und Verlaufs mit geformt. Zum Kontext gehören äußere Bedingungen der Umwelt, die z. B. als emotionale Atmosphäre oder emotionales Klima wirksam sind. Ebenso sind hier Normen und Regeln, Einflussstrukturen, aber auch materielle Bedingungen, etwa Ressourcen und die technologische Infrastruktur mit eingeschlossen. Als jeweiliger, situativer Kontext organisiert dieser überpersonale Struktur- und Systemzusammenhang dabei eine funtionale Passung (Fit) zu subjektiven Gefühlen und kollektiven Emotionsprozessen.

2.3 Bezugrahmen und Klassifizierung von Gefühlen und Emotionen

Auf der Grundlage der beschriebenen Klassifizierung von Gefühlen und Emotionen kann nun ein Bezugsrahmen entwickelt werden. Dieser gibt einen Überblick über den Zusammenhang von Gefühlen und Emotionen und dient auch als Orientierung für die weiteren Betrachtungen. Gemäß den vorherigen Definitionen kann zwischen einer 1) subjektiven, einer 2) intersubjektiven sowie einer 3) strukturell-kontextuellen Dimension unterschieden werden. Folgende Abbildung zeigt diese Dimensionen in ihren Zusammenhängen:

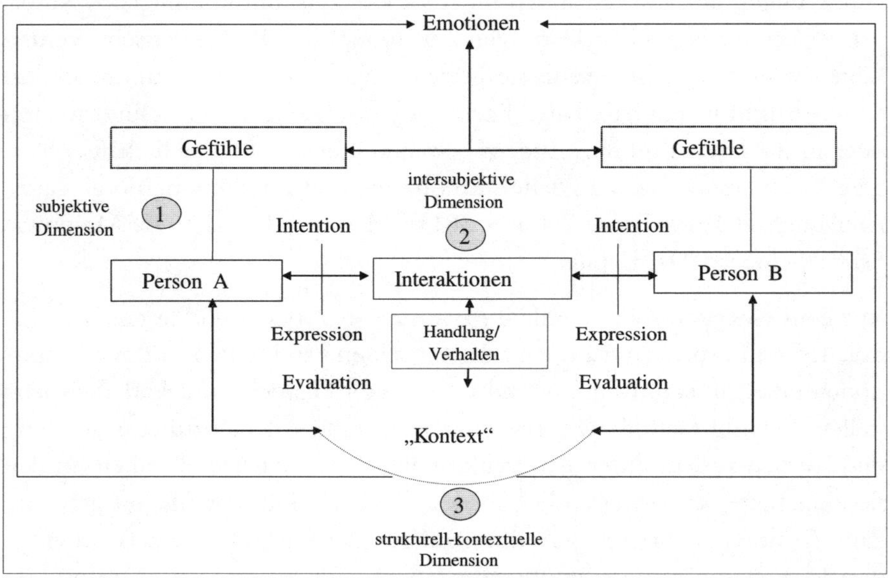

Abb. 2: Bezugsrahmen zu Gefühlen, Emotionen und Kontext

Anhand dieses Bezugsrahmens wird deutlich, wie sehr Gefühle als subjektive Dimension des Emotionalen an einzelne Personen (A, B) gebunden sind, während Emotionen vom intersubjektiven Verhältnis der personalen Gefühle und von der strukturell-kontextuellen Dimension mitbestimmt werden. Intention, Expression und Evaluation stehen dabei in einem dynamischen Verhältnis zu Interaktionen und Kontext.

Im Folgenden werden wir Möglichkeiten einer Einordnung und Klassifizierung von Gefühlen und Emotionen näher betrachten, wodurch ein besseres Verständnis erreicht werden soll. Mit einer »Ordnung der Gefühle« (Krell/Weißkopf 2001, S. 5) wurde versucht, Basis- oder Primärgefühle zu bestimmen und ein sowohl theoretisches als auch empirisch belegtes Klassifikationssystem aufzustellen. Das Spektrum der Gefühle und Emotionen wurde dabei mit verschiedenen Strukturmodellen und Messmethoden kategorisiert, wodurch universelle Kriterien gefunden wurden. Die Vielfalt des Emotionalen wurde auf fünf »Grundgefühle« (Neugier, Freude, Angst, Aggression/Schmerz und Trauer) reduziert und mittels eines spezifischen »Grundgefühlszyklus« (Vorbereitungsgefühle, Handlungs- und Erfolgsschwelle, Nachbereitungsgefühle) über Gehirnstrommessungen zu erfassen versucht (vgl. Machleidt/Gutjahr/Mügge 1989). In ähnlicher Weise identifiziert der Neodarwinist Ekman (1984, 1992) eine bestimmte Zahl deutlich unterscheidbarer Gefühle, deren spezifische und gemeinsame Eigenschaften ebenso wie ihre Funktionen größtenteils das Resultat evolutionärer Entwicklungsprozesse (vgl. Kapitel 3.6) sind und stets auf gleiche Weise ausgedrückt werden. Folgende universalen Basisgefühle wurden bestimmt (vgl. Ekman 1984):

- Happiness, Joy (Glück/Freude),
- Surprise (Überraschung),
- Sadness (Trauer, Traurigkeit),
- Fear (Furcht/Angst),
- Disgust (Ekel),
- Anger (Ärger, Wut),
- Contempt (Verachtung).

Als weitere basale Gefühle kommen in neueren Veröffentlichungen noch »interest«/»excitement« (Interesse/Erregung), »shame« (Scham), »guilt« (Schuld), »embarrassment« (Verlegenheit), »awe« (Scheu, Ehrfurcht) und »distress«/»anguish« (Qual) hinzu (vgl. Ekman 1992, 2004). Andere Gefühlsphänomene werden als Mischvarianten der einheitlichen Grundgefühle angenommen, z. B. Liebe als Mischung aus Freude und gefühlsmäßigem Interesse und Akzeptieren.

Je nach Autor variiert jedoch die Zahl und Art der Grundgefühle (z. B. Plutchik 1980). So verwundert es nicht, dass die Annahme basaler Gefühle sehr umstritten ist (vgl. Ortony/Turner 1990). Dies hängt auch mit den Kriterien zusammen, die ein Gefühl oder eine Emotion erfüllen muss, um den Basisgefühlen zugeordnet werden zu können (Turner/Ortony 1992). Schließlich fehlt es auch an empirischen Belegen für die Existenz von Basisgefühlen. So ist es der Emotionsforschung bislang nicht gelungen, spezifische Grundelemente der Gefühle und Emotionen verbindlich herauszuarbeiten (vgl. Mayring 1992).

Eine andere Systematisierungsmöglichkeit besteht darin, grundlegende Dimensionen zu bestimmen, aus denen sich die einzelnen Gefühle zusammensetzen. Bereits Wundt (1910; vgl. Osgood/Suci/Tannenbaum 1957) unterschied in einem dreidimensionalen Differenzierungsschema wie folgt:

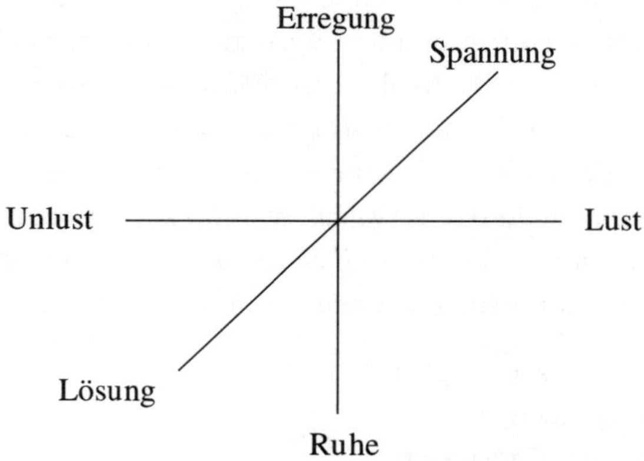

Abb. 3: Differenzierungsschema zu emotionalen Dimensionen (nach Wundt 1910)

Die erste Achse (Erregung/Ruhe) verweist auf erregende bzw. beruhigende Intensitäten, die zweite (Lust/Unlust) zeigt eine angenehme bzw. unangenehme Evaluation an, die dritte (Spannung/Lösung) bezieht sich auf ein starkes oder schwaches Potenz- bzw. Anpassungsniveau. Dieses Verständnis einer psychischen Aktivität und Funktion des Emotionalen wurde auch in psychoanalytischen und tiefenpsychologischen Ansätzen beschrieben (Freud 1921; Jung 1971). Gefühle gelten dabei als triebgesteuerte bzw. energetische Erlebnisse, die zwischen Lust und Unlust variieren. Jeder erlebbare Gefühlszustand ist eine Mischung unterschiedlicher Ausprägungen dieser voneinander unabhängigen bipolaren Gefühlsdimensionen (Partialgefühle). Zur Beschreibung von Gefühlszuständen wurden Strukturmodelle aufgestellt, in denen emotionale Qualitäten gruppiert wurden. Ein Beispiel ist das Circumplex-Modell, ein gemischtes Strukturmodell, mit dem Gefühle in einem zweidimensionalen Raum kreisförmig um einen neutralen Mittelpunkt verteilt werden.

Mit einer solchen Gruppierung können entgegengesetzte wie verwandte Gefühle klassifiziert werden. Durch einen Vertikalschnitt (mit den Polen Erregung und Ruhe) sowie einen Horizontalschnitt (mit den Polen Unlust und Lust) können Gefühlsvariationen eingeordnet werden.

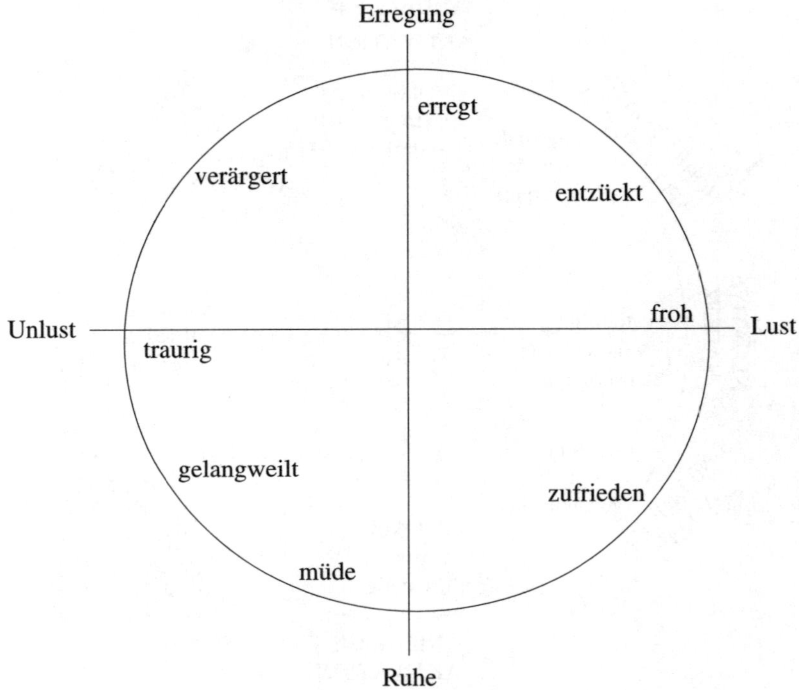

Abb. 4: Circumplex Modell der Gefühle (nach Russel 1980; Schmidt-Atzert 1996, S. 92)

In einem erweiterten Circumplex-Modell zu Emotionen (vgl. Watson/Telegen 1985) wird neben der Affektivität auch das Aktivationsniveau systematisch berücksichtigt. Dabei werden positive und negative Wertigkeiten und Valenzen differenziert zugeordnet. So ergibt sich z. B. positive Affektivität aus positivem Emotionsempfinden und erlebter Aktivation. Den verschiedenen Affektivitäts- und Aktivitätszuständen können dann auch spezifische Emotions- und Erlebnisadjektive zugeschrieben werden.

Dieses erweiterte Circumplex-Modell der Emotionen zeigt insbesondere Dimensionen habitueller Emotionen. In ihrer habituellen Form werden Emotionen dabei als Persönlichkeitsmerkmale aufgefasst und nicht auf besondere Situationen beschränkt. Beispielsweise neigen einige Menschen generell zu erhöhter Ängstlichkeit. Wo in diesem Modell eine Person hinsichtlich ihres üblichen Erlebens eingeordnet werden kann, entspricht dabei angeborenen Persönlichkeitsmerkmalen. So gibt es also z. B. Personen, die ein höheres Aktivierungsniveau zeigen als andere Personen. Die aus dem

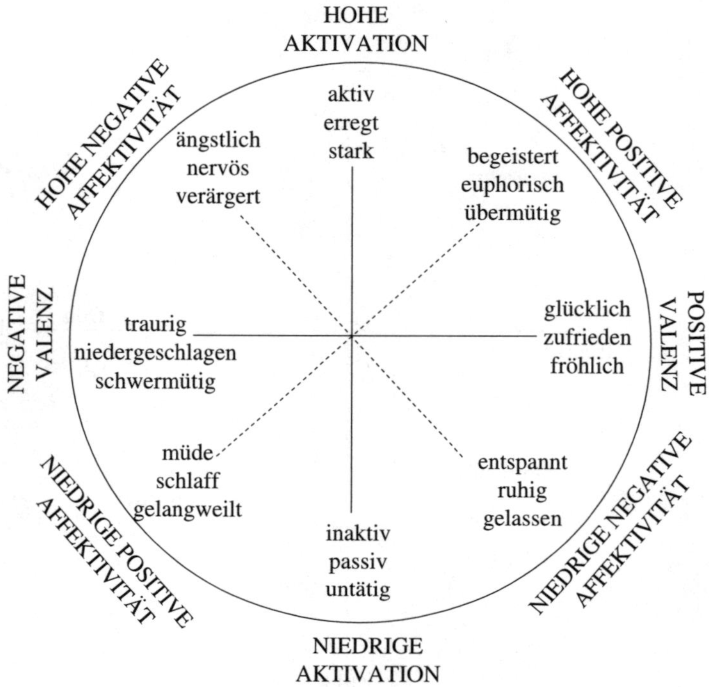

Abb. 5: Erweitertes Circumplex Modell der Emotionen (nach Watson/Telegen 1985)

Circumplex-Modell abgeleitete »Positive and Negative Affect Schedule (PANAS)« (Watson/Pennebaker 1989) gehört zu den am häufigsten verwendeten Emotionsskalen. Der dabei zugrunde liegende naturalistisch-genetische Determinismus unterliegt jedoch jenen Einschränkungen, die generell an ererbte oder früh verfestigte Persönlichkeitsfaktoren anzulegen sind. Wie unser Bezugsrahmen zeigt, sind die personalen Gefühle zudem immer auch mit sozialen Emotionen zu verbinden sowie in einem strukturell-systemischen Zusammenhang zu sehen.

2.4 Zusammenfassung und Fazit

Wie unsere Rückschau in die Philosophiegeschichte zeigte, ist die Auseinandersetzung mit Gefühlen und Emotionen nicht neu. Interessant zu beobachten war hierbei vor allem, wie das Emotionale normativ bewertet wurde. Mehrheitlich stand es in keinem guten Licht. Möglicherweise liegt dies daran, dass positive Emotionen nicht immer mit einer hohen Leistungsbereitschaft verbunden wurden und negative Emotionen für andere zumeist schwer erträglich sind. Emotionale Kräfte wurden deshalb häufig als gefährlich und irrational diskreditiert. Folge war, dass eine weitgehend gefühls- bzw. emotionslose (sprich: »vernünftige«) Lebensgestaltung generell als tugendhaft eingestuft wurde. Dies mag wohl ein Grund dafür sein, dass eine hohe Plan- und Kontrollierbarkeit wirtschaftswissenschaftlichen Denkern und Praktikern stets ein besonderes Anliegen war, was für die Auseinandersetzung mit der Komplexität emotionaler Welten leider nicht gilt. Wie in diesem Kapitel allerdings deutlich geworden sein sollte, sind Gefühle und Emotionen im Leben der Menschen – und also auch in Organisationen – allgegenwärtig, weshalb es eine systematische Beachtung dieser Phänomene zu entwickeln gilt.

Im Sinne einer weiterführenden Erkundung des Emotionalen sind entsprechend Affekte, Stimmungen, Gefühle und Emotionen begrifflich differenziert sowie Zusammenhänge zwischen ihnen aufgezeigt worden. Hierzu wurde ein Bezugsrahmen entwickelt, der die jeweiligen Besonderheiten sowie das Zusammenspiel von Gefühlen des Einzelnen und sozialen Emotionen veranschaulichte. Neben den subjektiven Gefühlen und den intersubjektiven Emotionen berücksichtigte diese Modellierung auch die strukturell-kontextuelle Dimension des Emotionalen. Auf diese ebenenspezifischen Unterscheidungen und Beziehungszusammenhänge werden wir an anderer Stelle – mit Bezug zur Organisation – zurückgreifen (vgl. Kapitel 4).

Vertiefungsliteratur zu Kapitel 2

Benthien, C./Fleig, A./Kasten, I. (Hrsg.) (2000): Emotionalität – Zur Geschichte der Gefühle, Wien/Köln.

Ekman, P. (2004): Gefühle lesen, Heidelberg.

Reddy, W. M. (2001), The Navigation of Feeling: A Framework for the History of Emotions, New York

Wassmann, C. (2002): Die Macht der Emotionen; Wie Gefühle unser Denken und Handeln beeinflussen, Darmstadt.

3 Gefühle und Emotionen lassen sich erklären und verstehen

In diesem Kapitel wollen wir der Frage nachgehen, wie Gefühle und Emotionen entstehen und sich entwickeln. Es werden also der Ursprung und die Dynamik emotionaler Prozesse einer eingehenderen Betrachtung unterzogen, womit zentrale theoretische Erkenntnisse aus der Psychologie, der Biologie, der Neurowissenschaft sowie der Sozialwissenschaften in den Blickpunkt rücken. Als umstritten gilt diesbezüglich vor allem, ob Emotionen primär bewertete biochemische Verhaltensprozesse sind, die aufgrund eines Reizes entstehen und ein automatisiertes Reaktionsmuster hervorrufen (z. B. Wut oder Liebe) oder ob Emotionen eher als Folgen primär kognitiver Prozesse anzusehen sind. Wir werden dementsprechend sowohl verhaltens- als auch kognitionswissenschaftliche Theorieansätze betrachten. Im Anschluss hieran wollen wir ein weiteres Spannungsfeld der Diskussion betrachten, nämlich die Kontroverse zwischen eher subjektorientierten (neurowissenschaftliche, individualkonstruktivistischen) und eher kollektivorientierten (sozialkonstruktionistischen, soziologischen, evolutionstheoretischen) Erklärungsansätzen. Abschließend werden Perspektiven eines integralen Verständnisses diskutiert.

3.1 Verhaltensreaktionen sind entscheidend – Behavioristische Theorien

Beginnen wir die theoretische Auseinandersetzung mit der klassischen verhaltenswissenschaftlichen Position, deren Modelle lange Zeit die moderne Emotionsforschung dominierten. Der Mensch wird dabei als ein umweltkontrolliertes Wesen verstanden, das gewissermaßen wie eine »organische

Maschine« funktioniert. Das gesamte menschliche Verhalten ist demnach prinzipiell reaktiv und reizdeterminiert und entwickelt sich nur über äußere Lernerfahrungen und lebenslange Verhaltensmodifikationen. Gefühle werden entsprechend als reaktives Verhaltensmuster angesehen (vgl. Watson/Rayner 1920). Ausgangspunkt sind dabei äußere Reize (Stimuli), die spezifische Reaktionen (Responses) hervorrufen, aus denen dann Emotionen entstehen. Assoziativ werden weitere Emotionen auf bestimmte Reize hin gelernt (vgl. schon Watson 1919).

Folgende Abbildung zeigt die Zusammenhänge von Reiz-Reaktionsmechanismen zur Entstehung spezifischer Emotionen:

Abb. 6: Reiz-Reaktions-Mechanismus zur Entstehung des Emotionalen (nach Watson 1919)

unkonditionierte Reize →	unkonditionierte Reaktionen →	Name des Reaktionsmuster bzw. der Emotion
Laute Geräusche, Verlust von Halt	Anhalten des Atems, Schreien, Auffahren des Körpers etc.	Furcht
Behinderung der Körperbewegungen	Steifwerden des Körpers, Rötung des Gesichts etc.	Wut
Streicheln der Haut, Schaukeln etc.	Gurgeln, Glucksen, Erregung etc.	Liebe

James (1884, 1897) ging grundlegend davon aus, dass den Emotionen körperliche Veränderungen vorangehen; Emotionen erklären sich demnach als das Empfinden solcher körperlichen Modifikationen. Er veranschaulichte dies am Beispiel der Wahrnehmung einer Gefahr (z. B. ein Bär in freier Wildbahn), die den Wahrnehmenden zum Laufen bringt und ihn daher Furcht empfinden lässt.

Reiz (Bär)	→	Gefühl (Furcht)	→	Reaktion (Laufen)	Alltagsverständnis
Reiz (Bär)	→ →	Reaktion (Laufen)	→	Gefühl (Furcht)	JAMES

Gemäß dieser vieldiskutierten Theorie tritt also – entgegen dem Alltagsverständnis – nicht zuerst die Emotion auf, die dann zur Erregung und letztlich zur spezifischen Reaktionen führt; vielmehr wird genau umgekehrt argumentiert: Durch die Wahrnehmung eines bestimmten Reizes treten periphere physiologische Veränderungen auf, die dann zentral durch das Erleben einer Emotion repräsentiert werden. So gesehen haben wir beispielsweise Angst, weil wir zittern, traurig sind oder weinen – und nicht umgekehrt. Die physiologischen Reaktionen werden dabei in Gestalt körperlicher Empfindungen an das Gehirn zurückgemeldet. Da unterschiedlichen Emotionen unterschiedliche Reaktionen entsprechen, kommt es zu verschiedenen Rückmeldungen an das Gehirn, die nach James für das verantwortlich sind, was wir in der jeweiligen Situation empfinden. Im sog. Neobehaviorismus, der in den 30er Jahren des vergangenen Jahrhunderts den orthodoxen Behaviorismus ablöste, werden darüber hinaus auch nicht beobachtbare Verhaltensweisen wie Vorstellungen und Denkprozesse in die Untersuchungen einbezogen. Solches war vom orthodoxen Behaviorismus noch als unwissenschaftlich abgelehnt worden. Der Neobehaviorismus machte diesen nicht beobachtbaren Verhaltensweisen allerdings die Auflage, dass sie zumindest beobachtbare äußere Reaktionen hervorrufen müssen.

Gefühlszustände und Emotionen werden aus behavioristischer Perspektive als bloße Funktion von äußeren Reizen und Umweltereignissen, gleichsam als Resultate einer starren, reflexhaft verlaufenden Reiz-Reaktionsverbindung verstanden. Das gefühlsabhängige Empfinden wird so auf einen als gegeben angenommenen, physiologisch bestimmten Kausalmechanismus reduziert – ohne allerdings im Einzelnen angeben zu können, wie neue Emotionsqualitäten entstehen (vgl. Ratner 1989; Stein/Trabasso 1992). Behavioristische Theorien konzentrieren sich zudem nur auf lebenszeitliche (ontogenetische) und gegenwärtige (aktualgenetische) Entstehungsbedingungen; stammesgeschichtlich-evolutionäre (phylogenetische) sowie sozio-genetische Faktoren, aber auch relevante kulturhistorische Einflüsse auf die Emotionen werden nur unzureichend beachtet. Schließlich können Behavioristen emotionale Verhaltensweisen nicht als Manifestationen bzw. »Symptome« gemeinsamer, kognitiver »Tiefenstrukturen« erkennen. Mit ihrer Ausrichtung auf äußeres Verhalten verkennen die behavioristischen Ansätze also die Bedeutung jener inneren Zustände und kognitiver Prozesse für das Emotionale, die von den Kognitions- und Neurowissenschaften thematisiert werden.

3.2 Erst Denken, dann Fühlen – Kognitions- und Attributionstheorien

Durch die sog. kognitive Wende der Psychologie rückte ein deutlich verändertes Verständnis der Entstehung von Emotionen in den Mittelpunkt, das auch als Rückkehr des Geistes angesehen werden kann. Credo dieser Wende ist eine Aussage Schachters, wonach es die Kognition ist, »that determines whether the state of physiological arousal will be labeled ›anger‹, ›joy‹, or ›whatever‹.« (Schachter 1964, S. 139). Damit wird die bisher angenommene Wirkrichtung praktisch umgekehrt und einer intuitiven Laienpsychologie angenähert.

Nach dieser Lesart kann die Entstehung von Emotionen mit der Funktionsweise eines Musikautomaten verglichen werden. Das Einwerfen einer Münze entspricht der Erregung des Nervensystems. D. h.: Ohne Münze keine Musik (= Emotion). Die Auswahl der Schallplatte, gleichsam die Art des erzeugten emotionalen Verhaltens, ist dabei nicht durch die Aktivierung der physiologischen Reaktion vorbestimmt, sondern hängt vielmehr davon ab, dass der richtige Knopf gedrückt wird. Die Wahl der Platte entspricht also einer Kognition über die auslösende Situation. Erregung und Kognition sind dann nicht unabhängig voneinander, wenn sie vom selben Gegenstand verursacht werden (vgl. Mandler 1962, S. 289 f.).

Kognitionstheoretische Ansätze erforschen emotionales Erleben und Verhalten nicht nur in äußerlich beobachtbaren und registrierbaren Erscheinungsformen, sondern berücksichtigen systematisch den kognitiven Prozess, der sich in Personen bei der Auseinandersetzung mit ihrer Umwelt vollzieht. Kognitionen (z. B. wahrnehmen, vorstellen erinnern, denken, sprechen) repräsentieren dabei Objekte, Vorgänge oder Zustände. Kognitive Prozesse wählen unter verfügbaren Informationen aus und konstruieren kognitive Strukturen unter aktiver Beteiligung der Personen. Mit dieser Ausrichtung auf die Kognition rückten die subjektive Verarbeitung des Reizmaterials, die Neudeutung von Situationen sowie die Selbstinterpretation und -bewertung von Fühlenden und Handelnden ins Zentrum der Emotionsforschung.

Nach der kognitiv-physiologischen Attributionstheorie von Schachter (1964), die die vorherigen Erkenntnisse berücksichtigt, haben wahrgenommene physiologische Erregungen und deren Rückmeldungen maßgeblichen Einfluss auf das Gefühlserleben. Dieser Einfluss wird aber entscheidend durch kognitive Attributionen bezüglich der Ursache der Erregung modifiziert. Diese Attributionen – also Zuschreibungen verschiedener Geschehnisse auf bestimmte bedingende Faktoren bzw. Ursachen – stellen eine wichtige Voraussetzung für die Handlungsfähigkeit dar. Denn durch sie wird die heterogene Umwelt geordnet, strukturiert und damit durchschaubar gemacht (vgl. Meyer/Schmalt 1978). Entsprechend der Verbindung von physiologischen und attributiven Prozessen wurde von Schachter und Singer (1962) eine so genannte »Zwei-Faktoren-Theorie der Emotion« aufgestellt. Danach sind beide Faktoren, die Erregung (»arousal«) und die kognitiven Bewertungsprozesse (»appraisal«), für die Entstehung von Emotionen grundlegend. Die unspezifische Erregung ist bereits aktivierend oder deaktivierend; aber erst durch die kognitiven Bewertungsprozesse bekommen Gefühle Richtung und Qualität. »Ein emotionaler Zustand kann als Funktion eines physiologischen Erregungszustands und einer für diesen Erregungszustand passenden Kognition angesehen werden« (Schachter 1964, S. 50–51). Die »Schachter-Singer-Theorie« impliziert nicht nur, dass unspezifische Erregungen nach bestimmten Ursachenattributionen als Emotion empfunden werden. Sie zeigt auch, dass durch emotionale Reize bedingte Erregungen fälschlicherweise anderen Emotionen oder auch einer nicht-emotionalen Ursache zugeschrieben werden können. Im letzteren Fall würden dann keine Emotionen entstehen. Damit zeigt dieser kognitive Attributionsansatz, dass z. B. Furcht oder Ärger tatsächlich nur auftreten, wenn sie von einem angemessenen Interpretations- bzw. Glaubenssystem begleitet werden. In einem klassischen Experiment haben Schachter und Singer (1962) gezeigt, dass durch Manipulation der Situation die Qualität einer Emotion verändert werden kann. Gefühle und Emotionen werden demnach als ein situativer Interpretations- und Zuschreibungskomplex von Erregungsempfindungen und Kognitionen oder auch als ein aus ihrer Synthese entstehender Bewusstseinszustand aufgefasst. Emotionale Prozesse unterliegen damit einer kognitiven Interpretation und Bewertung von Situationen. Die einflussreichen Befunde von Schachter und Singer konnten allerdings in Nachfolgeuntersuchungen selten bzw. nur partiell bestätigt werden (vgl. Kuhl 1983; Marshall/Zimbardo 1979).

In Fortführung dieser Forschungen erklärte Weiner (vgl. Weiner 1979; Weiner/Russell/Lerman 1979; Weiner 1982) Attributionen als Teilaspekte eines umfassenderen, dynamischen Prozesses der kognitiven Bewertung. Das emotionale Erleben unterliegt demnach Wandlungen, die von sich verändernden Kognitionen bezüglich eines Ereignisses abhängen. So ruft im Leistungskontext – um einen Bezug zu Organisationen herzustellen – die Bewertung eines Handlungsausgangs als Erfolg oder Misserfolg eine ergebnisabhängige Emotionen hervor (z. B. bei Erfolg Freude oder Stolz, bei Misserfolg Trauer oder Ärger; vgl. Kapitel 5.1.2). Zudem können nach Weiner (1982) auch sog. dimensionsabhängige Emotionen entstehen. Dabei werden die wahrgenommenen Ursachen von Ereignissen nach spezifischen inneren oder äußeren Dimensionen klassifiziert. Beispiele für solche Dimensionen, die verschiedene attributionsabhängige Gefühle entstehen lassen, sind insbesondere Valenz (Wertigkeit), Lokation (Personenabhängigkeit), Kontrollierbarkeit und Stabilität über Zeit. Folgende Abbildung fasst die verschiedenen Zuschreibungs- und Affektbeziehungen zusammen.

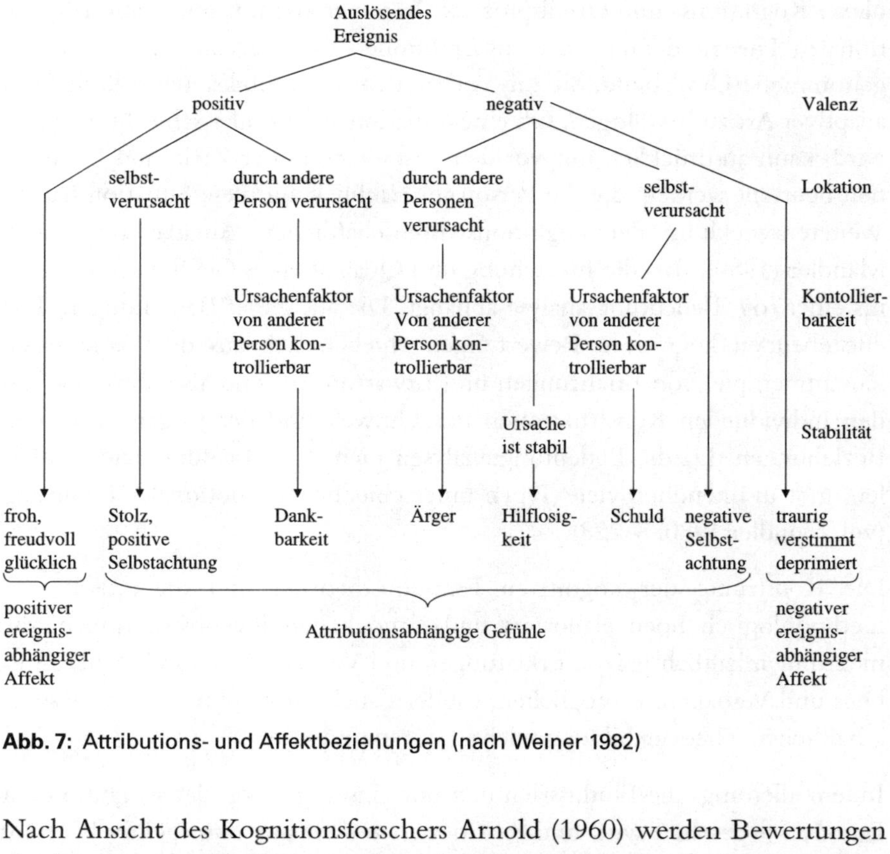

Abb. 7: Attributions- und Affektbeziehungen (nach Weiner 1982)

Nach Ansicht des Kognitionsforschers Arnold (1960) werden Bewertungen als eine mentale Einschätzung des möglichen Schadens oder Nutzens einer

Situation spezifiziert. Emotionen sind demnach eine empfundene Tendenz zu etwas hin, das als gut bewertet oder von etwas weg, das als schlecht bewertet wird. Unterschiedliche Bewertungen lösen unterschiedliche Handlungstendenzen und Aktionen aus, die ihrerseits verschiedene Gefühle bewirken. So macht es, im Anschluss an das vorherige Beispiel von James, einen Unterschied, ob ein Bär in der freien Wildbahn oder im Zoo wahrgenommen wird:

Situation	Bewertung	Gefühle
Bär im Wald	potenzieller Schaden	Angst, Vermeidungsverhalten
Bär im Zoo	potenzieller Nutzen	Interesse, Freude, Annäherung

Auch der Stressforscher Lazarus (1966) versteht Emotionen als Folge komplexer Kognitions- und Urteilsprozesse. In seiner kognitiv-motivational-relationalen Theorie definiert Lazarus Emotionen als Reaktionen auf die wahrgenommene Umgebung, die uns vorbereiten und mobilisieren soll, diese in adaptiver Art zu bewältigen. Ob eine Situation als gut oder schlecht bewertet wird, kann ausdrücklich nur vor dem Hintergrund der Ziele und Intentionen beurteilt werden, die die Person im Hinblick auf diese Situation hat. In Weiterentwicklung der kognitionswissenschaftlichen Ansätze zeigt auch Mandler (1980), dass die Entstehung und Qualität eines Gefühls vom Ergebnis einer sog. Bedeutungsanalyse abhängt. Die aus dieser Bedeutungsanalyse entstehenden kognitiven Bewertungen ergeben sich aus dem komplexen Zusammenspiel von Erfahrungen und Erwartungen, sind also abhängig von den individuellen Konstruktionen der Umwelt und der Organisation von Beziehungen. Da die Bedeutungsanalysen niemals vollständig gleich ausfallen, gibt es unendlich viele Typen unterschiedlicher emotionaler Erfahrung (vgl. Mandler 1980, S. 228).

Die Konstrukte der kognitiven Emotionstheorien sind theoretisch und methodologisch hoch elaboriert und ermöglichen Rekonstruktionen, die nicht nur inhaltlich präzise Erklärungen und Vorhersagen emotionalen Erlebens und Verhaltens ermöglichen, sondern auch für die Analyse der wissenschaftlichen Theorienbildung wichtig waren und sind.

Indem allerdings die Einflussrichtung nur einseitig – von der Kognition zur Emotion – gesehen wird und Situationen zudem nur retrospektiv beurteilt werden, können kognitive Theorien das aktuelle Erleben des Emotionalen und dessen situative Entstehung und Energetisierung nicht hinreichend erfassen (vgl. Sokolowski 1993, S. 24). Mit dem Primat des Kognitiven geht damit eine Vernachlässigung der sinnlichen Wirkungen von Gefühlen und Emotionen einher. Dies kann auf die Missachtung des integrativen Zusammenhangs von Körper, Emotion und Kognition zurückgeführt werden (vgl. Damasio 1994; Goller 1992). Dieses Wechselspiel wird in der neurowissenschaftlichen Emotionsforschung wesentlich genauer betrachtet.

3.3 Gefühlszentrum Gehirn – Fühlen mit dem Kopf – Neurowissenschaftliche Theorien

Inwiefern sind neuroanatomische, neurobiologische und neurochemische Vorgänge für Gefühle und Emotionen verantwortlich? Inwieweit hat jede Emotion ihr eigenes neuronales Aktivitätsmuster? Können spezifische Erlebnisqualitäten neurobiologisch erklärt werden? Sind Gefühls- und Bewusstseinsphänomene wie Freude, Trauer, Ärger oder Willensentschlüsse mit Gehirnzuständen identisch? Was sind also die neuronalen Grundlagen und Hirnregionen bzw. -funktionen der Gefühle und Emotionen? Ist die Wirklichkeit, in der wir leben, ein Konstrukt des Gehirns (Roth 1996, S. 21)? Seit längerem versuchen die Neurowissenschaften auf diese Fragen Antworten zu finden. Dabei geht es um funktionale Gehirnzentren und neurologische Prozesse, die an der Entstehung und Verarbeitung von Gefühlen beteiligt sind. Viele Erkenntnisse wurden dabei aus Forschungen mit hirnverletzten oder hirnkranken Tieren und Menschen, durch gezielte Stimulationen bestimmter Gehirnstrukturen sowie durch Messungen der elektrischen und neurochemischen Aktivitäten des Gehirns gewonnen.

Wie bei allen komplexeren Hirnfunktionen wird auch unser Gefühlshaushalt von vielen »Zentren« kontrolliert, die über große Teile des Gehirns verteilt und netzwerkartig miteinander verbunden sind. Unterschieden werden dabei allgemein das Stammhirn, welches die vegetativen (Überlebens-)Funktionen des Organismus (z. B. Atem, Ernährung) sichert, das Zwischenhirn, das die instinktiven Formen des Verhaltens (z. B. Grundtriebe, wie Brutpflegetrieb oder Gemeinschaftstrieb) organisiert sowie das Großhirn, welches für das bewusste Erleben (z. B. Sinn- und Ordnungstriebe) verantwortlich ist. Das menschliche Gehirn besteht aus ungefähr 100 Milliarden Nervenzellen (Neuronen). An den Kontaktstellen (Synapsen) zwischen den Neuronen werden Informationen elektronisch und über biochemische Transmittersubstanzen übertragen.

Von entscheidender Bedeutung für Gefühle ist das sog. »limbische System«. Es ist bereits bei Reptilien vorhanden und wurde lange Zeit als Gefühlszentrum angesehen (vgl. MacLean 1970; zur Kritik vgl. Roth 1994, S. 181–188). Allerdings sind auch weitere Hirnregionen an der Entstehung und Bewertung von Gefühlen beteiligt. Eine besondere Bedeutung ist dabei dem Thalamus sowie dem Hypothalamus beizumessen. Ersterer wird auch als »Tor zum Bewusstsein« bezeichnet, da alle Erregungen den Thalamus passieren müssen. Der Hypothalamus ist jenes Zentralorgan, das die vegetativen Funktionen des Körpers zu kontrollieren und zu regulieren hat und so die für das Leben notwendige Homöostase gewährleistet. Als weiteres wichtiges Gebilde ist schließlich der Hippocampus zu nennen, der eine Art Kontextgedächtnis darstellt und für die emotionalen Prozesse von besonderer Bedeutung ist. So erkennt der Hippocampus beispielsweise, dass ein Bär im Zoo etwas anderes bedeutet als ein Bär im eigenen Garten.

LeDoux (1998) hat versucht, »Zuständigkeiten« im Gehirn als neurophysiologische Rückkopplungsschleifen zu bestimmen und dabei eine »Feed-Back-Theorie« der Emotion entwickelt. Diese besagt u. a., dass Gefühle sehr viel mehr Hirnsysteme beanspruchen als Gedanken. Gerade in Momenten, in denen das impulsive Gefühl das rationale Denken verdrängt, hängt alles von der Rolle des sog. Mandelkerns ab. Dieser gilt als psychologischer Wachposten, der jede Erfahrung, jede Situation und jede Wahrnehmung kritisch prüft und Krisenbotschaften an andere Teile des Gehirns auszusenden oder selbsttätig Reaktionen auszulösen vermag. Der Mandelkern kann den Menschen also schon zum Handeln bewegen, wenn der vollständig informierte, dafür aber langsamere Neokortex noch damit beschäftigt ist, einen logisch begründeten Plan für eine Reaktion aufzustellen. Hieraus folgt, dass emotionale Reaktionen auch ohne bewusste, kognitive Beteiligung entstehen können.

Ein klassisches Beispiel solcher emotionalen Reizverarbeitung und unwillkürlichen Reaktion sowie der unmittelbaren Bewertungsautomatik stammt von Darwin. In einer Art Selbstversuch presste dieser sein Gesicht an die Glasscheibe des Käfigs einer lebensgefährlichen Puffotter. Während er auf den Angriff der Viper wartete, machte er sich klar, dass keinerlei Gefahr bestand, und so war er fest entschlossen, nicht zurückzuzucken. »Sobald der Angriff erfolgte, löste sich mein Entschluss in Nichts auf und mit einer ganz erstaunlichen Geschwindigkeit sprang ich ein oder zwei Meter zurück« .... »Mein Wille und meine Vernunft waren gegenüber der eingebildeten Gefahr, die keinen Augenblick bestanden hatte, machtlos.«

Abb. 8: Der Selbstversuch Darwins (vgl.Darwin 1965, S. 38)

Neuere neurowissenschaftliche Erkenntnisse betrachten v. a. den Zusammenhang von Körper, Gefühlen und Denken. Der Neurologe Damasio hat das vernetzte Zusammenwirken von Emotion, Kognition und Physis eingehend untersucht und in viel beachteten Büchern beschrieben (vgl. Damasio 1994, 1999, 2000). Darin konnte er aufzeigen, dass Gefühle und ihre körperlichen Begleiterscheinungen ein integraler Anteil von Entscheidungsprozessen und damit unentbehrlich für rationales Verhalten sind. Des Weiteren dienen Gefühle als bioregulatorische Instrumente und Repräsentationsorgane, die das autobiographische und soziale Selbst sowie die Identität des Menschen wesentlich mitbestimmen: Wir fühlen, also sind wir! In eine ähnliche Richtung argumentierten viel früher bereits Gestaltpsychologen und Phänomenologen. So sah zum Beispiel Wertheimer (1925, 1957) Kognition und Einsichten nie als ein emotionsfreies Kombinieren. Vielmehr gingen Emotionen den Kognitionen voraus oder begleiteten diese zumindest. Beide sind also stets eingebettet in einen ganzheitlichen (Feld-)Zusammenhang (vgl. auch Palmer 1992; Eysenck 1994; Zimbardo/Gerrig 1999). Auch aus phänomenologischer Perspektive sind affektive, gefühlsbedingte und emotionale Empfindungen und Prozesse immer schon verankert in körperlich fundierten Wahrnehmungs- und Sinnhorizonten (vgl. z. B. Gendlin 1982, 1998; Cataldi 1993; Mazis 1993; Merleau-Ponty 1966, 1976). In diesen Zusammenhängen äußern sich dabei je eigene und spezifische Bewegungs-, Begegnungs- sowie Kommunikationsformen des Emotionalen. Das Gefühlsmäßige ist dementsprechend weder eine rein physiologische noch eine rein »geistige« Tatsache, sondern ein sinnliches und sinnvolles »Zwischenereignis« des Erlebens.

Trotz der faszinierenden Möglichkeiten der Hirnforschung zur Erfassung von Gefühlen und Emotionen hat dieser Zugang auch Grenzen. So lässt sich durch eine Rekonstruktion der historischen und begrifflichen Wurzeln der Neurowissenschaft zeigen, dass diese Wissenschaft sich nach wie vor im Schatten des dualistischen Schemas à la Descartes bewegt: An die Stelle des »Geistes« tritt nunmehr das Gehirn (vgl. Bennet/Hacker 2003). Werden Gefühle und emotionale wie mentale Prozesse allerdings nur auf materielle Gehirnprozesse oder kausale Funktionen reduziert, so können komplexe Gefühlszustände wie auch von sozio-kulturellen Einflüssen abhängige Emotionen kaum hinreichend bzw. integrativ erfasst werden. Denn erfahrungsbasierte Erlebnisqualitäten des Emotionalen lassen sich nicht dadurch einfangen, dass man sie naturalisiert, d. h. auf körperlich-neurologische Phänomene bzw. funktional-kausale Hirnaktivitäten i. S. eines funktionalen Materialismus zurückführt. Wenn beispielsweise Schmerz nichts anderes wäre als ein Muster neuronalen Feuerns, dann blieben wesentliche Merkmale und Erlebnismomente des Schmerzes unberücksichtigt (vgl. Searle 1986, S. 117). Gleiches gilt für positive Erfahrungen wie Freude oder Genuss. Diese beziehen sich nicht nur auf einen funktionalen Zustand oder eine kausale Rolle im Informationsverarbeitungsprozess des Organismus, sondern auch auf das Erlebnis des »Sich-Freuens« und Genießens selbst. Wenn z. B. eine Weinexpertin bloß über verschiedene Weinsorten theoretisch referiert und ihren jeweiligen Geschmack charakterisiert, wird damit der Sinneseindruck selbst noch nicht erfasst. Derjenige, der nie oder nicht den besprochenen Wein getrunken hat, wird bestenfalls erahnen, was vermittelt werden soll. Das Erlebte nachzuempfinden ist dem bloß Zuhörenden verwehrt.

Wenngleich die Neurowissenschaften also unmissverständlich zeigen, dass emotionales Erleben, Verhalten und Handeln vom Gehirn und seinen Funktionen abhängig sind, heißt das nicht, dass man es vereinfachend auf rein neurobiologische Grundvorgänge zurückführen kann (vgl. Damasio 1994, S. 176).

3.4 Emotionen »machen Sinn« für die Gemeinschaft – Der Sozialkonstruktionismus

Die sich am weitesten von der physiologischen und naturalistischen Position zur Entstehung von Gefühlen und Emotionen entfernende Perspektive legt ihre Aufmerksamkeit auf den sozialen Kontext, in dem Emotionen entstehen und untersucht die Wirkungen, die Emotionen in Interaktionen ausüben. Es handelt sich dabei um die so genannte sozial-konstruktionistische Erklärung des Emotionalen. Gerade für Organisationen haben solche Erklärungen einen hohen Stellenwert, da sie spezifische und auch unterschiedliche Bedeutungen und Szenarien des Emotionalen für das organisationale Leben erfassen können. Dies wird später anhand der so genannten Gefühls- bzw. Emotionsarbeit besonders deutlich werden (vgl. Kapitel 5.2.3).

Der »soziale Konstruktionismus« bzw. der Sozialkonstruktionismus vertritt eine spezifische erkenntnis- und wissenschaftstheoretische Position. Nach dieser ist wahrgenommene Wirklichkeit abhängig von gegenseitigen Aushandlungen und Vereinbarungen über bestimmte Sachverhalte (vgl. Gergen 1985, 1993; Scarr 1985; Westmeyer 1996). Entsprechend sehen soziale Konstruktivisten Emotionen als Produkte sozio-kultureller Prozesse (vgl. Averill 1980; Harré 1986; Oatley 1993). Emotionen haben demnach nicht einfach Einfluss auf das soziale Leben; soziale Prozesse bringen Emotionen vielmehr erst hervor (vgl. Gergen 1994, S. 222). Da die sozial konstruierten Emotionen gemeinschaftliche Zwecke erfüllen, werden sie als kollektiv definiertes Verhaltens- und Erlebensmuster interpretiert (vgl. Weber 2000). Diese emotionalen Muster werden innerhalb einer Gruppe oder Gemeinschaft bzw. der Gesellschaft ausgehandelt und als verbindlich vereinbart. Die Vertreter dieses Ansatzes zeigen in ihrer »antimentalistischen« Haltung, dass Emotionen nicht (allein) durch physiologische und individuelle Prozesse, sondern vor allem durch soziale Konstruktionen (z. B. soziale Praktiken, Verhaltensvorschriften, Normen) entstehen und sich entwickeln. Das soziale Fundament einer Emotion äußert sich in Form von Schemata und Rollen. Selbst die menschliche Individualität und deren emotionaler Ton erwachsen aus dem Engagement in sozialen Rollen, die wir spielen (vgl. Goffman 1961). So fungieren z. B. Ärger und Aggression als eine vorübergehende soziale Rollenaufführung, die zur Anpassung sozialer Beziehung oder sozialer Verpflichtungen dient (vgl. Averill 1982). Mit Rollen werden prototypische Reaktionen im Sinne von Verhaltensvorschriften oder Regeln vermittelt (vgl. Averill 1980, 1982, 1996; Harré 1985; Harré/Parrott 1996; Oatley 1993). So sind verschiedene Emotionen spezielle und temporäre Rollen, die sich als sozial definierte Syndrome oder schematische Prototypen ausformen (vgl. Russel 1991). Mit diesen konstitutiven und regulativen Regeln werden Auslösebedingungen und Anwendungs- oder Gültigkeitsbereiche von Emotionen bestimmt sowie körperlich-expressive Reaktionen, subjektive Erlebnisqualitäten und Verhaltensformen festgelegt.

In einem erweiterten sozial-konstruktivistischen Verständnis können Emotionen so als erlernte sozio-kulturelle »Aufführungen« interpretiert werden, die in passenden sozialen Kontexten als emotionale Szenarien »aufgeführt« werden (vgl. Averill 1982; Denzin 1984; Gergen/Gergen 1988, S. 17 f.; Goffman 1961; Heller 1981; Sarbin 1986). Diese Inszenierung kann sich zwischen einer sozialen Improvisation des Einzelnen – die durch einen Spielraum für die Gestaltung des Erlebens und Handelns charakterisiert ist – und strikten sozio-kulturellen Vorschriften bewegen. Diese Spielregeln des Gefühlslebens bestimmen als kognitive Struktur bzw. kognitives Schema die Einschätzung von Situationen sowie die Organisation, Steuerung und Selbstinterpretation menschlichen Handelns (vgl. Averill 1980, 1986, S. 100; vgl. Kapitel 3.2). Dabei werden spezifische Rollenidentitäten positiv oder negativ bestätigt (vgl. Smith-Lovin 1990). Emotionen können demnach als eine Art »Skript« einer umfassenden Rollen- bzw. Geschichtserzählung verstanden werden (vgl. Gergen/Gergen 1988; Sarbin 1986). Solche emotionalen Skripte sind allerdings mehr als bloß kulturell überformte, vererbte Reaktionsprogramme. Sie werden aktiv konstruiert und im Kontext jeweiliger Lebensbedingungen und Bedürfnisse im Gruppenzusammenhang gezielt ausgehandelt.

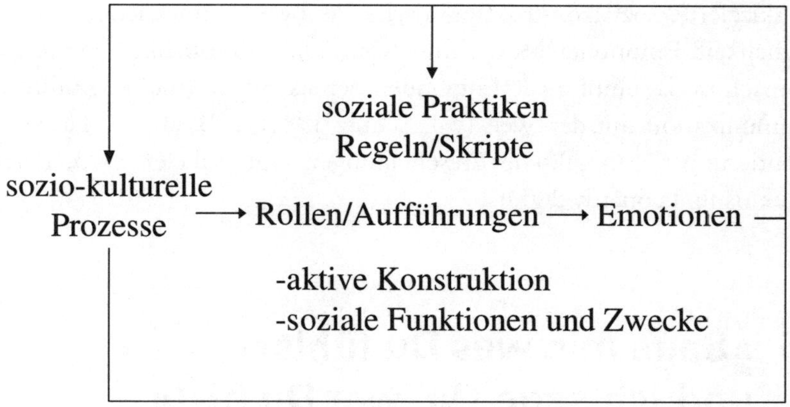

Abb. 9: Emotionen als Produkte sozio-kultureller Prozesse

Das Repertoire der nach Skripten inszenierten Emotionen kann mit einer »Sprache« verglichen werden (vgl. Oatley 1993). Wie jede Sprache ein eigenes Vokabular und spezielle syntaktische Formen hat, gibt es auch entsprechende distinkte Emotionsmuster. Diese leiten sich von den sozialen Praktiken ab und vermitteln als Interpretationsschemata Bedeutung für die Mitglieder der jeweiligen Kultur (vgl. Shweder 1994). Dabei treten in verschiedenen Kulturen sowie auch zu verschiedenen Zeiten qualitative Unterschiede des Emotionalen auf. Entsprechend gestaltet sich das Vokabular bzw. das Sprechen über Emotionen je nach Kultur verschieden (vgl. Heelas 1986). Dadurch besteht die Gefahr eines sozio-kulturellen Relativismus (vgl. Smith 1994), bei dem es potenziell zu einer Beliebigkeit und Gleichgültigkeit emotionaler Konstrukte kommen kann. Dies wird insbesondere dann problematisch, wenn der praktisch-politische Kontext bzw. Machtzusammenhänge vernachlässigt werden (vgl. Parker 1998).

Zudem ist der Status individueller Erfahrungen im Sozialkonstruktionismus nicht unproblematisch. Mit einer Erklärung des individuellen Gefühlslebens als Ergebnis einer sozialfunktionalen Konstruktion werden Erfahrungsgehalte des Einzelnen »ent-individualisiert«. Subjektive Möglichkeiten und Chancen eines authentischen Fühlens Einzelner werden damit relativ unzugänglich (vgl. Michael 1991). Automatisch stellt sich in diesem Verständnis eines Primats von Beziehungen vor dem Individuellen (Gergen 1994, S. 214) die kritische Frage nach der überhaupt noch gegebenen Eigenverantwortlichkeit gezeigter Gefühle

Die skizzierte, sozialkonstruktionistische Position eröffnet jedoch auch die Möglichkeit, Emotionen als wichtige Kommunikationsmedien zu verstehen. Demnach ist das emotionale Empfinden bereits eine lebendige, sinnstiftende Kommunikation mit der Welt (vgl. Schütz 1981), z. B. als zuverlässige Ko-Orientierung für moralische Entscheidungen (vgl. Scheler 1973; Bermes/Henckmann/Leonardy 2003).

3.5 »Sage mir, was Du fühlst – und ich sage Dir, wer Du bist« – Soziale Funktionen des Emotionalen

Mit der Beschreibung des sozialkonstruktivistischen Ansatzes wurde bereits deutlich, wie sehr Emotionen auch Produkte sozio-kultureller Prozesse und kollektiv bestimmter Verhaltens- und Erlebensmuster in einem geregelten Rollen- und Aufführungsspiel sind. Entsprechend werden Emotionen seit längerem auch aus gesellschaftswissenschaftlicher Perspektive untersucht (vgl. Flam 2002); es ist sogar eine Soziologie der Emotionen entwickelt worden (vgl. Gerhards 1988).

Emotionen werden dabei aus der Makroperspektive in einem kulturellen und gesellschaftlichen Gesamtzusammenhang betrachtet. Aus soziologischer Sicht gelten Emotionen dabei als Folge der Sozialisation, d. h. sie werden in Form emotionaler Perspektiven, Verhaltensweisen oder Identifikationen erworben und entwickelt. Für das emotionale Erleben sind damit immer auch sozialisierte Wahrnehmungen bzw. Beurteilungen sozialer Situationen von grundlegender Bedeutung. Der Bezug und die Einschätzung des Situativen erfolgen auf der Basis des Erfahrungshintergrundes sowie der Bedürfnisse und Werte der emotional Agierenden. Folgende Abbildung verdeutlicht – unter Verwendung des oben entwickelten Bezugsrahmens (s. Abb. 10) – den funktionalen Zusammenhang von Emotionen im gesellschaftlichen Kontext.

Aufbauend auf einem kulturellen, gesellschaftlichen und strukturell-institutionellen Fundament beeinflusst die Sozialisation der Personen A und B, deren Interaktionen sowie den sozialen Situationskontext. Eingebettet in diese soziale Interaktions- und Situationszusammenhänge lernen Menschen

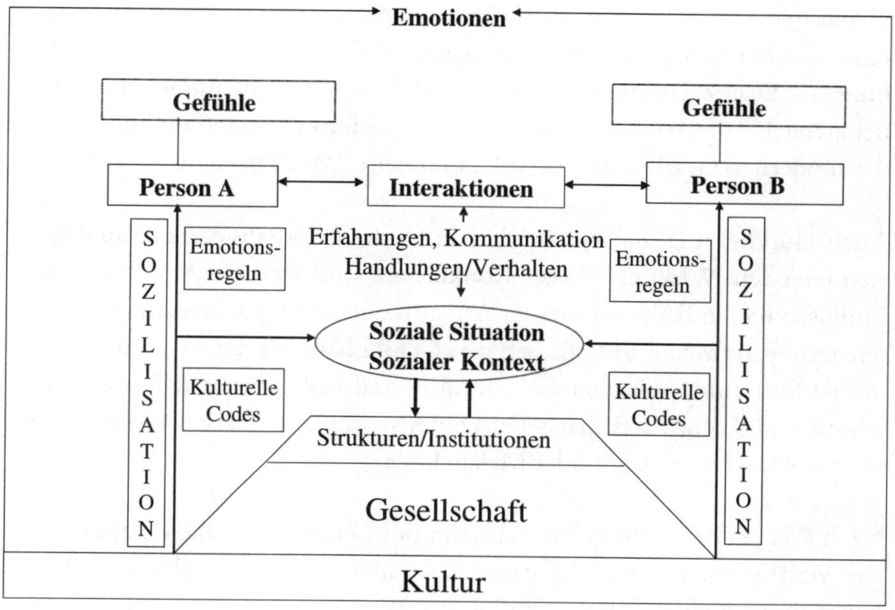

Abb. 10: Soziale Funktionsprozesse des Emotionalen im gesellschaftlichen Kontext

entsprechend der kulturellen Codierung und den Emotionsregeln zu empfinden und sich emotional anzupassen. So steuern z. B. Emotionen in sozialen Beziehungen über non-verbale Gesten das Aktivitäts- und Dominanzverhältnis zwischen Interaktionspartnern. Damit ist ein bestimmtes Involvement angesprochen, das sich z. B. im Blickverhalten, in der Kopf- und Körperhaltung, in räumlicher Distanz der Gesprächspartner oder im Sprecher-Zuhörer-Status äußert (vgl. Patterson 1990; Patterson/Churchill/Powel 1991).

Die Zusammenhänge zwischen Emotion und Interaktion, sozialer Situation und Institution finden sich schon bei klassischen Autoren der Soziologie. So ging bereits Simmel (1983, 2000) davon aus, dass Emotionen die Individuen aneinander binden und die Gesellschaft durch unzählige Interaktionen konstituieren. Primäre Emotionen leisten dabei einen Beitrag zur Entstehung von Institutionen, die wiederum neue Emotionen hervorrufen. Emotionen besitzen so auch das Potenzial, stabile soziale Strukturen zu generieren. Kulturkritisch hat Simmel die negativen emotionalen Konsequenzen insbesondere des Geldes beschrieben. Im Gegensatz zum emotionsgeladenen Handeln müssen Akteure im geldvermittelten Tausch ihre Wünsche und ihr Handeln objektivieren und Distanz zum Anderen halten. Der Verkehr von Tauschwerten in einer Geldwirtschaft entprivatisiert demnach die emotionsgetragenen Beziehungen. Dieser emotionsneutralisierende Tauschmechanismus trägt dabei maßgeblich zur zweckorientierten Rationalisierung und Individualisierung der modernen Gesellschaft bei (vgl. Pohlmann 1987; Parson 1951, 1980).

Auch Durkheim (1988) beschrieb kritisch die demoralisierenden und desorientierenden Wirkungen von Konkurrenz und sozialer Mobilität. Diese Einflüsse, die im Rahmen sozialer Arbeitsteilung und gesellschaftlicher Differenzierung auftreten, beeinflussen den Gefühlshaushalt der Menschen. Wenn soziale Strukturen, Glaubensbekenntnisse und Kollektivvorstellungen relativ schwach sind, entstehen nach Durkheim negative kollektive Gemütsverfassungen wie Trauer, Angst oder Melancholie.

Nach Weber (1976, 1988) haben bestimmte Gefühle (z. B. die religiöse Angst vor Verdammung sowie die damit korrespondierenden seelischen Qualen sowie individuellen Schuld- und Einsamkeitsgefühle) wesentlich zur Entwicklung des modernen Kapitalismus mit seiner rationalen Arbeitsethik und Lebensführung beigetragen. Neben dem (zweck-) rationalen Handeln, dem traditionalen und dem wertrationalen Handeln bestimmte Weber das affektive Handeln als vierten Idealtyp der Vergemeinschaftung. Diese als Mischtypen gemeinsam auftretenden sozialen Handlungsformen werden nach Weber mit subjektivem Sinn verbunden und sind je nach Handlungssituation unterschiedlich wichtig (vgl. Weber 1976, S. 3, 12, 21). In der modernen und v. a. ökonomisch geprägten Gesellschaft gilt dabei der Typus des zweckrationalen Handelns als erstrebenswerte Leitorientierung.

In Meads symbolischen Interaktionismus (1966) wird das sinnstiftende Handeln u. a. durch ein emotionales Hineinversetzen in andere konstituiert. Mit dieser Perspektivenübernahme (z. B. der Werte oder Motive von anderen) werden nach Mead Gefühle objektiviert. Goffman (1967) hat die mikrosoziologische Bedeutung des Emotionalen für das Verhalten in Interaktionen betont. Demnach streben Individuen danach, ihr Gesicht nicht zu verlieren, um der damit verbundenen Peinlichkeit auszuweichen (vgl. Goffman 1967, S. 97–112). Aufschlussreich war Goffmans Unterscheidung zwischen einer Wirklichkeit mit Vorder- und Hinterbühne. Damit zeigte er, dass die Beteiligten oft nur hinter den Kulissen ihre wahren Gedanken und Emotionen äußern.

Auch neuere soziologische Forschungen thematisieren die Abhängigkeit emotionaler Erfahrungs- und Ausdrucksweisen von sozialen Einflüssen (vgl. Layder 1997; Barbalet 1998). Demnach sind Emotionen an den gemeinschaftlichen Kontext gebunden (vgl. Williams/Bendelow 1998). Dabei werden sie besonders von Status- und Machtfragen geprägt (vgl. Kemper/Collins 1990; Hearn 1992; Solomon 1999; Conrad/Witte 1994). So wurden der mikrosoziologische Zusammenhang von Emotionen und Machtausübung, z. B. über Scham und Stolz, als Erfahrung einzelner Personen untersucht (vgl. Scheff 1990). Auch nach Denzin (1990) sind es die in sozialen Interaktionen erlebten Erfahrungen, die Emotionen strukturieren. Es ist demnach eine spezifische Praxis, die mit ihren sozial eingebetteten Handlungen Emotionserfahrungen hervorbringt (vgl. Denzin 1990, S. 89). Die emotionalen Praktiken werden dabei von sozialen und kulturellen Einflüssen, z. B. verinnerlichten Rollenvorbildern mitbestimmt. So transferieren z. B. Mythen oder Massenmedien einflussreiche Intimitäts- oder Gewaltmuster (vgl. Denzin 1990, S. 92 ff.). Als »Institutionen« bieten diese sozio-kulturellen Einflüsse bestimmte Sinninhalte, Handlungsmuster und Modelle. Sie reflektieren und objektivieren damit die emotionalen Beziehungen und vermitteln bestimmte emotionale Bindungen. Emotionen können damit auch als Teil des Habitus interpretiert werden (vgl. Bourdieu 1993). Ein solcher Habitus stellt eine Verkörperung von Strukturen dar und ist gleichzeitig ein handlungsrelevanter Möglichkeitsraum. Als Medium der Verbundenheit zu Interaktionspartnern stellt der Habitus das soziale (Gewohnheits-)Feld des Emotionalen dar.

Der Gesellschaftstheoretiker Sennett (1998) hat die emotionalen Folgen einer zunehmenden Flexibilisierung für die Betroffenen beschrieben. Der wachsende Konkurrenz- und Flexibilisierungsdruck verursacht demnach einen Verlust an Selbstbestimmung, entwurzelt den Charakter des Menschen und führt zu emotionaler und sozialer Desintegration. Ein immer größerer Zwang zur Mobilität befördert so eine Anonymisierung der sozialen Verhältnisse und zerstört letztlich den Zusammenhalt von Familien und Gemeinschaften. Denn die gleiche Flexibilität, die im Beruf zum Erfolg führen kann, läuft Gefahr, im Privatleben jeglichen Rückhalt und jedwede Verbindlichkeit aufzulösen. Sozial-integrative Funktionen des Emotionalen werden so mehr und mehr eingeschränkt. In einer Welt zunehmender Ökonomisierung aller Lebensbereiche und wachsender Ungleichheit kommt es zu einer sozialen Deprivation, die nach Sennett (2002) nur durch eine Wiederbelebung des Respekts der Menschen untereinander überwunden werden kann.

Mit ihren Analysen zeigt die Emotionssoziologie, wie sehr die gegenwärtige Gesellschaft von einem tiefgreifenden Wandel in der Emotionskultur geprägt ist. Mit der geforderten individuellen Anpassung an allgemeine gesellschaftliche Bedingungen gehen weitreichende Folgen einher. Diese äußern sich beispielsweise als Verlust einer Affektkontrolle, aber auch in Form einer Verflachung des affektiven Erlebens insgesamt (vgl. Gerhards 1988b, S. 241). Wer nicht mehr sicher sein kann, längere Zeit am gleichen Ort mit den gleichen Menschen zusammenzuleben und zu arbeiten, der kann sich tiefe Gefühle nicht mehr leisten. Die »Freisetzung« aus Klasse, Schicht, Familie, Geschlechtslage (vgl. Beck 1986) ruft dann »flache Gefühle« hervor. Aufgrund dieser Diagnose wird die Frage erhoben, ob es möglicherweise eine »postemotionale Gesellschaft« (Mestrovic 1997) gibt oder geben kann. In einer solchen würden emotionale Abweichungen und Verbindlichkeiten in Beziehungen vermieden. Das allgemeine emotionale Leben droht damit zu einer Art gewarteten, organisierten »Gefühlsmaschine« zu degenerieren, was nicht ohne Folgen für das individuelle und kollektive Gefühlsleben sowie die Lebensqualität überhaupt bleiben kann.

Die Emotionsforschungen eröffnen aufschlussreiche Perspektiven und liefern interessante Hinweise zum Zusammenhang von Emotionen und sozialem Kontext. Problematisch werden die kollektiv-orientierten Untersuchungen des Emotionalen, wenn die Gefühle des Einzelnen nicht hinreichend beachtet werden. Gerade in Anbetracht einer zunehmend destabilisierten gesellschaftlichen Wirklichkeit stellen körpernahe, gefühlsspezifische Erfahrungen für den Einzelnen wichtige stabilisierende Bewältigungsstrategien dar (vgl. Maier 1999). Die neue Agenda einer Soziologie der Emotionen untersucht deshalb intensiver die Folgen bzw. Bewältigungsmöglichkeiten von destabilen Karrierewegen, beruflichen Belastungen, Entlassungen und Arbeitslosigkeit (vgl. Flam 2002, S. 178 ff.). Zudem bieten neuere soziologische Forschungen zur Gefühls- bzw. Emotionsarbeit wichtige Einsichten gerade in Organisationskontexte, auf die zurückzukommen sein wird (vgl. Kapitel 5.2.3). Schließlich stellt die geschlechtsspezifische Rolle des Emotionalen ein wichtiges Forschungsfeld dar (vgl. z. B. Opitz 2000). Dennoch kann insgesamt betrachtet auch eine soziologisch bestimmte Funktion des Gefühlten natürlich nur Teil eines multidisziplinären und integrierten Forschungsparadigmas sein (vgl. Kappas 2002).

3.6 Emotionen machen »Fit« für das (Über-)Leben – Evolutionäre Funktionen des Emotionalen

Die Bedeutung des Emotionalen für die Entwicklung und Gestaltung einer sinnhaften sozialen Welt ist nicht weit von einer evolutionsbiologischen Betrachtung entfernt. Auch hier machen Emotionen Sinn, wenngleich die Diskussion dabei weniger auf höhere kulturelle Leistungen des Menschen bezogen ist. Es betrifft hier eher die Primäremotionen und grundlegende, unmittelbar überlebensförderliche Wirkungen. Emotionen und emotionale Variationen setzen sich demnach phylogenetisch dann durch, wenn sie einen Beitrag zur »Fitness« (i. S. von Angepasstheit an Umweltbedingungen) leisten. Sie fungieren also als Anpassungsmedien, dienen zur Lösung von Anpassungsproblemen und erzeugen Selektionsvorteile. Emotionen stellen Mechanismen dar, die flexible Antworten auf wechselnde Umweltanforderungen möglich machen und starre Reiz-Reaktions-Kopplungen, wie z. B. bei den Instinkten, ersetzen.

Die folgende Abbildung zeigt verschiedene Primäremotionen, denen spezifische evolutionäre Funktionen zugeordnet sind:

Reiz ⟶	Kognition ⟶	Gefühl ⟶	Verhalten ⟶	Effekt
Bedrohung	„Gefahr“	Furcht/Schrecken	Weglaufen	Schutz
Hindernis	„Feind“	Ärger/Zorn	Schlagen	Zerstörung
Potenzieller Gefährte	„Besitz“	Freude	Werben/Paaren	Fortpflanzung
Verlust einer Geschätzten Person	„Isolation“	Trauer/Kummer	nach Hilfe suchen	Reintegration
Gruppenmitglied	„Freund“	Vertrauen	sich Bekümmern	sozialer Anschluss
Scheußlicher Gegenstand	„Gift“	Ekel/Abscheu	Erbrechen/ Wegstoßen	Zurückweisung
Neuartige Umwelt	„Was ist hier los?“	Neugier	Erforschen/ Auskundschaften	Exploration
Neuartiger Gegenstand	„Was ist das?“	Überraschung	Anhalten/ Aufmerken	Orientierung

Abb. 11: Zuordnung von Primäremotionen auf evolutionäre Funktionen (nach Plutchik 1980)

Ausgehend von Reizen entstehen über Kognitionsprozesse schließlich spezifische Primäremotionen, die sich in Verhalten äußern und charakteristische evolutionäre Funktionen bewirken. Die unterschiedlichen Emotionen sind dabei de facto vielfältig miteinander verbunden bzw. ergeben sich aus besonderen Mischungen.

Plutchik (1980) hat ein sequentielles Emotionsmodell aufgestellt, bei dem eine komplexe Kette von Ereignissen eine Emotion bzw. einen Gefühlszustand bestimmt. Folgende Abbildung zeigt das Grundmodell sowie eine Anwendung für die Emotion der Furcht.

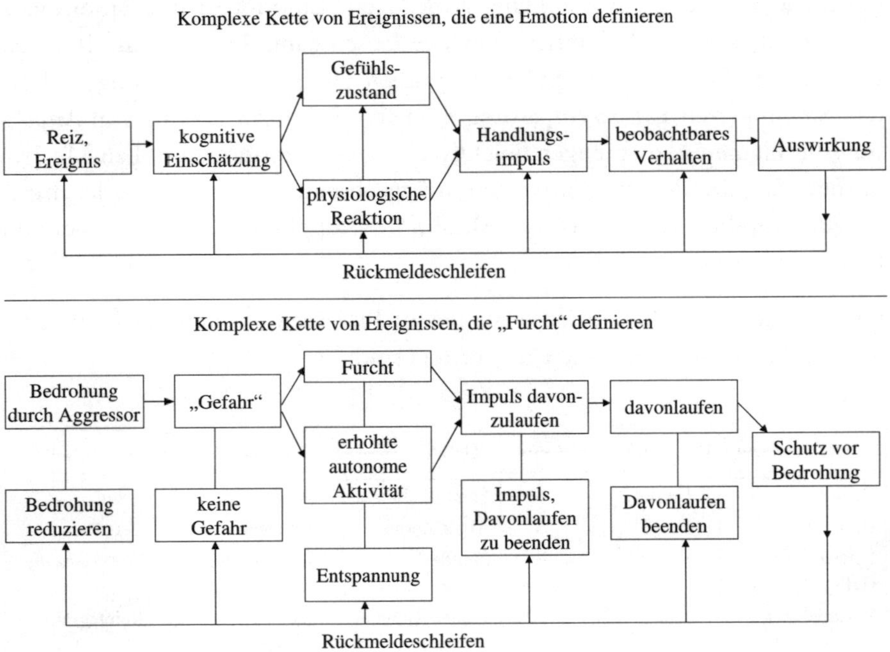

Abb. 12: Plutchiks sequentielles Emotionsmodell (nach Plutchik 1980)

Danach führt ein Reiz zu einer kognitiven Einschätzung, die sowohl eine physiologische Reaktion als auch einen – davon wiederum beeinflussten – Gefühlszustand auslöst. Beide bewirken einen Handlungsimpuls, der zu beobachtbarem Verhalten führt. Das obige Beispiel zeigt den komplexen Ablauf von Ereignissen am Beispiel der Furcht (vgl. zur Kritik z. B. Symons 1987; Bischof 1989; Ulich 1982, S. 130).

Neuere Vertreter der Evolutionspsychologie (vgl Cosmides/Tooby 2000) erweitern die Sicht von Emotionen und verstehen sie als Dirigenten eines (kognitiven) Orchesters. Diese Orchestrierungsfunktion wird durch übergeordnete Metaprogramme realisiert, die je nach emotionalen Situationen Subprogramme und -routinen aktivieren oder deaktivieren, um das Gesamtsystem in einen harmonischen und effektiven Zustand zu bringen, wenn es mit bestimmten Reizen konfrontiert wird (vgl. Cosmides/Tooby 2000; Schwab 2004). Emotionen wählen dazu als Programme adaptive Werkzeugkombinationen aus der »tool box« mentaler Fertigkeiten und justieren und verwenden sie zur Lösung von Anpassungsproblemen. Emotionen erscheinen damit als übergeordnete Organisationsprinzipien der mentalen Architektur, die durch unterschiedlich komplexe kognitive Werkzeuge Einfluss ausüben. Sie wirken in der mentalen Architektur auf Ziele, Motivprioritäten, Interpretationsrahmen, Wahrnehmungen, aber auch auf das Gedächtnis, die Aufmerksamkeit, die Physiologie, die Kommunikation sowie die Expression (vgl. Schwab 2004, S. 120). In Kombination mit der Möglichkeit, Phantasie und Fiktionen zu nutzen, kann der Mensch demnach auf das in seinen Emotionen gesammelte Wissen flexibler und ungefährdeter zugreifen.

Als eine Art Radar oder Relevanzdetektor sind Emotionen ein dynamischer Prozess, der von den Empfindenden je nach Situation ständig aktualisiert wird (vgl. Scherer 1984, 1994), was auch plötzliche Stimmungsschwankungen erklärt. Emotionsprozesse dienen also der Prüfung, Koordination und temporären Synchronisation von Subsystemen eines Organismus im Interesse einer Gesamtmobilisierung (vgl. Scherer 1990; Zentner/Scherer 2000). Je nach Bewertung entstehen unterschiedliche Emotionen, wobei es bestimmte Bewertungsmuster gibt, die eigene Emotionsfamilien ausbilden (vgl. Scherer 1988; Ekman 1992). So treten Wut, Ärger sowie Furcht und Angst eher bei plötzlichen, unvorhersehbaren Ereignissen mit hoher Zielrelevanz auf. Dies wird noch verstärkt, wenn die als dringlich empfundene Zielerreichung gestört oder belastet wird.

Die emotionalen Metaprogramme sind keineswegs unfehlbar, sondern stellen eher stammesgeschichtlich bewährte Schätzungen (i. S. von Kalkulationen von Wahrscheinlichkeiten) für den Umgang mit den jeweiligen Anforderungen dar. Zu Pathologien kommt es bei Diskrepanzen zwischen angestammter und moderner Umwelt (vgl. Buss 1999). In dieser Logik führt beispielsweise die Kluft zwischen dem emotionalen Erbe als Jäger und Sammler und den Realitäten moderner Organisation zu Spannungen und Konflikten (z. B.

zwischen archaischen Kleingruppen und modernen Großunternehmen): »Moderne Organisationen entsprechen in vielen ihrer Merkmale kaum den archaischen Gruppen, arbeiten jedoch mit dem emotionalen Inventar ihrer Mitarbeiter, das an diese Gruppenverbände angepasst scheint« (Schwab 2004, S. 221).

Damit liefert die Anwendung evolutionärer Emotionsforschung auf den Organisationskontext interessante Erkenntnisse, z. B. evolutionspsychologische Aspekte des Coaching (vgl. Schwab 2002), die Bedeutung von emotionalen Ansteckungsprozessen (vgl. Pugh 2001; Hatfield/Cacioppo/Rapson 1994) oder antisoziales, kontraproduktives Arbeitsverhalten als eine emotionale Anpassungsleistung der Mitarbeiter (vgl. McGuire et al. 1994).

Ein evolutionärer Standpunkt ermöglicht ein Verstehen und Erklären der Genese und der Entwicklung von Gefühlen und Emotionen aus einer umfassenderen und historischen Gesamtschau. Kritisiert wurde die evolutionäre Theorie insbesondere von Plutchik hinsichtlich ihrer unzureichenden Berücksichtung der neodarwinistischen und sozio-biologischen Weiterentwicklung der Evolutionstheorie (z. B. bei Dawkins 1976). Entgegen der Annahme, dass sich Anpassungsprobleme auf wenige, universale Bereiche beschränken und damit primäre Emotionen existieren, hat die moderne Evolutionspsychologie gezeigt, dass es keine allgemeinen (Anpassungs-) Lösungen gibt, weil auch Probleme nie allgemein gegeben sind (vgl. Symons 1987). Aufgrund des Spektrums der Problemlagen existieren zahlreiche Lösungsvarianten der Evolution mit komplexen psychischen Zuständen und sozialen Prozessen. Dabei können sogar a-, dysfunktionale oder funktionsneutrale Seiten des Emotionalen vorteilhaft sein (vgl. Fridja 1994, S. 116 f.). Eine Reduktion von Emotionen auf (evolutionäre) Zweckfunktionen steht immer in der Gefahr, personale, interpersonale und situative Erlebnisprozesse zu vernachlässigen. Emotionen sind aber nicht von individuellen Personen und ihren gesellschaftlich mitbestimmten Lebenssituationen und -geschichten ablösbar. Sie sind gerade in ihrer psychischen und sozialen Bedeutung immer mehr als bloßes Mittel für evolutionäre Zwecke. Des Weiteren besteht die Gefahr eines Missbrauchs und einer ideologischen Instrumentalisierung (z. B. durch einen unreflektierten Sozialdarwinismus oder einer unkritischen Soziobiologie).

3.7 Zusammenfassung und Fazit

In diesem Kapitel haben wir die Entstehung und Entwicklung des Emotionalen aus verschiedenen theoretischen Perspektiven betrachtet. Bedingt durch verhaltenswissenschaftliche Auffassungen wurden Gefühle und Emotionen lange Zeit als passive Reaktionen bzw. Reaktionsmuster verstanden. Mit der kognitiven Wende in der Emotionsforschung wurde aber deutlich, dass Emotionen nicht auf physiologische und behavioristische Komponenten reduzierbar sind. Mit den herkömmlichen kognitivistischen Orientierungen blieben Emotionen jedoch an ein rationalistisches und informationstheoretisches Verständnis gebunden. Mit diesem Fokus wurden Emotionen als post-kognitives Resultat einer Informationsverarbeitung verstanden. Das Subjekt reagiert demnach nur dann emotional auf einen Gegenstand oder Sachverhalt, wenn es die erlebten Phänomene mit Überzeugungen, Meinungen, Urteilen oder Wertungen in Verbindung bringt.

Aus phänomenologischer, neuerer kognitionswissenschaftlicher sowie auch neurobiologischer Sicht werden Emotionen nicht nur als Ergebnis von Informationsverarbeitungen und post-rationalen Bewertungen gesehen, sondern selbst als »quasi-kognitive« Aktivität aufgefasst. Die Idee einer »Vernünftigkeit der Emotionen« (Scherer 1986) bzw. einer »emotionalen Vernunft« (Meier-Seethaler 1998) verweist darauf, dass Denken und Fühlen unaufhebbar zusammengehören. Einerseits sind komplexe emotionale Erfahrungen nur aufgrund einer Vielzahl neurologischer und kognitiver Prozesse möglich; andererseits bilden Gefühle und Emotionen die Basis rationaler Erkenntnisse und Entscheidungen sowie des vernünftigen Handelns (vgl. de Sousa 1997).

Wie sehr emotionale Erfahrungen mit kognitiven und symbolisierenden Prozessen zusammenhängen, zeigen besonders die evaluativen Funktionen des Emotionalen. Emotionen zu haben heißt, bereits ein Werturteil abzugeben über die Situation, die ein bestimmtes Gefühl hervorruft (vgl. Solomon 1980, S. 258). »Fühlen« ist also bereits eine Form des »Wertens«. Gefühle und Emotionen können demnach nicht nur aus kognitiven Bewertungsprozessen resultieren, sondern eine Grundlage für Überzeugungen und Bewertungen darstellen. »Emotionen und Werte stehen so in einem engem Zusammenhang: Emotionen haben immer einen wertenden Charakter und Werte bzw. Wertungen sind immer emotional gefärbt« (Schmitz 2000, S. 357). Grundlage für Bewertungen sind Emotionen insofern, als Bewertungsprozesse die emotionale Relevanz eines zu bewertenden Ereignisses oder einer zu bewertenden Handlung erfordern. So sind die »Bestimmungsmuster« – selbst vermeintlich rein rationale Vorgänge – grundlegend emotional geprägt. Emotionen »füllen« dabei durch eine interpretative Neusausrichtung bzw. -bewertung von Wahrnehmungen und Aufmerksamkeiten »Lücken«, welche die reine Rationalität in der Bestimmung von Handlungen und Glaubensvorstellungen offen lässt. Emotionen bewahren uns so vor einer Lähmung, die durch eine ständige rationale Kontrolle der Wahrnehmung und Aufmerksamkeit erfolgen würde. »Sie beseitigen das Patt bei der rationalen Festlegung von Urteil und Begehren, indem sie unter den Objekten der Aufmerksamkeit, unter verschiedenen Fragerichtungen und bevorzugten Schlussfolgerungsmustern die Vordinglichkeit festsetzen« (de Sousa 1997, S. 331).

Wenn man von einer verflochtenen Ko-Evolution und einem Wechselwirkungsverhältnis von Emotionalität und Kognition ausgeht, kann deren Dualismus überwunden (vgl. Ratner 1989) und ein integrativeres Verständnis gewonnen werden, mit dem das uralte Leib-Seele-Problem (vgl. Goller 1992) im neuen Licht erscheint. Schließlich hat eine solche Integration auch lebenspraktische Folgen, denn »das Ideal emotionaler Rationalität ist die angemessene Gefühlsreaktion« (de Sousa 1997, S. 526).

Überdies stellen Emotionen auch eine Basis für die Entwicklung und Aktualisierung von Werten in sozialen Interaktionen dar. So gibt es spezifische emotionale Cluster, z. B. für das Erleben von Freude, Verzweifelung, Scham oder Furcht (vgl. St. Aubin 1996). Emotionen beziehen sich somit als Zustände der Wertung von Beziehungen und Werten nicht nur auf das Selbst und seine Werte und Richtlinien, sondern auch auf soziale Bedürfnisse und Dimensionen (vgl. Scheele 1990). Entsprechend wurde beschrieben, wie sehr Emotionen als ein sozialer Konstruktions- und Funktionsfaktor zu sehen sind. Schließlich wurden noch weitere soziale Funktionen des Emotionalen aus soziologischer Sichtweise aufgeführt. Dazu wurden die Relevanz der Sozialisation, gesellschaftliche Bedingungen und Einflüsse des Emotionalen sowie der Wandel der Emotionskultur diskutiert. Abschließend bezogen wir – ebenfalls aus einer Makroperspektive – eine evolutionäre Perspektive in unsere Überlegungen ein. Dazu wurden die überlebensförderlichen Wirkungen insbesondere der Primäremotionen als Beitrag zur Fitness i. S. einer Angepasstheit an Umweltbedingungen betrachtet. Durch die Berücksichtigung neuerer Erkenntnisse der Evolutionsforschung zeigte sich die Orchestrierungsfunktion von Emotionen i. S. von Metaprogrammen. Aus evolutionärem Blickwinkel war ferner aufschlussreich, dass Diskrepanzen zwischen den stammesgeschichtlichen Emotionsprogrammen und moderner Unternehmenswirklichkeit zu organisationsrelevanten Konflikten führen können.

Die unterschiedlichen Theorien machten deutlich, wie vielfältig Entstehung und Entwicklung von Gefühlen und Emotionen verstanden und erklärt werden können. Die beschriebenen Perspektiven berücksichtigen dabei je verschiedene Aspekte des komplexen Zusammenhangs von Gefühlen und Emotionen. Dabei folgen einige eher einer Innenorientierung, andere eher einer Außenorientierung. So fokussieren sich Kognitionstheorien und Neurowissenschaften eher auf die Innenseite, während sich Verhaltenstheorien, Sozialkonstruktionismus, Soziologie und Evolutionstheorien eher auf die Außenseite richten. Zudem tendieren die Theorien jeweils meist eher zu einer Subjektorientierung oder eher zu einer kollektiven Ausrichtung. Manche Theorien argumentieren vorwiegend aus der Sicht des betroffenen und handelnden Individuums, andere stellen die kollektiven Faktoren und Umfeldbedingungen und ihre Auswirkung auf die Emotion in den Vordergrund. Die Gefahren eines Reduktionismus einseitiger Betrachtungen wurden in der Kritik der jeweiligen Theorieansätze deutlich. Letztendlich beschreiben all diese Theorien verschiedene wichtige Aspekte und Perspektiven desselben Phänomens. Daher können bisherige Emotionstheorien mit Zentner und Scherer (2000) als spezialisierte Teiltheorien verstanden werden.

Folgende Abbildung zeigt die Dimensionen von Gefühlen und Emotionen in einem integralen Konstellationszusammenhang. Dieses Modell kann als eine Art heuristische »Landkarte« dienen, die Wege zum Verständnis von Gefühlen und Emotionen aufzeigt. Dabei werden sowohl die verschiedenen Bereiche als auch deren Verbindungen berücksichtigt. Aus integraler Sicht ko-evolvieren Gefühle und Emotionen damit durch das Innen und Außen und durch den Einzelnen und das Kollektiv in einem verflochtenen Zusammenhang von interrelationalen Abhängigkeiten und Wechselwirkungen.

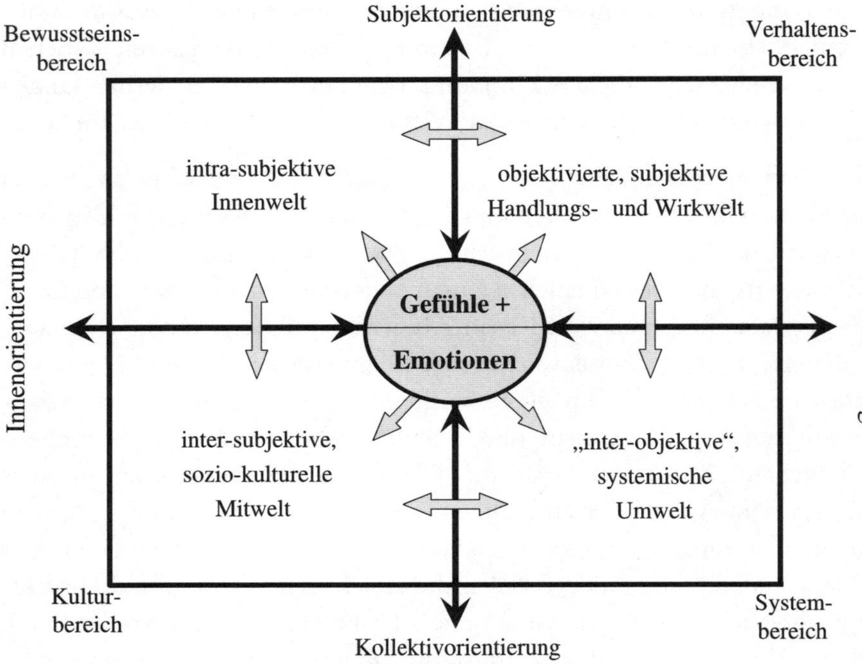

Abb. 13: Dimensionen eines integralen Modells von Gefühlen und Emotionen (in Anlehnung an Wilber 2001, 2001a)

Vertiefungsliteratur für das 3. Kapitel

Sousa, R. de (1997): Die Rationalität des Gefühls, Frankfurt/M.

Izard, C. E. (1994): Die Emotion des Menschen, Weinheim.

Merten, J. (2003): Einführung in die Emotionspsychologie, Stuttgart.

Otto, J. H./Euler, H. A./Mandl, H. (Hrsg.) (2000): Handbuch der Emotionspsychologie, Weinheim

4 Gefühle und Emotionen beeinflussen Organisationen – und umgekehrt

Wir haben im ersten Kapitel bereits darauf hingewiesen, dass die Ökonomie und die betriebswirtschaftliche Organisationslehre sich schwer tun, die Bedeutung von Gefühlen und Emotionen für Organisationen anzuerkennen bzw. in ihren Theorien und Konzepten angemessen zu berücksichtigen. Dies erscheint insofern defizitär, als Organisationen als soziale Gebilde in weiten Bereichen unweigerlich von Gefühlen und Emotionen (mit-)bestimmt werden. Welche Einflussbeziehungen bestehen nun aber zwischen Emotion und Organisation? Wir gehen allgemein davon aus, dass beide in einem rekursiven Konstitutions- und Wirkungszusammenhang stehen. Das heißt, dass persönliche Gefühle und Emotionen diverse Einflüsse und bedeutsame Wirkungen auf die Organisation ausüben, dass umgekehrt aber auch die Organisation durch ihre Strukturen und (Sub-)Kulturen spürbar auf ihre Mitglieder bzw. deren emotionale Befindlichkeit einwirkt. Diesen Wirkungskreis wollen wir im Folgenden näher betrachten.

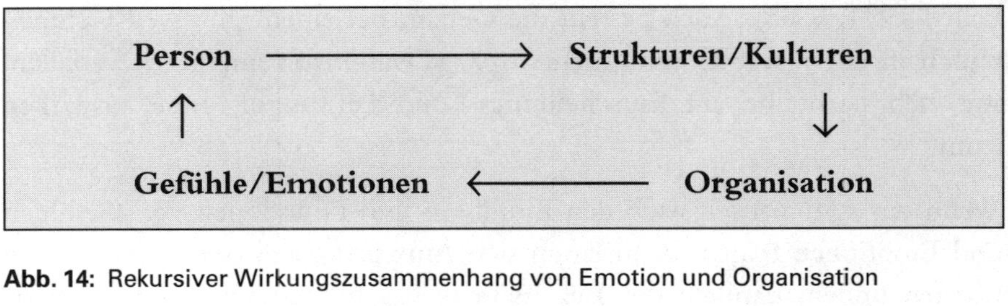

Abb. 14: Rekursiver Wirkungszusammenhang von Emotion und Organisation

Verschiedene Forschungen (vgl. Anhang 1) haben den – negativen wie positiven – Einfluss von Gefühlen und Emotionen auf den Organisationsalltag nachgewiesen. An negativen Einflüssen wurde dabei vor allem die Bedeutung von Ärger und Neid für das Organisationsleben nachgewiesen. Aber auch Schuldgefühle und Scham sowie Traurigkeit und Langeweile repräsentieren Emotionen, die Organisationen in ihrer Zielverfolgung belasten. Als problematisch gelten überdies emotionale Erschöpfungszustände von Mitarbeitern (»Burn-out«) sowie emotional bedingte Formen der Demotivation, der Entfremdung sowie der inneren Kündigung. Parallel wurden aber auch positive Wirkungen von Gefühlen und Emotionen identifiziert. So werden durch ein besonderes »emotionales Wohlergehen« der Mitarbeiter nicht nur Motivation und Leistungsverhalten nachhaltig gesteigert, sondern auch der Gemeinschaftssinn und helfende Verhaltensweisen spürbar gestärkt. Positive Gefühle wirken als Stresskompensatoren und begünstigen auf diese Weise die Gesundheit. Nicht zuletzt wurde aber auch ein Zusammenhang zwischen Emotion und Entscheidungsqualität nachgewiesen. So erleichtert eine »gehobene Stimmung« das Treffen schwieriger Entscheidungen, wobei insbesondere eine Stärkung der Intuition festzustellen ist. Studien zur Bedeutung ausgewählter Gefühle wie Stolz oder sog. »Flowgefühle« unterstreichen zudem die Bedeutung spezieller Gefühlslagen für das Wohlergehen und das Leistungsverhalten in Organisationen (vgl. Kapitel 5.1.4).

Komplexitätssteigernd wirkt in diesem Zusammenhang allerdings, dass in bestimmten Fällen auch umgekehrt argumentiert werden kann. So liegen Untersuchungen vor, denen zufolge Personen mit negativen Gefühlen sensibler auf die Qualität von Argumenten reagieren und insofern auch sinnvollere Entscheidungen treffen als Personen mit positiverer Gefühlslage (sog. »Sadder-but-Wiser-Effekt«; vgl. Staw/Sutton/Pelled 1994, S. 54). Es ist mithin also möglich, dass negative Gefühle in bestimmten, wenn auch eher seltenen Arbeitssituationen funktionaler wirken als positive (vgl. Staw/Sutton/Pelled 1994, S. 65). Auch besteht die Gefahr, bei einem positiven Gefühlsrausch in ein »Over-Commitment« bzw. »Over-Involvement« zu verfallen, was sich nachteilig auf Entscheidungs- und Leistungsprozesse auswirken kann.

Wenn wir systematisch nach den Einflüssen und Funktionen von Gefühlen und Emotionen fragen, dann lassen sich Antworten auf drei verschiedenen Ebenen finden, nämlich der Bezugsebene des Individuums, der Gemeinschaft (Team) sowie der Organisation als Ganzes (s. Abb. 15). Die subjektive Dimension (1) verweist dabei auf die Gefühle der einzelnen Mitarbeiter A bzw. für Person B. Die intersubjektive Dimension (2) konstituiert die sozialen Emotionen zwischen Personen und Personengruppen. Die strukturell-kontextuelle Dimension (3) vergegenwärtigt schließlich die bestimmte Situation, in der gefühlt und gehandelt wird und in der die Dimensionen (1) und (2) konstitutiv eingebettet sind (z. B. ein bestimmtes Organisationsklima). Diese drei Ebenen wollen wir nun folgend genauer betrachten.

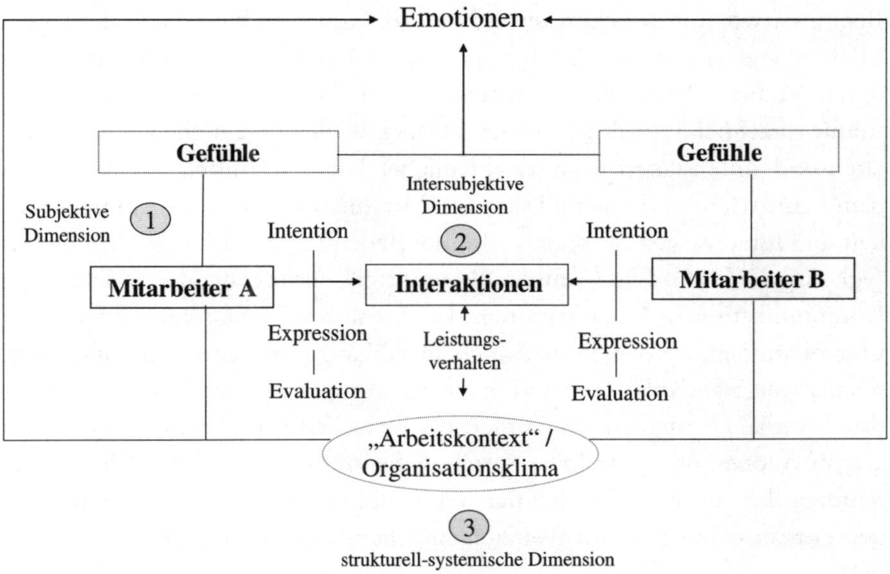

Abb. 15: Bezugsrahmen Gefühle und Emotion in Organisationen

4.1 Subjektive Funktionen von Gefühlen in Organisationen

Gefühle wurden im Grundlagenkapitel (vgl. Kapitel 1) als eher aktiv erlebtes Wahrnehmen und Empfinden Einzelner definiert. In Organisationen sind es die einzelnen Mitarbeiter, die Gefühle empfinden, verdrängen oder zum Ausdruck bringen und durch sie in ihren Einstellungen, Denken, Entscheiden und Handeln beeinflusst werden. So wie emotionale Konflikte das psychologische Wohlergehen des Einzelnen (vgl. Adelmann 1989) gefährden, so können positive Gefühlslagen viele vorteilhafte Effekte für das Individuum und die Organisation generieren. In diesem Sinne sind die Mitglieder von

Organisationen »emotive Subjekte« (Hearn 1992). Die subjektiven Erlebnisse, Intentionen, Ausdrucksformen und Bewertungen des Einzelnen beziehen sich dabei auf sich selbst, auf spezifische Arbeitssachverhalte, auf andere Mitglieder der Organisation (z. B. Kollegen, Vorgesetzte) oder auf Externe (z. B. Kunden).

Beginnen wir mit der expressiven Funktion von Gefühlen. Gefühlsmäßiges Erleben und emotionale Erfahrungen äußern sich sowohl nonverbal, z. B. durch Mimik, Gestik, Körperhaltungen und -bewegungen, als auch durch subtile sprachliche Ausdrucksformen. Dabei werden spezifische Gefühlsqualitäten und -intensitäten in unterschiedlicher Form vermittelt. Gefühle üben damit eine wichtige Signalfunktion aus. Mit ihnen werden z. B. Aufmerksamkeit und Interesse gezeigt oder bestimmte Bedeutungen in Gesprächen betont (vgl. Argyle 1996). Die Gefühlsäußerung stellt entsprechend eine lebendige Kommunikation in Organisationen dar. Ausdrucksformen von Gefühlen in Organisationen werden immer auch in Abhängigkeit von soziokulturellen normativen Standards sozialisiert, erlernt und angepasst. Auch wenn das Ausdrucksverhalten meist unwillkürlich erscheint, kann und wird es gerade in Organisationen oft kontrolliert, sprich: gehemmt oder verstärkt. Wie Unternehmen dies, insbesondere bei der sog. Gefühlsarbeit durch »Darbietungsregeln« organisieren, wird im Weiteren eingehend erläutert (vgl. Kapitel 5.2.3).

Bezüglich ihrer Intention kommt Gefühlen in Organisationen eine zentrale motivationale, verhaltensorganisierende sowie energetisierende Funktion zu, die im folgenden Anwendungskapitel ausgeführt wird (vgl. Kapitel 5.1.1). Grundlegend kann Motivation dabei als psychische Antriebskraft definiert werden. Bezüglich ihres Steuerungsniveaus kann zwischen einer Eigensteuerung des Individuums durch intrinsische Selbstmotivation (vgl. Deci/Ryan 1985 S. 35) und einer Fremdsteuerung durch Motivierung unterschieden werden. Motivation als aktueller Zustand intrinsischer Orientierung und innerer Steuerung verweist auf vorgängige Entscheidungen über allgemeine Lebens- und Berufswerte sowie eine aktuelle Orientierung an Aufgaben, Personen oder Institutionen. Die Motivation in der beruflichen Tätigkeit ist dabei nur ein Ausschnitt aus dem umfassenden Lebenszusammenhang des Menschen (vgl. Neuberger 1985, S. 147; Deci/Ryan 1987). Eine intrinsisch motivierte Arbeitseinstellung weist viele ökonomisch relevante Vorteile auf und erhöht zudem das emotionale Wohlbefinden (vgl. Frey 1997, S. 99). Fremdbestimmte Motivierung kann demgegenüber als Versuch verstanden werden, attraktive bzw. bedürfnisbefriedigende Anreize (z. B. bzgl. Einkommen, Verantwortung, Sicherheit) auf Grundlage der individuellen (Leistungs-)Werte und Identifikationsobjekte zu gestalten (vgl. Wunderer 2001, S. 107). Motivierung verweist damit auf spezifische Führungspraktiken, die auf das Erzeugen, Erhalten oder Steigern von erwünschtem Verhalten abzielen (vgl. Deci/Ryan 1985, S. 310).

Wie sehr mit dem motivationalen Funktionszusammenhang auch eine Ambivalenz von Gefühlen im Arbeitskontext einhergeht, wird am Beispiel Stolz erkennbar. Dieser Begriff bezeichnet allgemein ein angenehmes Gefühl des eigenen Wertes, ein bewusst erlebtes, gehobenes Selbstwertgefühl, (Wortherkunft: ›Stelze‹ = aufrechte Haltung), das oft begleitet wird von Freude, Befriedigung, Glück oder Erleichterung. Der Stolz auf die eigene Leistung wird als leistungsförderlich angesehen, da die Antizipation von Stolz als Anreiz wirkt, leistungsbezogenes Handeln anzustreben. Er stellt somit ein Leistungs- bzw. Erfolgsmotiv dar (vgl. Schützwohl 1991, 76 ff.). Andererseits kann Stolz aber auch problematisch sein. So können fehlender Stolz und damit geringes Selbstwertgefühl mit starken Minderwertigkeitsgefühlen einhergehen und zu psychischen Beeinträchtigungen führen. Ein übersteigerter Stolz führt schließlich zu Eitelkeit und fehlender Bescheidenheit (vgl. Ulich/Mayring 1992, 143 f.).

Wie bereits angedeutet, hängen die motivierenden Funktionen von Gefühlen eng mit den verhaltensorganisierenden und evaluativen Funktionen zusammen (vgl. bereits Tomkins 1962, 1963). Gefühle beeinflussen das Verhalten des Einzelnen über die Selektion, Initiierung, Intensität und Dauer bestimmter Handlungen (vgl. Geen 1995; Izard 1993). So greifen sie beispielsweise in die Verhaltensplanung und -steuerung ein, indem sie bei der Handlungsauswahl mitwirken und bestimmte Verhaltensweisen fördern. Als Wille energetisieren sie bestimmte Handlungen bei ihrer Ausführung (vgl. Roth 2001, S. 7; vgl. auch Kapitel 5.1.3). Damit fungieren Gefühle als »mentale Dispositionen« gegenüber relevanten Sachverhalten oder Alltagsbeziehungen (vgl. Wollheim 2001). Die Funktion von Gefühlen als handlungsanleitender und -begleitender Steuerungsprozess in Organisationen ergibt sich somit daraus, dass sie Dispositionen von Wahrnehmungs- und Handlungsbereitschaften zur Verfügung stellen. Wie bereits zuvor erwähnt (vgl. Kapitel 3), sind damit adaptive Entwicklungsorientierungen gemeint, die bestimmte Verarbeitungs- und Aufmerksamkeitsressourcen zuteilen. Die über Gefühle gesteuerten Handlungstendenzen dienen dabei der Durchsetzung von Anliegen und Plänen (vgl. Frijda 1986, 1987). Zielorientierte Anliegen sind Dispositionen des Einzelnen, bestimmte Zustände für sich selbst und in der Organisation zu verwirklichen. Wenn eine Situation eintritt, in der die Realisation von Anliegen gefährdet erscheint, entstehen Aktionsoptionen, die eng mit emotionalen Zuständen verknüpft sind. Diese dienen dann der Gewährleistung einer erfolgreichen Umsetzung der Absichten, wobei die Stärke einer Emotion mit der Intensität des Anliegens korreliert. Als wesentliche Handlungstendenzen gelten nach Frijda (1986) Annäherung, Vermeidung, In-Kontakt-Kommen, Abwehr und freies Handeln, denen spezifische Zielzustände, Funktionen und Gefühle zugeordnet werden können (s. Abb. 16).

Handlungstendenz ⟶	**Zielzustand** ⟶	**Funktion** ⟶	**Gefühl**
Annäherung	Einlass	Herstellung von Handlungssituationen	Begehren
Vermeidung	Unzugänglichkeit	Schutz	Furcht/Angst
In-Kontakt-Kommen	Interaktion	Ermöglichung von Vollendungshandeln	Vertrauen
Abwehr	Hindernisbeseitigung	Wiedergewinnung von Kontrolle	Ärger
Freies Handeln		Allgemeine Bereitschaft	Freude

Abb. 16: Beispiele für Handlungstendenzen und zugehörige Gefühle (nach Frijda 1986)

Da Mitarbeiter ihre Anliegen in Organisationen oft in einer unsicheren Umgebung realisieren, bei der Situationen eintreten, die die Verwirklichung dieser Anliegen gefährden, kommt es zur Handlungskontrolle (vgl. Dörner et al. 1988; Dörner/Stäudel 1990) und Evaluation. Gefühle informieren dann darüber, ob überhaupt bzw. inwiefern eine Annäherung an verfolgte Ziele stattgefunden hat. Zudem helfen sie die zur Zielerreichung notwendigen Anstrengungen einzuschätzen und zu regulieren. Nach Frijda dienen Gefühle damit auch der »Bewusstwerdung« von veränderten Handlungsbereitschaften. Denn neben der Aktivierung bestimmter Formen von Handlungsbereitschaft »beobachtet« das Gefühlssystem alle Prozesse innerhalb und außerhalb der Organisation, die dieses Vorhaben beeinflussen können, um entsprechend steuernd einzugreifen. Neben der Auswahl, Regulation und Umsetzung von Handlungsabsichten spielen Gefühle so auch beim Lernen von neuen Verhaltensweisen eine wichtige Rolle (vgl. Kapitel 5.3.2).

Viele Bewertungsprozesse im Organisationsalltag werden also über emotionale Aspekte vollzogen. Gefühle sagen Organisationsmitgliedern dabei nicht nur, was für sie gut oder schlecht ist, sondern helfen auch, Ursache und Wirkungen bestimmter Ereignisse einzuschätzen. Als ein »Gefühlswissen« bestimmen sie dabei mit, welche Motive für die Situation hinderlich oder förderlich sind und welche Handlungsmuster am besten in Frage kommen (vgl. Shaver et al. 1987). Wie erwähnt, wird das Handeln dabei über Selektion und Priorisierung von Zielen, Plänen und Vorhaben ausgerichtet und energetisiert. Damit dienen Gefühle im Organisationszusammenhang z. B. dazu, bei Entscheidungen in Arbeitsprozessen eine günstige (Voraus-)Wahl zu treffen bzw. die Vor- oder Nachteile gegenwärtiger und zukünftiger Ereignisse intuitiv abzuschätzen (»Bauchwissen«).

Als Bewertungsinstrument ermöglichen Gefühle in Organisationen nicht nur individuelle Verhaltens- bzw. Handlungsstrategien (vgl. Solomon/Calhoun 1984) und deren Einschätzung, sondern verbinden diese auch mit dem sozialen Kontext. Denn bewertende Gefühle beziehen sich nicht nur auf das eigene Selbst, sondern auch auf soziale Bedürfnisse und Aspekte (vgl. Scheele 1990) sowie auf die Entwicklung und Aktualisierung von Werten in einer Organisationsgemeinschaft.

Nicht nur viele Einschätzungskategorien und evaluativen Funktionen sind sozialer Natur, sondern auch Expressionen, insbesondere als Signal- und Kommunikationsmedien. Schließlich sind auch Handlungsbereitschaften und intentionale Realisationen überwiegend auf ein soziales Handeln bezogen (vgl. auch Frijda/Mesquita 1994). So sind auch die expressiven, intentionalen und evaluativen Funktionen der Gefühle des Einzelnen darauf eingestellt, in einer vorwiegend sozialen Umwelt zu operieren. Daher wenden wir uns nun den sozialen Interaktionsbeziehungen in Organisationen zu.

4.2 Zwischenmenschliche Funktionen von Emotionen in Organisationen

Emotionen sind – wie bereits beschrieben – als verhaltens- bzw. handlungsorientierte Interaktionsprozesse zu verstehen. Sie entstehen durch soziale Beziehungen und sind zugleich grundlegend für diese Relationen. Sie sind dabei sowohl integraler Bestandteil des Beziehungsaufbaus wie auch des Beziehungsverlaufs. So wird die Entwicklung von Beziehungen durch emotionale Spannung zwischen den Beteiligten, z. B. durch Sympathie oder Antipathie geprägt (vgl. Dederichs 1999, S. 84). Zwischenmenschliche Emotionsgefüge sind immer in den lebensweltlichen Wissens- und Erfahrungshintergrund einer spezifischen sozialen Alltagspraxis (hier: gelebten Organisationskultur) eingebettet. Die tradierten Überzeugungen, Wahrnehmungs- und Verhaltensmuster dieser sozialen Praxis beeinflussen das Fühlen und Handeln der einzelnen Individuen sowie ihre emotionalen Beziehungen.

Mit diesen Bestimmungen werden die intersubjektive Dimension sowie die soziale Funktion von Emotionen für Organisationen deutlich und fassbar. Die soziale Ausrichtung des Emotionalen ist u. a. bedingt durch gemeinsame Sozialisationen, Ähnlichkeiten von Aufgaben sowie Stabilitätsgrade der Mitgliedschaft (vgl. Heath/Jourden 1997). Gerade der interpersonale Aspekt von Emotionen ist für das soziale Leben in Organisationen von grundlegender Bedeutung. Denn mit der Berücksichtigung zwischenmenschlicher Emotionen sind Organisationen und ihre Kultur nicht nur eine (Sinn-) Gemeinschaft von geteilten und gelebten Werthaltungen (vgl. Sathe 1985); sie stellen vielmehr auch einen emotionalen Wahrnehmungs- und Handlungsverbund dar. Insbesondere in Organisation, wo Menschen in einem begrenzten Kontext zusammenleben, steigt der Einfluss von Emotionen auf das Verhalten und Handeln (vgl. Babad/Wallbott 1986). So tendieren Gruppenmitglieder dazu, Stimmungen und Emotionen zu teilen (z. B. Bartel/Saavedra 2000; George 1996; George/Brief 1992). Dies wird auch durch das Phänomen der »emotionalen Ansteckung« in Organisationen belegt (vgl. Hatfield 1994). Dabei imitieren, synchronisieren oder vervielfältigen Mitarbeiter unbewusst die Gefühle ihrer Kollegen, insbesondere wenn sie mit einer gleichen Situation konfrontiert werden (vgl. Gump/Kulick 1997). Emotionale Ansteckung kann spezifischer bestimmt werden als die Tendenz zu einer automatischen Nachahmung des Gesichtsausdrucks, der Sprache, der Haltung und der Bewegungen einer anderen Person, so dass die gleichen Emotionen erfahren und ausgedrückt werden (vgl. Scherer/Tran 2001, S. 373). Die gruppenbezogene emotionale »Aufladung« erweitert sich dabei mit wechselseitigen Interaktionen, die sowohl den Zusammenhalt wie die Kontinuität der Gruppe fördern (vgl. Hatfield/Cacioppo/Rapson 1992). Nachweislich ist dieser Einfluss von Emotionen auch mit Blick auf die Hilfsbereitschaft erkannt worden (z. B. vgl. Montada/Schneider/Reichle 1988).

Wie Emotionen in Organisationsgemeinschaften soziale Zwecke erfüllen und regelnd das Miteinander bestimmen, soll am Beispiel ihrer »Aufführungsweise« und Wirkungsweise betrachtet werden. Emotionen sind auch und gerade in Organisationen Ergebnis sozio-kultureller Prozesse, die als ein kollektiv definiertes Verhaltens- und Erlebensmuster wirken (vgl. Kapitel 3). Als solche werden Emotionen innerhalb von Gruppen in Organisationen interpretiert, ausgehandelt und als verbindlich vereinbart sowie weiterentwickelt. Als soziale Konstruktionen manifestieren sich Emotionen in Form von Schemata und Rollen. Mit diesen erlernten »Performanzen« inszenieren Emotionen in passenden oder sanktionierten Organisationskontexten spezifische Szenarien. So fungieren z. B. Ärger und Aggression als eine Rollenaufführung zur Anpassung sozialer Beziehungen oder Verpflichtungen im organisationalen Miteinander. Rollen regeln dabei bestimmte Anwendungs- oder Gültigkeitsbereiche des emotionalen Verhaltens der Organisationsmitglieder (vgl. Kapitel 3.4). Dabei findet auch ein »Impressions-Management« Verwendung. Damit werden z. B. Schmeicheleien oder Lob eingesetzt, um ein Gefühl des Stolzes, der Dankbarkeit oder der Zustimmung hervorzurufen (vgl. Wayne/Liden 1995) oder für Vertrauen in Wandlungsphasen zu werben (vgl. Poder 2004). Aber auch Drohungen oder angedeutete Konsequenzen können verwendet werden, um Befürchtungen oder Ängste (vgl. Waldron 2000, S. 74) sowie andere defensive Haltungen auszulösen (vgl. Casey 1995; Jermier 1998; Morris/Feldman 1996, 1997; Willmott 1993). Es geht für die Mitarbeiter nicht nur darum, sich bestehenden Emotionsregeln zu unterwerfen, sondern auch darum, aktiv in Verhandlungsverhältnisse einzutreten. Damit wird innerhalb von gewissen Spielräumen der Verhandlung und der Improvisation über vorgegebene sozio-kulturelle Verhaltensregeln und Normen das emotionale Verhalten in Organisationen ausgerichtet und festgelegt (z. B. über positive oder negative Bestätigung spezifischer Rollenidentitäten in der Organisation). Emotionen stellen dabei ein verhandelbares, aber verbindliches Interpretationsschema für das Miteinander dar. Mit solchem skriptgeleiteten Rollenspiel befähigen Emotionen dazu, bestimmte Bedeutungen zu vermitteln, Anforderungen sowie Konfliktsituationen in Organisationen zu bewältigen (vgl. Eiselen/Sichler 2001, S. 51) und Teamarbeit zu forcieren um Gruppenziele synergetisch zu erreichen.

Sinn und Relevanz des gemeinsamen Handelns werden so ständig auch über Emotionen vermittelt, gemeinsam reproduziert bzw. aktualisiert. In den gefühlten Beziehungen der Mitglieder einer Organisation zeigen und entwickeln sich damit deren gemeinsame Intentionen, Motivationen, Werte und Qualitäten des Zusammenlebens. Sowohl die Verständigung wie auch die Vermittlung einer gemeinsamen Identität werden über emotionale Prozesse erst ermöglicht (vgl. Bosma/Kunnen 2001). Emotional mitbestimmte soziale Identitäten reduzieren dabei auch Rollenkonflikte, weil Wahrnehmungen und Verhaltensweisen nicht nur durch individuelle Interessen, sondern auch durch gemeinsame Gruppenmitgliedschaft geformt werden (vgl. Haslam 2001, S. 304). Das Teilen emotionaler Erfahrungen lässt in Gruppen dabei eine wechselseitige, affektive Verbundenheit, Empathie und Kohäsion entstehen. Diese durchbricht nicht nur die Anonymität des professionellen Arbeitslebens, sondern energetisiert die Gruppendynamik, die motivations- und leistungssteigernd produktive Arbeitsergebnisse hervorbringt (vgl. Frese 1990, S. 289).

Emotionen erweisen sich für das soziale Miteinander in Organisationen allerdings als ambivalent. Einerseits sind sie ein »sozialer Kitt«, der ein Team zusammenschweißen kann und die Grundlage für eine wechselseitige Bindung und Vertrauen bildet. Andererseits können sie aber auch zu einem sozialen »Sprengstoff« werden, der eine Arbeitsgruppe nicht zur Ruhe bzw. zu konzentrierter Arbeit kommen lässt. Emotionen können so demotivierend wirken oder gar destruktiv als Machtmittel zur sozialen Isolierung und zum Mobbing eingesetzt werden. Dazu zählen z. B. Witze auf Kosten anderer, zynische Bemerkungen, öffentliche Bloßstellung und weitere taktische Möglichkeiten emotionaler Manipulation (vgl. Leymann 1996; Zapf et al. 1999; Mittelstaedt 1998). Gerade negative Emotionen (z. B. Aggression, Ärger und Ängste) und »emotionale Dissonanzen« belasten das organisationale Miteinander am Arbeitsplatz sehr (vgl. Ashforth/Humphrey 1995; Abraham 1998a,b, 1999; Rafaeli/Sutton 1987).

Ein negativer emotionaler Wirkungskreis ist anschaulich beim Neid erkennbar. Dieses Gefühl entspringt dem Verlangen, etwas zu bekommen, das ein

Anderer besitzt (vgl. Ulich/Mayring 1992, S. 158 ff.). Am Arbeitsplatz werden insbesondere Begünstigungen und Vorteile anderer Mitarbeiter oder Führungskräfte missgönnt oder mit Missfallen wahrgenommen. Anlässe für Neid können sich sowohl auf materielle Vorteile (z. B. Lohn und Gehalt, Zulagen) als auch auf immaterielle Vorzüge (z. B. Privilegien, Status) beziehen. Eine problematische Wirkungsfolge setzt besonders dann ein, wenn dabei ein Gefühl der Ungerechtigkeit entsteht (vgl. Adam 1977; Bedeian 1995, S. 50 f.; Haldron/Pinder 2000), was sich lähmend und demotivierend auf das Verhalten und das Betriebsklima auswirkt. Welche hohe betriebliche Relevanz dem Neid zukommt, geht aus einer Infas-Untersuchung hervor, derzufolge ungefähr die Hälfte der befragten deutschen Arbeitnehmer den Neid unter Kollegen als ursächlich für ein schlechtes Betriebsklima ansahen (vgl. Wolff 1993, S. 41).

Die meisten emotionalen Konflikte erhöhen den Stress und schränken das Leistungsverhalten sowie die Arbeitszufriedenheit in Organisationen ein (vgl. Morris/Feldman 1996; vgl. Kapitel 5.2.1). Damit verbunden gehen mit negativen Emotionen oft hohe seelische und monetäre Kosten einher (vgl. Panse/Stegmann 1996). Auch wenn viele Spannungen und Konflikte in Teams emotionale Ursachen haben, stellen Emotionen jedoch auch Formen des Umgangs mit problematischen Situationen bereit, z. B. Bewältigungsmöglichkeiten (Coping) (vgl. Kapitel 5.2.2).

Die Ambivalenz von positiven und negativen Gefühlen in organisationalen Beziehungen löst spezifische Reaktionen aus. Diese treten entweder in Form von Einstellungen oder von Verhaltensweisen auf (vgl. Pratt/Doucet 2000). So kann es entweder zu einer Verstärkung von positiven Gefühlen (z. B. in Form von verstärktem Commitment) oder aber zu »Gegenbewegungen« und kontraproduktivem Verhalten bei negativen Gefühlen (z. B. konfrontierende Kritik, Aggressionen, Sabotage) kommen. Als Form emotionaler Distanzierung können zudem Ignorierung, Leugnung bzw. fluchtartige Vermeidung (z. B. Computerspiele am Arbeitsplatz) auftreten. Es ist auch möglich, dass die ambivalenten Gefühle »gesplittet« werden. Dies bedeutet, sie zeitlich aufzuteilen oder hinsichtlich realer und idealer Beziehungen zu verteilen bzw. durch Ausgleiche (»trade-offs«) zu kompensieren (vgl. Pratt/Doucet 2000, S. 218 ff.).

4.3 Emotionsfunktionen im strukturellen Kontext von Organisationen

Mit dieser Betrachtungsebene wird der Bedeutung der strukturell-kontextuellen Dimension von Gefühlen und Emotionen Rechnung getragen. Denn neben den personalen Gefühlen und den interpersonellen Emotionen sind auch »apersonale« Funktionen des Emotionalen in Organisationen zu beachten. Damit wird berücksichtigt, dass Gefühle und Emotionen immer in einem strukturellen Kontext vorkommen, der über einzelne Personen und Gemeinschaften hinausgeht. Mit diesem inter-objektiven Kontext des Emotionalen wird daher die Organisation als kulturelles, institutionelles und funktionales System mit seinen Strukturen und Atmosphären berücksichtigt.

Emotionalität steht im Organisationszusammenhang unter besonders restriktiven strukturellen Bedingungen, die mit Einschränkungen möglicher Verhaltensalternativen einhergehen. Solche Verhaltensrestriktionen äußern sich in Sachzwängen, die als technologische Strukturen (z. B. Maschinen, Computer), organisationale Strukturen (z. B. Stellen, Hierarchien, formaler Aufbau) und/oder hohe Regeldichte bzw. Bürokratie (z. B. Vorschriften, Instanzenwege, Anordnungen) zum Tragen kommen. Allerdings sind es auch Strukturen, die ein Handeln und emotionales Verhalten erst ermöglichen.

Genauer kann die Einbettung von Personen in einen bestimmten Kontext als Betriebs- oder Organisationsklima – und insbesondere als »emotionales Klima« einer Organisation – erfasst werden. Das Organisationsklima übt eine wichtige Funktion aus bzw. trägt sehr zur Konstruktion von Beziehungen der Person(en) und Strukturen bzw. Situationen bei (vgl. Weinert 1998, S. 651). Es sichert eine relativ überdauernde Qualität der inneren Umwelt der Organisation, die durch ihre Mitglieder erlebt wird. Das Organisationsklima beeinflusst sowohl den Gefühlszustand der einzelnen Mitarbeiter wie die emotionalen Beziehungen der Organisationsmitglieder untereinander (vgl. Tagiuri 1969). Wie auch umgekehrt Gefühle und Emotionen wichtige Kriterien sowie Ausdrucks- und Identifikationsmedien für ein produktives und als befriedigend erfahrenes Organisations- und Arbeitsklima sind (vgl. Jones/James 1979; Schneider 1990, S. 388).

> Nach einer empirischen Studie (vgl. INFAS 1995) wurden folgende Hauptfaktoren für ein gutes Betriebsklima genannt (Durchschnittsbevölkerung/Arbeitnehmern im öffentlichen Dienst): Teamgeist (54 %/49 %), selbständiges Arbeiten (45 %/56 %), Kooperation mit den Kollegen (35 %/40 %), Anerkennung durch den Chef (32 %/22 %), Beteiligung an Entscheidungen (28 %/39 %), gerechte Aufteilung der Arbeit (26 %/23 %), Information durch den Chef (24 %/26 %), Anerkennung durch Mitarbeiter (22 %/31 %). Als Faktoren mit offenbar geringerer Bedeutung wurden geregelte Arbeitszeiten (14 %/11 %) sowie die Arbeitsplatzgestaltung (13 %/15 %) genannt.

Abb. 17: Die Bedeutung des Betriebsklimas (INFAS 1995)

Als eine besondere Art des Organisationsklimas kann das emotionale Klima bestimmt werden (vgl. Paez/Asun/Gonzales 1995). Es beeinhaltet eine typische Atmosphäre und organisationale Dynamik, die z. B. zur Generierung von innovativen Ideen, für die Wandelbereitschaft und zur Erleichterung von Lernprozessen überaus wichtig sind (vgl. Tran 1998, S. 101; vgl. Kapitel 5.3.2). Zudem beeinflusst die emotionale Atmosphäre maßgeblich die geteilten Interpretationen der Handelnden, ihr Rollenverhalten in der Organisation (vgl. Pettigrew 1990, S. 429) sowie ihre Spielräume (vgl. Smiricich 1983).

Für das emotionale Klima einer Organisation, oft diffus als »Atmosphäre« bezeichnet, sind natürlich auch Umgebungsfaktoren verantwortlich. Zu nennen sind hier beispielhaft Architektur, Raumgestaltung, Bilder oder Musik (vgl. Takahashi 1995; Ornstein 1986; Oldham et al. 1995; Wasserman/Rafaeli/Kluger 2000; White 1996). Gleichzeitig sind diese Artefakte Symbole, die eine bestimmte Botschaft, geplant oder zufällig, transportieren (vgl. Weibler 1995). So symbolisieren beispielsweise die Kleidung, die in einer Organisation getragen wird, soziale Identitäten und Macht und dienen der Kommunikation von Organisationswerten (vgl. Pratt/Rafaeli 1997). In ihrer Gesamtheit wirken Effekte des physischen Umfeldes auf das emotionale Wohlergehen des Einzelnen ein (Heerwagen et al. 1995, S. 460) und beeinflussen damit dessen sozialen Interaktionen und Arbeitsergebnisse (vgl. Baron 1993; 1994; Davis 1984).

Ein Emotionsklima ist das Ergebnis von körperlich-sinnlichen Erfahrungen, Glaubensvorstellungen und Werten sowie Motivationsprozessen. Dem emotionalen Klima einer Organisation kommt daher eine besondere Bedeutung zu. So wurde der Einfluss von Stimmungen auf das Klima einer Organisation (vgl. Isen/Baron 1991), auf Fehlzeiten und Abwesenheit (vgl. George 1989), aber auch auf das pro-soziale Verhalten (vgl. Williams/Shiaw 1999) und kooperative Gruppenprozesse (vgl. George 1991, 1996; George/Brief 1992) nachgewiesen.

Emotionale Dimensionen, die in einer Organisation als Klima oder Atmosphäre hervortreten, bestimmen nicht nur die Stimmungslagen einer Arbeitsumgebung, sondern auch das Niveau der Kreativität (vgl. Lofy 1998). Werden Gefühle und Emotionen unterdrückt oder negative Emotionen herausgefordert, ziehen sich Mitarbeiter aus einem kreativen Engagement zurück, womit bedeutsame Quellen für ihre organisationale Entwicklung verloren gehen (vgl. Lofy 1998, S. 11). Sind Stimmung und Klima positiv, erhöht dies nicht nur die Arbeitszufriedenheit (vgl. Connolly/Viswesvaran 2000), sondern führt auch zu einer Leistungs- und Produktivitätssteigerung (vgl. Wright/Staw 1999). Ein positives Emotionsklima beeinflusst damit – ceteris paribus – nicht nur die Ertragslage, sondern auch das Wachstum eines Unternehmens.

Dennoch sind auch klimatische Stimmungen ambivalent. So können positive Stimmungen zu einem unrealistischen Optimismus oder einer selbstzufriedenen Einstellung führen, während ein negatives Stimmungsklima zu eher realistischen Wahrnehmungen oder analytischen Einstellungen beiträgt (vgl. Alloy/Abramson 1982; Schwarz/Bohner 1996). Ein Klima der Angst jedoch, in dem z. B. kreative Fehler sanktioniert werden oder das von Diskrepanzen zwischen behaupteter und gegebener Realität der Unternehmenskultur getragen ist, erschwert nicht nur die Entscheidungsfindung, sondern vernichtet auch emotionales Kapital. Denn in einem solchen Klima wird das »Emotionskapital« (innere Motivation, Engagement und Lernpotenzial) stark begrenzt. Zudem reduzieren sich Lernprozesse dann auf reines Anpassungslernen (vgl. Meyer 1999, S. 173). Im Gegensatz dazu fördert ein angstfreies Klima die positiven Erwartungen, persönliche Beziehungen und gemeinsame Erfahrungen. Damit werden nicht nur die Entscheidungen in einer Organisation effektiver und akzeptabler, sondern es wird auch »emotionales Kapital« aufgebaut (vgl. Haumer 1998, S. 160 f.). Gestaltungspraktisch ist zu beachten, dass das Klima einer Organisation nicht direkt steuerbar ist. Dennoch können atmosphärische Aspekte eines emotionalen Klimas für die Verbesserung der Interaktionsumwelt und organisationalen Effizienz berücksichtigt werden (vgl. Bögel 1989; Böhme 1995, S. 35).

4.4 Zusammenfassung und Fazit

Wie deutlich wurde, bilden sich Gefühle und Emotionen in Organisationen aus zahlreichen subjektiven, intersubjektiven und strukturellen Beziehungsprozessen und Zusammenhängen heraus und entwickeln sich mit diesen fortwährend fort. Für jede dieser Ebenen wurden verschiedene, auch ambivalente Einfluss- und Wirkungsbeziehungen diskutiert. Es sind insbesondere die emotionalen Beziehungszusammenhänge und Bindungskräfte, welche die Identität, den Zusammenhalt und die Entwicklung einer Organisation und ihrer Mitglieder ermöglichen. Daher können sowohl die Gefühle des Einzelnen als auch die miteinander geteilten und »inszenierten« Emotionen in Organisationen als relationale Phänomene bzw. Prozesse verstanden werden (vgl. Burkitt 1999; Waldron 2000). Als Beziehungsprozesse beeinflussen Gefühle und Emotionen die Art und Weise, wie Mitglieder von Organisationen ihre eigenen und gemeinsamen Tätigkeiten wahrnehmen, interpretieren, steuern und bewerten (vgl. Waldron 1994). Gefühle und emotionale Beziehungen wie Sympathie, Stolz, Freude, aber auch Furcht, Neid und Ärger üben somit einen großen Einfluss auf die Mitarbeiter sowie ihre Arbeitsbeziehungen aus. Letztlich wird darüber hinaus der strukturelle Organisationskontext und dessen Klima emotional mitbestimmt und wirksam.

Hinsichtlich der Wirkung auf Beziehungen wurde nachgewiesen, dass die Unterdrückung von negativen Gefühlen des Einzelnen (z. B. Ärger und Protest bzw. Rechtfertigungen aus Angst vor Konsequenzen) oder von Gruppen (z. B. Verdrängung von Konflikten, Nichtäußern von berechtigten Beschwerden) zu mehr problematischen und dauerhaft belastenden Beziehungseffekten führt (vgl. Waldron/Krone 1991). Andererseits kann emotionale Unterstützung von Arbeitskollegen (z. B. in Form von Mitgefühl oder Humor) auch Spannungen und Beziehungskonflikte entlasten und überwinden helfen (vgl. Morreal 1997). Schließlich wird auch die Qualität und Wirkungsweise von Beziehungen durch den strukturellen Kontext und das emotionale Klima geprägt, bzw. umgekehrt beeinflussen die Beziehungen auch die äußeren Bedingungen.

Insbesondere, wenn Gefühle Bestandteil der Arbeit bzw. der Dienstleistung selbst sind normieren Organisationen, was als angenehm oder unangenehm gilt, was geliebt oder gehasst, was mit Geduld ertragen oder was aggressiv zurückgewiesen wird (vgl. Trice/Beyer 1993, S. 6.; vgl. Kapitel 5.2.3). Organisationen »normalisieren« so auf vielfältige Art und Weise sozial unerwünschte Gefühle und Emotionen, mit denen selbst ungewöhnliche Situationen als gewöhnlich bestimmt werden. Dies geschieht beispielsweise durch Reduzierung, Neubewertung oder Anpassung von Gefühlen (vgl. Ashforth/Kreinen 2002; Flam 2002, S. 176). Dabei bilden das erlebte Klima und die konkrete Organisationskultur mit ihren Normen, Routinen, Ritualen und formalen wie informellen Beziehungen und Spielräumen den Rahmen für die gefühlsmäßigen und emotionalen Prozesse und die Stellung der Menschen in Organisationen.

Wie bereits erwähnt, sind die beschriebenen einzelnen Ebenen nicht isoliert, sondern in einem vieldeutigen Beziehungs- und Abhängigkeitsverhältnis zu sehen. Organisationen sind demnach emotionale Arenen, die sich aus dem Zusammenspiel von individuellen Gefühlserfahrungen Einzelner, dem sozialen und emotionalen Miteinander von Organisationsmitgliedern sowie strukturellen Bedingungen des Emotionalen ergeben, wie folgende Abbildung zeigt:

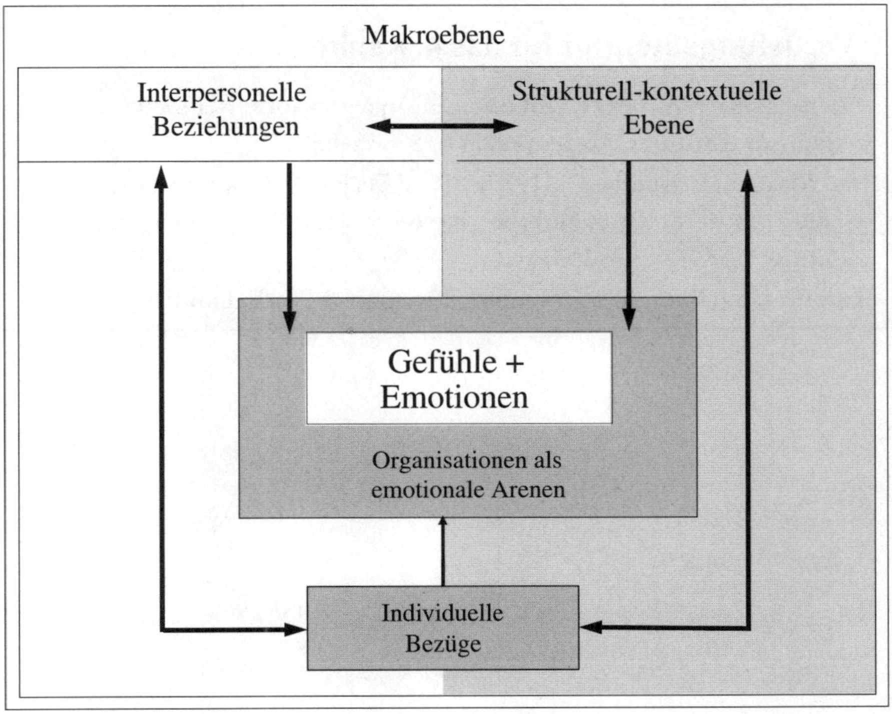

Abb. 18: Bezugsebenen von Gefühlen und Emotionen im Zusammenhang

Wie die Pfeile veranschaulichen, stehen die einzelnen Bereiche in Wechselwirkung zueinander. So beeinflusst nicht nur jede Ebene die Gefühle des Einzelnen und die Emotionen in Beziehungen; die Ebenen können sich auch in ihren Einflüssen wechselseitig abschwächen, neutralisieren oder verstärken. Alle Ebenen werden zudem von einer gesamtwirtschaftlichen und gesellschaftlichen Makroebene umrahmt. Erst diese Beziehungen und ihr Zusammenspiel setzen die emotionalen Energien frei, die den Bestand und die Weiterentwicklung einer Organisation als emotionale Arena maßgeblich bestimmen. Gefühle der Vertrautheit und Verbundenheit, emotionales Engagement und Identifikation entstehen in Organisationen immer aus dem dynamischen Kraftfeld persönlicher Gefühlserfahrungen, geteilter emotionaler Erlebnisse sowie emotionsrelevanter struktureller Bedingungen. All dies macht deutlich, dass auch hier ein integrales Ansatz notwendig ist um zu verstehen, wie Gefühle und Emotionen Organisationen beeinflussen und umgekehrt.

Vertiefungsliteratur für das 4. Kapitel

Domagalski, T. A. (1999): Emotion in organizsations: Main currents, in: Human Relations, 52. Jg. (1999) 6, S. 833–852.

van Maanen, J./Kunda, G. (1989): »Real Feelings«: Emotional expression and organizational culture, in: Research in Organizational Behavior, 11. Jg. (1989), S. 43–103.

Fineman, S. (2003): Understanding Emotion at Work, London

5 Gefühle und Emotionen in der Organisationspraxis

Im vorherigen Kapitel wurde gezeigt, wie sehr Emotionen und Organisationen in einem wechselseitigen Einfluss- und Wirkungszusammenhang stehen. Im Folgenden werden nun spezifische organisationale Anwendungs- und Gestaltungsbereiche des Emotionalen näher untersucht. Dabei orientieren wir uns wiederum an unserem Bezugrahmen (vgl. Kapitel 2.3) bzw. der darin unternommenen Unterscheidung einer individuellen, gemeinschaftlichen und strukturellen Ebene des Emotionalen in Organisationen.

Auf allen diesen Ebenen äußern sich Gefühle bzw. Emotionen als ein energetischer Faktor. Von Emotionen geht eine energetisierende Kraft für das Verhalten und Handeln aus. Wie anhand der Informations- und Bewertungsfunktionen dargestellt, vermitteln Gefühle und Emotionen zudem eine Einschätzung des jeweiligen Zustandes und zeigen, welche Energien für weiteres Verhalten aufgebracht werden müssen. Emotionale Energien stellen damit einen besonderen Machtzusammenhang dar (vgl. Valley/Lingo 2001; Poder 2004). Macht, verstanden als Potenzial, Energien zu mobilisieren und gegen Widerstand auszurichten, formiert Willenskräfte des Einzelnen, beeinflusst aber immer auch zwischenmenschliche Interaktionen sowie die Organisation als Institution.

Beim Einzelnen manifestiert sich emotionale Energie z. B. in Form des Selbstvertrauens, als selbstversichernde, zukunftsorientierte Erwartungshaltung oder als Selbstprojektion (vgl. Barbalet 1996), gelegentlich auch als emotionale Distanzierung. Darüber hinaus zeigt sich die emotionale Energie des Einzelnen im Vertrauen gegenüber anderen und Loyalität gegenüber Institutionen.

Analog zum Einzelnen äußert sich emotionale Energie in Interaktionsbeziehungen darin, dass sie Menschen in Gruppen mobilisiert (z. B. motiviert) oder aber demobilisiert (z. B. entmutigt). Emotionale Energie wird dabei durch verbale, schriftliche oder non-verbale (z. B. Gesten, Haltungen) Austauschprozesse generiert, ausgedrückt und vermittelt. Die emotionalen Energien des Einzelnen und von Gruppen sind dabei im funktionalen Organisationskontext verankert. In den Augen des Emotionsforschers ermöglicht so z. B. ein strukturelles Empowerment eine bestimmte emotionsgetragene Arbeitsausführung. Verschiedene Energiezonen (z. B. Aggressions-, Bequemlichkeits- oder Resignationszonen) und »Energiefallen« (z. B. Beschleunigungs- oder Lähmungsfallen) sowie »Energietreiber« in Organisationen sind dabei zu unterscheiden (vgl. Bruch/Ghoshal 2003). Zur Beschreibung verschiedener Energiezustände bieten sich dann z. B. die Dimensionen Intensität und Qualität organisationaler Energie an (vgl. Bruch/Vogel 2005).

Als erstes Anwendungsfeld werden im Weiteren nun Gefühle als personale Energie des Einzelnen mit Bezug auf die Bereiche Motivation, Atttribution, Volition, Flow, Commitment und emotionale Intelligenz betrachtet. Anschließend wird dann der interaktive Leistungszusammenhang von Emotionen und Arbeit untersucht. Dabei behandeln wir insbesondere die Bedeutung von Arbeitszufriedenheit, Stress sowie Gefühls- bzw. Emotionsarbeit im Organisationszusammenhang. Abschließend wird mit Bezug zum strukturellen Kontext die Relevanz des Emotionalen für den Wandel und das Lernen in Organisationen herausgearbeitet.

Die hier vorgenommene analytische Unterscheidung und dimensionale Zuordnung dient nur der ersten Orientierung. De facto sind alle beschriebenen Anwendungs- und Gestaltungsfelder immer in einen integralen Zusammenhang individueller, sozialer und struktureller Ebenen und Prozesse eingebunden. Zum Ende dieses Anwendungskapitels werden dann noch Möglichkeiten eines Emotionsmanagements sowie Konzepte emotionaler Intelligenz erörtert.

5.1 Wovon die gefühlsmäßige Bindung des einzelnen Mitarbeiters abhängt

5.1.1 Gefühle bewegen zum Handeln

Bereits zuvor wurde mit dem etymologischen Verständnis von »Emotion« als Bewegungsmoment auf die motivationale Dimension der Gefühle hingewiesen (vgl. Kapitel 2.1). Die Motivationsfunktion der Gefühle dient demnach dazu, positive Befindlichkeiten zu maximieren und negative zu minimieren. Auch wurden erste Einflusszusammenhänge zwischen Verhalten, Motivation und Gefühlen genannt und Bewertungsfunktionen des Emotionalen aufgezeigt. Darüberhinaus sollen nun diese Einflüsse und Funktionen der Gefühle in Organisationen näher betrachtet werden. Gefühle und Emotionen beeinflussen als motivationale Mediatoren und Stimmungen die Handlungsauswahl und -ausführung, also auch das Leistungsverhalten der Mitarbeiter (vgl. Abele 1999). Die Auswirkungen auf die Leistungen variieren dabei mit den jeweiligen Anforderungen bzw. dem jeweiligen Typus der Tätigkeit (vgl. Kuhl 1983).

Gefühlsmäßige Vorgänge üben eine motivationale Wirkung u. a. dadurch aus, dass sie den Wunsch nach Aufrechterhaltung positiver Zustände bzw. nach Veränderung negativer Befindlichkeiten beeinflussen. Gefühle können aber auch – z. B. als Interesse – zum Engagement für neuartige Tätigkeiten führen (vgl. Izard 1994, S. 255 ff.). Grundsätzlich liegen die Wirkungen von Gefühlen und Emotionen im organisationalen Arbeitskontext darin, dass sie die »motivierende Agenda« (George/Brief 1996) durch eine Fokussierung der Aufmerksamkeit bestimmen und das individuelle bzw. soziale Verhalten in Organisationen energetisieren.

Motive und Motivationsprozesse haben umgekehrt aber auch Einfluss auf Gefühle. Als Beweggründe des Handelns setzen sie emotionale Energien frei und lösen bei Zielerreichung (bzw. -verfehlung) positive (bzw. negative) Empfindungen aus. So bewirken Motive einerseits, dass Personen aktiv nach Situationen (z. B. Leistungskontext) oder Belohnungen (z. B. Lob) suchen, die eine Befriedigung ihrer Motive versprechen; andererseits können Personen ohne eigenes Zutun in Situationen geraten, die sie anstreben. Diejenigen Situationen oder Situationselemente, die bestimmte Bedürfnisse (nicht) ansprechen und dadurch eine Motivation potenziell erzeugen (verhindern), werden als positive (negative) Anreize bezeichnet. Als situative Anregungen sind Anreize »reizvoll«, indem sie Menschen emotional ansprechen und bewegen, also als Motivation verhaltenswirksam werden. Andererseits sind mit Demotivationserfahrungen im Arbeitsleben auch negative oder belastende emotionale Erlebnisse verbunden (vgl. Wunderer/Küpers 2003). Schließlich haben aber auch subtile Stimmungen mit ihren informativen und indirekt energetisierenden Funktionen motivationale Wirkungen auf das (Leistungs-)Verhalten (vgl. Abele 1995; Abele-Brehm/Gendolla 2000, S. 299 f.).

Die Bedeutung des Emotionalen kann anhand verschiedener Motivationstheorien untersucht werden. Herkömmliche Motivationstheorien kann man vereinfacht in zwei Schulen einteilen: Jene, die sich primär mit der Frage nach den Motivationsinhalten beschäftigen (sog. Inhaltstheorien der Motivation) und jene, die sich in erster Linie mit kognitiven Bewertungsprozessen von Handlungsalternativen auseinander setzen (sog. Prozesstheorien der Motivation). Es würde den Rahmen dieses Buches übersteigen, diese Motivationstheorien umfassend vorzustellen (vgl. dazu Rheinberg 2004; Nerdinger 2003; Wunderer/Küpers 2003). Deshalb werden nur die wichtigsten Bezüge der Inhalts- und Prozesstheorien zum Emotionalen vorgestellt.

Im Anschluss an Maslows inhaltstheoretischen Ansatz (vgl. 1978, bes. S. 166 ff., S. 319 ff.) kann gesagt werden, dass gefühlsbedingte oder emotionale Potenziale und Praktiken von grundlegender Bedeutung für das persönliche Wachstum und die Selbstverwirklichung des Menschen sind. Nach Alderfers Ansatz (vgl. 1972) können Grundmotive (Grundbedürfnisse, soziale Beziehungen und Selbstentfaltung) frustriert werden. Frustration meint einen emotionalen Zustand der Enttäuschung. Dabei wird eine vom Individuum angestrebte Bedürfnisbefriedigung durch ein äußeres Hemmnis, das jenseits seiner Kontrolle liegt (z. B. strukturelle Einflüsse), verhindert. Die damit verbundenen Enttäuschungen reduzieren nicht nur die Zufriedenheit, sondern auch die Bereitschaft, einen unbefriedigenden Zustand zu überwinden. Frustrationen haben unterschiedliche Verhaltenskonsequenzen. So können sie zur konstruktiven Suche nach Überwindungsmöglichkeiten, aber auch zu destruktiven Formen führen.

Nach Herzberg (vgl. 1966, 1978, 1987; Herzberg/Mausner/Snyderman 1959) werden durch die Nichtbefriedigung von Frustratoren, die so genannten Hygienefaktoren (z. B. Unternehmenspolitik bzw. -organisation, Beziehung zu Kollegen) Unzufriedenheit und damit auch negative Gefühlszustände oder Emotionen ausgelöst. Ihr Vorhandensein ruft dagegen noch keine positiven Gefühle oder Emotionen hervor. Leistungsmotivationen bewirken nach Herzberg nur die zufriedenheitsstiftenden Motivatoren, die sich auf die intrinsischen Aspekte der Arbeit beziehen (z. B. Leistung, Anerkennung, Arbeitsinhalt, Verantwortung, Aufstieg). Allerdings abstrahiert das Modell von den individuellen Bedürfnissen und Gefühlen der Mitarbeiter sowie von situativen Bedingungen des emotionalen Erlebens (z. B. Arbeitsplatzgegebenheiten). Zudem werden emotional relevante Zwischenbereiche von Zufriedenheit und Unzufriedenheit nicht erfasst. Damit wird es der komplexen menschlichen Motivation und Emotionalität nicht gerecht (vgl. auch Wunderer/Grunwald 1980, Bd. I. S. 194 ff.; Kniehl 1998, S. 111; Wunderer/Küpers 2003, S. 108).

Im Ansatz von McClelland (1987) wird das spezifische Zusammenspiel von Bedürfnissen erfasst und untersucht. McClelland analysierte insbesondere die Leistungs-, Affiliations- und Machtbedürfnisse sowie das Vermeidungsmotiv, Die Bedürfnisse nach Leistung, Zugehörigkeit, Macht oder Vermeidung sind dabei oft durch emotionale Prozesse energetisiert oder durch Gefühle in ihrer Verwirklichung eingeschränkt. Da sich das Vermeidungsmotiv auf die Vermeidung von negativen emotionalen Erfahrungen wie Versagen, Ablehnung oder Misserfolg bezieht, spiegelt es die anderen drei Bedürfnisklassen wider. Interessanterweise hängt eine höhere Leistungsbereitschaft nicht nur von Leistungsmotiven ab, sondern kann auch durch den Wunsch nach Vermeidung von Sanktionen oder durch das emotional getragene Ziel, jemandem zu helfen, begründet sein (vgl. French 1955, S. 232–236; McClelland 1987, S. 229). Da alle Motive immer individuell geprägt sind, gibt es Unterschiede zwischen wahrgenommener Motivstärke und tatsächlicher Motivlage des Einzelnen (vgl. Kniehl 1998, S. 107; Weinberger/McClelland 1990, S. 581).

Das Hauptproblem der Inhaltstheorien liegt v. a. in der Annahme, dass ein attraktives inhaltliches Motivationsangebot bereits ein erwünschtes Leistungsverhalten sichere. Emotionale Probleme, die mit Motivationen entstehen, können auf diese Weise jedoch nicht hinreichend gelöst werden.

Die kognitiv orientierten Prozesstheorien der Motivation gehen von einem rational entscheidenden und Nutzen maximierenden Menschen aus. Grundmodell der Prozesstheorien ist die so genannte »Valenz-Instrumentalitäten-Erwartungs-Theorie« von Vroom (1964), die hier nicht vertieft werden soll (vgl. dazu Wunderer/Küpers 2003, S. 115 ff.). Vielmehr sollen die Komponenten dieses Modells auf Emotionen bezogen werden. So führen einerseits belastende emotionale Erfahrungen zu niedrigen Valenzen und geringen Erfolgserwartungen; zudem schränken sie die Suche nach instrumentellen Realisierungsprozessen ein. Umgekehrt belasten Probleme der Valenz, Erwartung oder Instrumentalität die Mitarbeiter emotional.

In den Prozesstheorien werden emotionale Prozesse allerdings unterschätzt bzw. vernachlässigt (vgl. Blankenship 1985, S. 161–170; Pekrun 1988, S. 200 ff.). Bedingt durch die überbewertete kognitive Orientierung werden gefühlsgesteuerte Verhaltensweisen, unbewusstes Gewohnheitshandeln sowie auch willentliche Handlungsprozesse ausgeklammert (vgl. Wiswede 1980, S. 140 ff.; Rosenstiel, v. 1992a, S. 379 ff.; Nerdinger 1995, S. 103). Die Erwartungs-Wert-Modelle werden entsprechend als zu rationalistisch, objektivistisch und universalistisch kritisiert (vgl. Heckhausen 1989, S. 188).

Ungeklärt bleiben v. a. die emotionalen Einflüsse der unterstellten rationalen Bewertung und Auswahl verschiedener Alternativen. So sind nicht nur die Wahlmöglichkeiten und Präferenzen relevant, sondern auch konkrete, emotionale Anstrengungen im Leistungsprozess. Ebenso sind die Auswirkungen einer Handlungsauswahl durch emotionale und willentliche Prozesse mitbestimmt. Auch sind Veränderungen der Erwartungen und Valenzen durch Lernprozesse (vgl. Herber 1976, S. 150) sowie angenommene positive oder negative Konsequenzen des Verhaltens zu berücksichtigen. Gerade solche emotionsrelevanten Attributionen (vgl. Kapitel 5.1.2) spielen bei Motivationsprozessen eine wesentliche Rolle (vgl. Mitchell 1995; Kniehl 1998, S. 168).

Bei den Arten der Motive und den Steuerungsformen der Motivation wurde bereits zwischen intrinsischen und extrinsischen Orientierungen unterschieden. Beide stehen auch in einem spezifischen Verhältnis zu Gefühlen. So wurden emotionale Aspekte als wichtige Komponenten intrinsischer Motivation erkannt (z. B. White 1959). Auch bauen viele Modelle intrinsischer Motivation auf einem Emotionskonzept auf (z. B. Deci 1975). Hinsichtlich der intrinsischen Orientierung wird unterstellt, dass je intensiver das Gefühl der eigenen Tüchtigkeit (z. B. Kompetenzerleben) und je ausgeprägter eine Selbstbestimmung im emotionalen Erleben ist, desto stärker der Mitarbeiter (selbst-)motiviert sein wird. Entscheidend ist damit die innere Lokalisierung der Ursachenfaktoren, die der Handelnde für das angestrebte oder erreichte Ergebnis verantwortlich macht (vgl. Heckhausen 1989, S. 458; Deci/Ryan 1987).

Intrinsische Motivation wird verbunden mit reicherer Erfahrung, besserem konzeptionellen Verstehen, größerer Kreativität und einem flexibleren Problemlösungsverhalten. Eine solchermaßen intrinsisch motivierte Arbeitseinstellung verringert nicht nur die Überwachungs- und Disziplinierungskosten, sondern erhöht auch das emotionale Wohlbefinden (vgl. Frey 1997, S. 99). Nach Bradburn (1969) ist ein emotionales Wohlergehen des Einzelnen abhängig von der Balance zwischen positiven und negativen Affekten (vgl. auch Heidegger 1986; Dreyfus 1991). Emotionales Wohlergehen von Mitarbeitern verringert Absenzen und verbessert deren Arbeits- und Lebenszufriedenheit (vgl. Warr 1999; Suh et al. 1998). Des Weiteren steigert es auch das Engagement, insbesondere im Bereich des pro-sozialen Verhaltens (vgl. Fredrickson 1998; Isen 1987), und erhöht die Kreativität und Produktivität von Organisationen (vgl. Spector 1997; Keyes 2000). Zudem können mit intrinsischen Orientierungen gemeinsame Ressourcen besser genutzt, implizites Wissen besser übertragen und Innovationen forciert werden (vgl. Frey/Osterloh 2000, S. 35 f.). Dies wirkt sich wiederum positiv auf die Gefühlszustände des Einzelnen und das emotionale Miteinander aus.

Die Bedeutung einer intrinsischen (Selbst-)Motivation wird auch durch die Kritik an einer extrinsischen Motivierungspolitik deutlich, die Mitarbeiter allein mit Belohnung und/oder Sanktionierung (z. B. Strafe bzw. Belohnungsentzug) zu bestimmten Verhaltensweisen zu bewegen versucht. Einem solchen Ansatz liegt ein einseitiges, ökonomistisches Menschenbild zugrunde (vgl. Kapitel 1). Es wird unterstellt, dass Menschen ungern freiwillig arbeiten und deshalb mittels Belohnung oder Bestrafung dazu gebracht werden müssen. Noch problematischer ist, dass äußere Belohnungen den Eindruck einer Fremdsteuerung vermitteln und das Interesse und die Freude an der Arbeit untergraben können (vgl. Deci/Ryan 1985). Extrinsische Motivierungsansätze beinhalten damit die Gefahr, die intrinsische Motivationsorientierung und deren emotionale Potenziale zu verdrängen (vgl. Frey 1997; Frey/Osterloh 2000). So sinken emotionales Engagement und intrinsische Motivation, wenn sich Beschäftigte ungerecht behandelt fühlen (z. B. bei der Entlohnung) oder berechtigte Ansprüche nicht geltend machen können (vgl. Cropanzano/Folger 1991). Auch wird, so die Annahme, ein Fehlen von Verteilungsgerechtigkeit (z. B. Unterbezahlung relativ zu Vergleichspersonen) oder eine mangelhafte Honorierung von Engagement die emotionalen Energien und damit die Leistung der betroffenen Mitarbeiter reduzieren. Überbezahlung führt dagegen nur kurzfristig zu einer Leistungssteigerung (vgl. Konrad/Pfeffer 1990). Äußere Anreize können die intrinsische Motivation und damit das emotionale Engagement unter bestimmten Umständen jedoch auch kräftigen (»Verstärkungseffekt«) (vgl. Frey 1997; Frey/Osterloh 1997).

Insgesamt bleibt aber festzuhalten, dass der Einsatz extrinsischer Anreize nur begrenzt motivationssteigernd wirkt. Mit einem undifferenzierten Einsatz solcher Anreize können hingegen dysfunktionale Wirkungen auf den Gefühlszustand Einzelner sowie emotionale Belastungen im Gruppen- und Organisationskontext einhergehen (vgl. auch Deci 1995, S. 51; Sprenger 1995, S. 20). Der Versuch, fehlendes intrinsisches und emotionales Engagement vorrangig über Mechanismen extrinsischer Belohnungskalküle ausgleichen zu wollen, ist problematisch, oft gar verfehlt. Ein bloßer Ausgleich beeinträchtigter intrinsischer Faktoren und emotionaler Defizite durch extrinsische Anreize (z. B. als eine Art »Schmerzensgeld«) löst nicht die Ursachen des Motivationsproblems, kaschiert sie vielmehr. Ferner impliziert eine Funktionalisierung der Gefühle »die Gefahr ihrer Missachtung und der Unterminierung ihrer motivierenden Kraft« (Ortmann 2003, S. 306). Da intrinsische Motivation freiwillig ist, kann sie nicht einfach »erzeugt« oder eingefordert werden. Vielmehr sind günstige Voraussetzungen für ihr Entstehen zu schaffen, z. B. ein befriedigendes Kompetenzempfinden (vgl. Thomas 2000) oder eine Reduktion von Verdrängungseinflüssen durch persönliche, kontaktintensive Beziehungen oder ggf. (vermehrte) Partizipation. Dies kann dann dazu beitragen, die mit einer intrinsischen Orientierung einhergehenden emotionalen Energien freizusetzen.

5.1.2 Gefühle ordnen Geschehnisse ein

Die Bedeutung von Zuschreibungsprozessen wurde bereits im Rahmen der kognitionswissenschaftlichen Theorien aufgezeigt (vgl. Kapitel 3.2). »Attribution« kann demnach allgemein als ein Interpretationsprozess verstanden werden, bei dem soziale Handlungen und Ereignisse bestimmten Gründen oder Personen ursächlich zugeschrieben werden (vgl. Six 1987; Mitchell 1995). Solche Zuschreibungsprozesse verringern Mehrdeutigkeiten und dienen dem Verstehen des eigenen und fremden Handelns.

Wie bereits beschrieben, hängt das Motivationsverhalten auch von der subjektiven Erfolgserwartung und -zurechnung der Mitarbeiter ab. Diese Erwartungshaltung wird u. a. bestimmt von emotionalen Konflikten zwischen

Hoffnung auf Erfolg und Angst vor Versagen (vgl. Atkinson 1958, 1975). Für die Erfolgszuschreibung wurden spezifische Einflussfaktoren bestimmt (vgl. Heckhausen 1989, S. 424): Begabung und Anstrengung gelten als personenabhängige, Aufgabenschwierigkeit und Zufall/Glück als personenunabhängige Ursachen; Begabung und Aufgabenschwierigkeit gelten als zeitlich konstante (stabile) Ursachen, während Anstrengung und Zufall/Glück als zeitlich instabil (variabel) gelten. Aus der kausalen Attribuierung ergeben sich verschiedene emotionsrelevante Konsequenzen und Rückkoppelungseffekte.

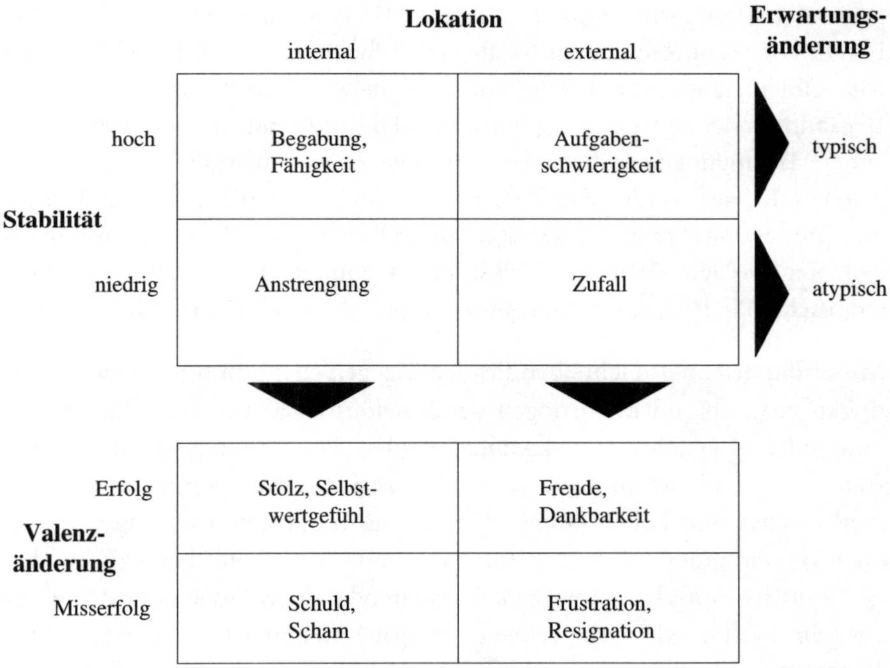

Abb. 19: Folgen unterschiedlicher Kausalattribuierung (Gebert/v. Rosenstiel 1996, S. 70)

Aus den stabilen Faktoren Begabung und Aufgabenschwierigkeit ergeben sich eher typische Erwartungsänderungen, während die instabilen Determinanten Anstrengung und Zufall zu atypischen Veränderungen der Erwartungen führen. Personenabhängige Ursachen (internale Lokation) führen demnach zu einer emotionalen Valenzänderung, die sich bei Erfolg als Stolz und Selbstwertgefühl, bei Misserfolg als Schuld- oder Schamgefühl äußert. Demgegenüber führen situationsabhängige Ursachen (externale Lokation) bei erfolgreichen Ergebnissen zu Freude und Dankbarkeit, während sich bei Misserfolg negative Gefühle wie Frustration und Resignation ergeben. Diese Emotionen beeinflussen das weitere (Motivations-)Verhalten der Mitarbeiter. Zudem werden negative Ereignisse, die eine andere Person erlebt, oft dem Zufall und nicht der Person zugeschrieben und äußern sich dann als Mitgefühl.

Aus Korrelations- und Experimentalstudien wurden persönlichkeitsspezifische Konzepte der Ursachenzuschreibung für Erfolg bzw. Misserfolg abgeleitet (vgl. Weiner 1976, S. 36–49; Herber 1976, S. 67; Gebert/v. Rosenstiel 1996, S. 54). Demnach sind die emotional vermittelten Attributionen als positive und negative Antizipationen (z. B. Hoffnung auf Gelingen oder Furcht vor Scheitern) überaus einflussreich für die individuelle Erfolgs- oder Misserfolgsorientierung. Erfolgsmotivierte neigen dazu, Erfolge der eigenen Begabung oder Anstrengung zuzurechnen, während sie für Fehlschläge äußere Bedingungen (z. B. eine ungünstige Arbeitssituation) verantwortlich machen. Erfolge werden damit als intern verursacht, zeitlich stabil und global interpretiert, während Misserfolge als extern verursacht, labil und lokal gedeutet werden. Wer sich selbst etwas zutraut, wird auch versuchen, anspruchsvolle Bedürfnisse zu realisieren und ist so zielorientiert motiviert.

Misserfolgsorientierte schreiben Erfolge dagegen eher günstigen Arbeitssituationen zu, während Erfahrungen des Scheiterns v. a. auf mangelnde Begabung oder Motivation zurückgeführt werden. Die Leistung ist bei mittlerer Aktivierung am höchsten, während bei geringer Aktivierung keine Aufmerksamkeit und bei zu hoher Aktivierung »unproduktive Aufgeregtheit« oder Verkrampfung entsteht. Erfolgsmotivierte Mitarbeiter bevorzugen eher eine mittlere Aufgabenschwierigkeit, während negativ eingestellte Mitarbeiter sehr leichte oder sehr schwere Aufgabenstellungen favorisieren. Dies geschieht, weil sehr einfache Aufgaben erfolgreich bewältigt werden, während schwierige Aufgaben ein Alibi für Versagen liefern (vgl. Herber 1976, S. 67; Campbell/Pratichard 1976, S. 113). Um bei misserfolgsorientierten Mitarbeitern zielgerichtete Aktivitäten auszulösen, reicht es nicht, bedürfnisbefriedigende Optionen attraktiv zu gestalten und zu präsentieren. Vielmehr müssen ihre Erfolgseinschätzungen und Zuschreibungen von Zielen und Mitteln positiv beeinflusst werden (vgl. Weiner 1976; Yukl 1994, S. 265 f.).

Hinsichtlich der Leistungsbeurteilung von Mitarbeitern durch den Vorgesetzten zeigt sich, dass Führungskräfte dazu neigen, für schlechte Leistungen eher den Mitarbeiter oder ihr eigenes Führungsverhalten verantwortlich zu machen (vgl. Mitchell 1995; Brown/Mitchell 1986). Diese Tendenz nimmt jedoch mit der Erfahrung des Vorgesetzten (vgl. Mitchell/Liden 1982; Mitchell/Kalb 1982; Weibler 2001) sowie mit der Möglichkeit zu intensiver Gesprächsführung ab (vgl. Gioia/Sims 1986). Ferner spielt bei der Bewertung der Leistung die Beziehungsqualität zwischen Vorgesetztem und Mitarbeiter eine entscheidende Rolle (vgl. Heneman/Greenberger/Anonyuo 1989). Bei guten Beziehungen werden erfolgreiche Ergebnisse häufiger Mitarbeitern zugerechnet, während schlechte Resultate auf externe Faktoren bzw. eigenes Führungsverhalten zurückgeführt werden.

Die Attributionstheorie zeigt, dass soziale Wirklichkeit nicht einfach gegeben ist, sondern von Handlungsträgern auf der Basis ihres Weltbildes oder über Interpretationen Dritter hergestellt wird. Diese Erkenntnis macht emotional beeinflusste Denk- und Bewertungsmuster bewusst und dadurch prinzipiell veränderbar. Dies gilt für Selbstzuschreibungen der Mitarbeiter wie für Verhaltensweisen der Führungskräfte, z. B. Beurteilungsfehler oder unzureichende Anerkennung (vgl. Mitchell 1995).

Kausale Zuschreibungen sind allerdings nur ein Aspekt des emotionalen Verhaltens. Die vielfältigen und vernetzten Einflüsse personaler, interpersoneller sowie struktureller und situationsabhängiger Faktoren des Emotionalen übersteigen einfache Ursache-Wirkung-Attributionen und sind zudem kulturkreis- und gesellschaftsabhängig (vgl. Stipek 1998, S. 62 f.). Emotionsrelevante Ereignisse und Bedingungen von Motivationsprozessen haben nie nur »einen« Erwartungswert bzw. »den« Anreizwert, sondern sind immer kontextabhängig (vgl. Herber 1976, S. 113). So können extreme Ausprägungen der Leistungsmotivation für den Einzelnen u. U. sogar negative (emotionale) Konsequenzen haben (vgl. Friedman/Roseman 1977, S. 202 ff.). Entscheidend ist, von wem, wann und in welcher Weise ein zugeschriebenes Verhalten oder Ergebnis erwartet und beurteilt wird. Fremdbeurteilungen wie Lob und Tadel können dabei auch »paradoxe Effekte« haben. Unter bestimmten Bedingungskonstellationen kann Lob zu einem Gefühl der Unfähigkeit führen, Tadel dagegen als ein Ausdruck von Wertschätzung des eigenen Leistungspotenzials interpretiert werden (vgl. Rheinberg 1988).

Als wichtige attributionstheoretische Konsequenz ergibt sich die Notwendigkeit eines regelmäßigen Feedbacks zum Stand der Zielerreichung und zur Diskussion (emotionaler) Gründe für positive oder negative Abweichungen (vgl. Kniehl 1998, S. 173; Farr 1993).

5.1.3 Fühlen und Wollen hängen zusammen

Bisher haben wir verschiedene emotionsrelevante Prozesse von Motivation und Attribution beschrieben. Intentionen und Zielen werden jedoch erst über fokussierte emotionale Energie umgesetzt. Damit ist eine psychische Kompetenz angesprochen, die alltagssprachlich mit »Willen« bezeichnet wird. Gerade Willensprozesse sind für Vorgänge in Organisationen von grundlegender Bedeutung (vgl. Kniehl 1998, S. 175; Kuhl 1983, S. 304).

Motivationsprozesse → Intentions-Bildung
Attributionsprozesse → Intentions-Zuschreibung
Willensprozesse → Realisation von Vorhaben durch fokussierte Energie

Seit längerem hat sich die Willenspsychologie mit dem energetischen Wollen sowohl als Mittel zur Zielerreichung als auch als Kraft gegenüber Widerständen beschäftigt (vgl. bereits Ach 1935). Die Berücksichtigung der so genannten »Volition« basiert dabei auf der Idee, dass Menschen intentionale Wesen sind, die über einen mehr oder weniger freien Willen verfügen. Der Wille spielt zur emotionalen Selbststeuerung der Persönlichkeit eine wichtige Rolle (vgl. Kuhl 1998). So kann der Wille z. B. über eine Ausrichtung der Aufmerksamkeit auch Gefühle kontrollieren oder Gefühlslagen gezielt beeinflussen.

Aufbauend auf dem Handlungsmodell von Heckhausen (1989), können in einem integrativen Grundmodell willensbezogene Dimensionen über folgende Differenzierungsebenen unterschieden werden:

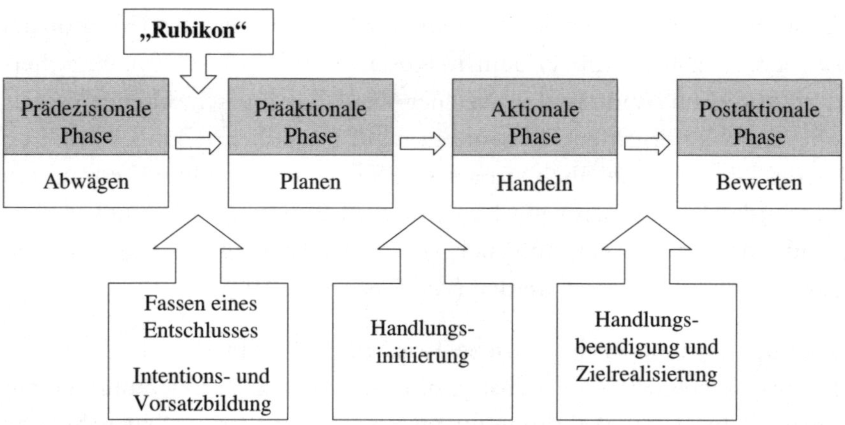

Abb. 20: Vereinfachtes Grundmodell der Volition (nach Heckhausen 1989, S. 203 f.)

Phasenspezifische Handlungsorientierungen setzen sich also zusammen aus:

- basaler Disposition (Wünschen)
- vor-entscheidungsorientierter Motivation (Abwägen und Wählen)

. . . .

- vor-handlungsorientiertem Wollen (Intendieren und Planen)
- handlungsorientiertem Wollen (Initiieren und Handeln)
- nach-handlungsorientierter Motivation (Beenden und Bewerten)

Auf der Basis der Grunddisposition (Motivgenese und Grundorientierung) werden in einer Vor-Entscheidungsphase (»prä-dezisional«) i. S. einer Selektionsmotivation und Realitätsorientierung verschiedene Optionen abgewogen und ausgewählt. Meist schließt der Handelnde den Prozess der Selektion mit einer klaren Entscheidung für eine bestimmte Aktion ab. Zwischen den Phasen des Abwägens und der darauf folgenden Intention wird dabei ein Grenzbereich (»Rubikon«) überschritten, hier als gepunktete Linie dargestellt.

Der Rubikon ist ein kleiner Fluss bei Rimini im Nordosten Italiens, der in der Antike die Grenze zwischen der Provinz Gallien (Gallia Cisalpina) und dem italienischen Stammland markierte. Caesar eröffnete mit der Überschreitung des Rubikon am 11. Januar des Jahres 49 v. Chr. einen folgenreichen Bürgerkrieg. Mit der Überschreitung hatte er sich endgültig für einen Krieg entschieden, von dem es nun kein Zurück mehr gab. Von nun an setzte er zielstrebig alles daran, den Krieg zu gewinnen. Die vorangegangene Phase des Zauderns und Abwägens war damit endgültig vorbei und es begann sein Siegeszug gegen Rom, das er dann mit unbeschränkter Macht regierte. Von daher leitet sich die Redewendung »den Rubikon überschreiten« ab, dies i. S. von einen entscheidenden Schritt tun bzw. zu einem unwiderruflichen Handeln kommen. Bekannt geworden ist auch Caesars Ausruf vor der Überschreitung: »Der Würfel ist gefallen [geworfen]« (»Alea iacta est«, meint: Die Sache ist beschlossen).

Nach der teilweise unbewussten Motivationsauswahl kommt es zur dann zur bewussten intentionalen Volition, mit der absichtsvoll ein bestimmtes Ziel angestrebt wird. In der so genannten Vor-Handlungsphase (»prä-aktional«)

werden im Sinne einer Realisierungsorientierung die handlungsbestimmenden Zielintentionen definiert und geplant. Dies umfasst neben der Stärke und Dringlichkeit der Zielintention auch die Günstigkeit der Gelegenheit oder die Anzahl und Qualität der verpassten Gelegenheiten und Fehlversuche. Emotionale Probleme (z. B. Stress) treten auf, wenn es in dieser Phase nicht zur Einleitung des konkreten Handelns (aktionale Phase) kommt. In der so genannten Nach-Handlungsphase (»post-aktional«) erfolgt mit einer Regulierungsorientierung die Bewertung des Prozesses und der Ergebnisse. Dabei wird wiederum die evaluative Funktion des Emotionalen deutlich.

Die Differenzierung des beschriebenen Willensmodells hat den Vorteil, dass emotionale Probleme beim Intentionsprozess und bei der Selektions- sowie Realisationsmotivation getrennt werden können. Damit werden neben kognitiven auch emotionale Prozesse als Teil des Willens berücksichtigt (vgl. Pekrun 1988, S. 190 f.). Auch wird erkennbar, wie sehr Gefühle auf die verschiedenen Handlungsphasen einwirken bzw. wie die Handlungsumsetzung durch Realisierungs- und Bewertungsprozesse beeinflusst wird. Gefühle können dabei die verschiedenen Phasen fördern (z. B. Energetisierung, Fokussierung) oder blockieren (z. B. Hemmungen, Verharrungstendenzen). Das Modell bietet zudem Ansatzpunkte für gezielte Interventionen, z. B. Feedbacks für eine effektive Durchführungskontrolle in aktionalen Willensphasen oder Trainingsprogrammen (vgl. Kniehl 1998, S. 235; Frayne/Geringer 1993, S. 301; Latham/Frayne 1989, S. 412; Andrasik/Heimberg 1982, S. 219). Kritisiert wurde das Modell wegen seiner linearen Anordnung, die keine Umkehrmöglichkeiten zulässt (vgl. Puca 1996, S. 52 f.). Auch wird eine eindeutige Unterscheidung von motivationalen und willentlichen Phasen bezweifelt. So können sich Motivations- und Willensphasen für verschiedene, unabhängige Handlungsziele überlagern. Denn bereits das Wünschen, Abwägen und Wählen wird von Willenskräften maßgeblich gelenkt.

Grundlegend ermöglicht die Volition eine Handlungsausführung auch bei inneren oder äußeren Widerständen oder wirkt kompensierend bei Diskrepanzen zwischen impliziten und expliziten Motivationen und damit verbundenen Konflikten (vgl. Kehr 2004). Die Willensstärke dabei ist entwicklungsabhängig, der Wille damit ein dynamisches Vermögen. Wird der volitionale Spielraum der Entscheidungs- und Handlungsfreiheit von Organisationsmitgliedern beschränkt oder tritt ein Kontrollverlust ein, wird darauf in besonderer Weise emotional reagiert. Wer plötzlich feststellen muss, dass er das Geschehen nicht mehr beeinflussen kann, bekommt möglicherweise

Angst und empfindet belastende Gefühle der Unfreiheit. Wenn bisher verfügbare Verhaltens- oder Ergebnisalternativen blockiert oder auch nur bedroht werden, ist unter Umständen mit einem so genannten Reaktanzverhalten zu rechnen (vgl. Brehm 1982): Man wehrt sich, widersetzt sich, um die verloren gegangene (Situations-)Kontrolle und die eingeengte Handlungsfreiheit zurück zu gewinnen. Reaktanz tritt dabei umso stärker und stabiler auf, je konkreter die Bedrohung ist, je wichtiger die spezielle Freiheit eingeschätzt wird und je größer die Wahrscheinlichkeit weiterer Einschränkungen ist.

Problematisch sind insbesondere fremdbestimmte Restriktionen von Freiheit, die nicht einsichtig sind; ist die Freiheitsbeschränkung selbst auferlegt, können daraus positive, unter Umständen sogar energetisierende Wirkungen erwachsen. Bleibt das Reaktanzverhalten erfolglos und sind weder Flucht- noch Vermeidungsverhalten möglich, so stellt sich im Extrem eine so genannte »gelernte Hilflosigkeit« ein (vgl. Seligman 1975). Diese beeinträchtigt die Motivation, führt zu Passivität bzw. Lethargie und weckt Gefühle der Traurigkeit und Depression. Solche Zustände korrespondieren oftmals mit einer inneren Kündigung und mit der Verlagerung von Commitment auf außerorganisationale Tätigkeiten. Aber auch ein Zuviel an empfundener Umweltkontrolle, die bei wiederkehrendem Erfolg auftritt, ist nicht ungefährlich, wie Dieter Frey mit dem Konzept der »gelernten Sorglosigkeit« demonstriert (1995). Diese bewirkt, dass Personen warnende emotionale Signale nicht mehr wahrnehmen.

Insgesamt betrachtet kann der Wille als wichtiges emotionales »Vermögen« interpretiert werden. Während das »intellektuelle Kapital« die kognitiven und mentalen Fähigkeiten und Wissensbestände repräsentiert, stellt das »emotionale Kapital« insbesondere den Möglichkeitsraum des Wollens dar.

5.1.4 Gefühle strömen im »Flow«

Eine besondere Form, in der sich emotionale Energien des Einzelnen produktiv bewegen, stellen sog. Flow-Erfahrungen dar. Flow verweist als ganzheitliches emotionales Erleben auf eine »optimale Erfahrung«, bei der anstrengungsfreies Denken, Fühlen und Wollen positiv zusammenwirken (vgl. Csikszentmihalyi 1992, S. 202). Das »Flow«-Phänomen tritt primär bei auto-telischen, d. h. sich selbst zielgebenden Tätigkeiten auf (gr. auto =

selbst, telos = Ziel). Flow ist also ein intrinsisches Motiviertsein, das beim völligem Aufgehen in einer Tätigkeit als ein Gefühl des »Fließens« erlebt wird (Csikszentmihalyi 2000b, S. 58 f.).

Flow-Aktivitäten sind also nicht oder nicht erstrangig durch äußere Ziele und Belohnungen motiviert (z. B. Geld, Ruhm, Macht, Anerkennung), sondern werden um ihrer selbst willen getan und in sich selbst als lohnenswert empfunden. »Eine auto-telische Person ist jemand, der fähig ist, an dem, was er tut, Spaß zu finden, unabhängig davon, ob er dafür äußere Belohnungen erhält« (Csikszentmihalyi 1992, S. 30). Damit bestimmt Csikszentmihalyi »Flow« als ein autonomes Erlebnis, das über eine Selbstmotivation hinausgehen kann (vgl. Csikszentmihalyi 1991; Csikszentmihalyi/LeFevre 1989; Csikszentmihalyi/Rahunde 1993). Je tiefer man in dieses selbstlose Tun eintaucht, desto erfüllender wird es. Charakteristisch für die Flow-Erfahrung ist, dass Handlung, Ziel und Bewusstsein verschmelzen.

Flow vollzieht sich dabei in einem mittleren Bereich von Herausforderungen und Fähigkeitent:

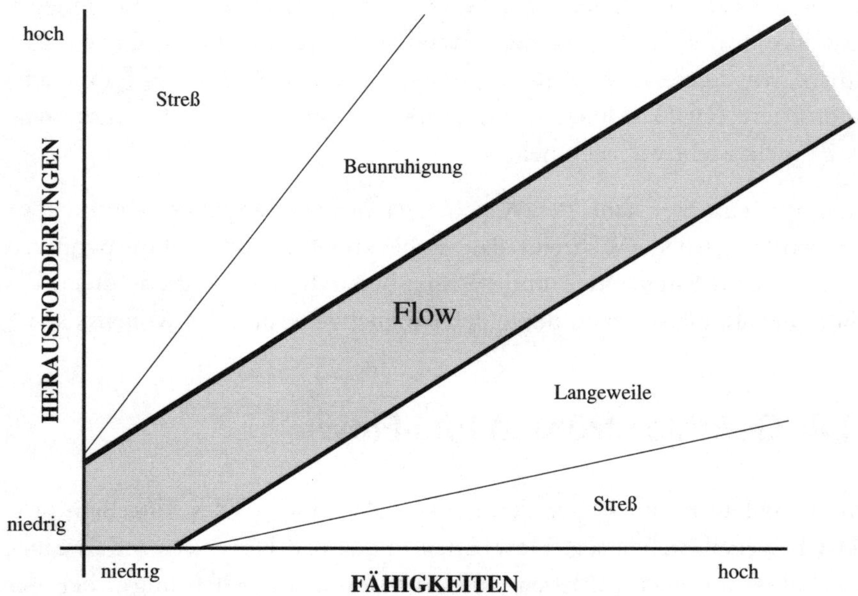

Abb. 21: Ein Flow-Modell (nach Csikszentmihalyi 1992, S. 24)

Das Ungleichgewicht zwischen Fähigkeiten bzw. Aufgaben und dem Können bzw. den Herausforderungen führt zu Unter- oder Überforderung. Liegen die eigenen Fähigkeiten über den Herausforderungen, so entsteht Langeweile. Umgekehrt kommt es bei Überforderung zu Beunruhigung bzw. Angst. Die motivationalen Energien verzehren sich dann in Anstrengungsvermeidung, die oft mit negativen Emotionen verbunden sind (vgl. Jerusalem/Perkrun 1999). Das Niveau der »Flusserfahrung« wird grundlegend durch das Zusammenspiel von objektiven Bedingungen der Arbeit und subjektiven Einstellungen gegenüber dem Tun bestimmt. Die Erlebnisqualität am Arbeitsplatz hängt demnach entscheidend von der Qualität der Erfahrungen und Aufgaben sowie der Wertschätzung ab.

Csikszentmihalyi (2003, S. 75 ff.) nennt folgende acht Bestandteile für eine befriedigende »Flow-Erfahrung«:

- Es gibt klare Ziele für jeden Schritt.
- Es gibt direkte Rückmeldung für jede Handlung.
- Herausforderungen bzw. Handlungsmöglichkeiten und Fähigkeiten entsprechen einander.
- Tun und Aufmerksamkeit stimmen überein.
- Ablenkungen werden vom Bewusstsein ferngehalten (Konzentration und Fokus).
- Freie (Selbst-)Kontrolle ist möglich (keine Angst vor Fehlschlägen, Gefühl der Beherrschung der Situation).
- Fixierte Ich-Gebundenheit wird aufgegeben (Selbstvergessenheit/-transzendenz, Verbundenheit mit der Interaktions-Umwelt).
- Das Gefühl für die Zeit verändert sich (vergegenwärtigendes, intensives Zeiterleben).
- Die Arbeit »an sich« wird wichtig, weil das Tun selbst Freude bereitet.

Sind diese Elemente im Arbeitsleben nicht gegeben bzw. eingeschränkt oder findet der emotionale Energieeinsatz der Mitarbeiter keine sinn- und wirkungsvolle Anwendung, so wirkt dies beeinträchtigend auf ein potenziell optimales Aktivitätsniveau (vgl. Csikszentmihalyi/Csikszentmihalyi 1988, S. 38).

Welche Wirkungen gehen mit dem Flow einher? Neben einer allgemeinen Verbesserung der Lebensqualität hat Flow messbare positive Folgen: gesteigerte Kreativität, Produktivität, Selbstachtung sowie Verminderung von dysfunktionalem Stress (vgl. Csikszentmihalyi 2000a, S. 252). In einer Studie über »flow« in Arbeit und Freizeit (Lefevre 1991) zeigte sich, dass mit einer vermehrt im Flow-Zustand verbrachten Zeit die Qualität des täglichen Erlebens insgesamt ansteigt, was (kreative) Höchstleistungen begünstigt. Individuen im Flow-Zustand beschreiben sich als motivierter, konzentrierter, kompetenter, aber auch phantasievoller und glücklicher als in Non-Flow-Phasen. Dies hat wiederum entsprechende Auswirkungen auf das Erleben am Arbeitsplatz (vgl. Csikszentmihalyi/LeFevere 1989, S. 819). Auch im Hinblick auf die Effizienz und Effektivität in Organisationen geht Csikszentmihalyi (2004, S. 270) von einer Verbesserung durch eine Atmosphäre aus, die den Mitarbeitern optimale Erfahrungen und damit eine höhere organisationale Wirksamkeit ermöglicht. Die mit Flow einhergehende intrinsische Motivation kann nach dieser Logik zu einer Senkung der Betriebskosten und Erhöhung der Wertschöpfung beitragen: Materielle extrinsische Anreize werden zunehmend eingespart und Innovationen sowie organisationales Lernen gefördert (Csikszentmihalyi 2004, S. 266) (vgl. Kapitel 5.3.2).

Zur Förderung von Flow sind – neben äußeren Bedingungen und der Art der Aktivität – auch persönliche Eigenschaften sowie subjektive Wahrnehmungen und Einstellungen sehr einflussreich. Aus einer Untersuchung von Personen, denen es gelingt, in ihrem Berufsalltag Flow zu realisieren, wurde entsprechend eine Reihe von Ratschlägen abgeleitet:

- Beginnen Sie jeden Morgen mit einem konkreten Ziel, auf das Sie sich freuen können.
- Alles, was Sie gut tun, bereitet Freude.
- Um die Freude an einer Aktivität zu bewahren, müssen Sie die Komplexität erhöhen.
- Bestimmen Sie selbst über Ihre Zeiteinteilung.
- Nehmen Sie sich Zeit für Reflexion und Entspannung.
- Finden Sie heraus, was Sie am Leben (Beruf) lieben und was Sie hassen.
- Entdecken Sie die positiven Aspekte der Arbeitsumgebung.
- Begegnen Sie den KollegInnen mit Freundlichkeit.

Abb. 22: Ratschläge für Flow im Arbeitsalltag (vgl. Csikszentmihalyi 1997, S. 163)

Auch wenn Persönlichkeitsfaktoren und Einstellungen nur begrenzt direkt beeinflussbar sind, gibt es für Organisationen dennoch Möglichkeiten, flowförderliche Methoden und Strategien zu entwickeln und anzuwenden. Diese sind dazu angetan, Flowprozesse auf allen betrieblichen Ebenen einzuführen bzw. Flow-Hemnisse abzubauen (Csikszentmihalyi 2004, S. 112, S. 126 ff.).

Ein flow-förderlicher Arbeitsplatz berücksichtigt und ermöglicht die zuvor genannten Voraussetzungen. Dabei kommen einer klaren Zielsetzung (z. B. im Mitarbeiter- oder Zielvereinbarungsgespräch) und einer angemessenen Form der Rückmeldung durch Vorgesetzte oder Mentoren eine besondere Bedeutung zu. Um zu erreichen, dass die Anforderungen den Qualifikationen entsprechen, ist eine langsame Steigerung des Niveaus, ein Erfahrungslernen auch aus Fehlern sowie ein gemeinsames Erarbeiten von Lösungen sinnvoll (vgl. Csikszentmihalyi 2004, S. 166, 178, 180).

Auch wenn das »Voll-in-der-Arbeit-Aufgehen« und das damit verbundene überdurchschnittliche Engagement der Flowerfahrung nicht einfach herzustellen sind, so können die genannten sowie weitere förderliche Bedingungen zu ihrer Entstehung geschaffen werden. Beispielsweise sind Entscheidungsfreiheiten, Handlungsspielräume und Kontrollrechte zu schaffen, um in einen Flow zu kommen oder in einem Flowzustand zu bleiben. Diese strukturellen Maßnahmen eröffnen Chancen, dass Mitarbeiter eine umfassende Zufriedenheit bei gleichzeitig höchster Produktivität entwickeln (vgl. Csikszentmihalyi 2004, S. 155). Zufriedenere und produktivere Mitarbeiter können sich wiederum aus eigener Kraft in den Zustand des »Flow« versetzen.

Problematisch wird die Verwendung von Flow-Konzepten, wenn versucht wird, das Flow-Erleben vorzuschreiben oder zu manipulieren. Mit einem »normierenden Diskurs«, der vorgibt, wie Mitarbeiter als nützliche und erfolgreiche Mitglieder von Organisationen zu sein haben,werden häufig gegenteilige Effekte erzielt. Zudem gehen damit machtpolitische Einflüsse und die Gefahr einer Einschränkung der Reflexion über die eigene und fremde Bewertung der Handlungen einher. Dies betrifft auch die Einschätzung von Erfolgen oder Misserfolgen (vgl. mit Bezug zur emotionalen Intelligenz Krell/Weisskopf 2001, S. 22). Diese Grenzen verweisen auf einen bleibenden Konflikt zwischen dem menschlich Wünschenswerten und ökonomisch Möglichen. Zudem ist eine Differenzierung notwendig. Nicht jede Organisation, Branche, Tätigkeit und nicht jeder Mitarbeiter ist für ein Flow-Involvement gleichermaßen bereit oder geeignet. Auch scheint es realistisch, dass sich Zyklen von Flow und solche von »Nicht-Flow-Zuständen« ablösen, um ein integriertes emotionales Wohlergehen in Organisationen und dauerhaftes Commitment zu ermöglichen (Kapitel 5.1.5). Es ist damit anzuerkennen, dass Flow meist ein Ausnahmezustand bleibt, der sich weder zwingend einstellt noch dauerhaft gehalten werden kann, sondern sich auf bestimmte Phasen und situative Kontexte beschränkt. Kritisch ist auch auf ein mögliches Suchtpotenzial als negative Begleiterscheinung von Flow zu verweisen. (vgl. Csikszentmihalyi 2000b, S. 178). Schließlich sind empirische Untersuchungen, die zentral das Flow-Erleben bei der Arbeitstätigkeit thematisieren, noch äußerst rar. Es besteht somit – neben einem Handlungsbedarf – noch ein besonderer Forschungsbedarf.

5.1.5 Gefühle tragen die Selbstverpflichtung mit

Gefühle sind eine wichtige Ressource und ein einflussreicher Faktor für die Identifikation des Einzelnen mit seiner Organisation (vgl. Wunderer/Mittman 1995; Hanft 1991) sowie im Bindungsaufbau und -verhalten (vgl. Lawler/Yoon 1993). Wie bereits gesagt, geschehen Aufbau und Entwicklung von zwischenmenschlichen Beziehungen immer im Kontext einer emotionalen Befindlichkeit, die auch das interaktive (Sympathie-)Verhältnis zu Anderen und zur Organisation sozial abbildet (vgl. Kapitel 4). Mittels Emotionen wird dabei ein Sozialkapital aufgebaut (vgl. folgendes Schaubild), mit dem spezifische Beziehungsverpflichtungen i. S. eines sozialen Commitments einhergehen (vgl. Dederichs 1999, S. 187 f.).

Unter sozialem Kapital von Individuen kann die Menge und Art nutzbarer Beziehungen sowie die Einbindung in soziale Netzwerke verstanden werden (vgl. Wald/Weibler 2004; Matiaske 1999). Es umfasst demzufolge aktuelle und virtuelle Ressourcen, die als Netzwerk von mehr oder weniger institutionalisierten Beziehungen fungieren, insbesondere als Zugehörigkeit zu bestimmten Gruppen. Sozialkapital ist damit eine soziale Ressource, die auf der Basis gemeinschaftlicher Prinzipien gegenseitigen Kennens oder Anerkennens aufbaut, sich immer auch auf Emotionalität im Handeln bezieht und durch Reziprozität immer neu bestätigt wird. In Ergänzung zum ökonomischen und kulturellen Kapital gehören zum sozialen Kapital mithin die sozialen Verpflichtungen in Beziehungen (vgl. Bourdieu 1983).

Der Begriff Commitment verweist im Kontext von Organisationen auf eine freiwillige Selbstverpflichtung des Organisationsmitglieds gegenüber seiner Organisation (vgl. Müller/Bierhoff 1994; Mathieu/Zajac 1990). Organisationales Commitment umfasst dabei einen starken Glauben an die Ziele und Werte der Organisation verbunden mit einem starken Bedürfnis, die Mitgliedschaft in der Organisation aufrechtzuerhalten. Es äußert sich in der Bereitschaft des Mitarbeiters, sich über das arbeitsvertraglich oder rollenspezifisch vorgegebene Maß hinaus einzusetzen (vgl. Kieser 1995, Sp. 1442 ff.; Mowday/Steers/Porter 1982). Commitment geht somit deutlich über eine kalkulative, instrumentelle Beziehung hinaus und kann bis zum Empfinden von »Gefühlsschulden« gehen (vgl. Hochschild 1990, S. 176; Dederichs 1999, S. 179). Je nach Unternehmenskultur bildet sich also ein stärkeres oder schwächeres Gefühl der Verbundenheit und Verpflichtung aus. Commitment stellt so – neben einer normativen – eine emotionale Bindung an die Organisation dar (vgl. Mowday et al. 1982; Moser 1996; Meyer/Allen 1997).

Die Ausdrucksformen des Commitments im Alltagshandeln illustriert folgender Unternehmensgrundsatz von BMW:

> »Unternehmerische Verantwortung zu übernehmen, das heißt konkret: Ich fordere Zielvereinbarungen und trage die Verantwortung für meinen Beitrag zur Zielerreichung; ich trage die Verantwortung für die Qualität meiner Arbeit; ich trage die Verantwortung für mich selbst, insbesondere für meine Gesunderhaltung und meine berufliche Weiterentwicklung.«

Inwieweit Mitarbeiter sich »committen«, sprich: sich für ihre Arbeit, Arbeitskollegen oder das Unternehmen einsetzen und zu Problemlösungen beitragen, wird von Gefühlen und Emotionen maßgeblich (mit-)beeinflusst. Ein Organisationsmitglied, das angenehme Gefühle (z. B. Freude, Begeisterung) oder positive emotionale Beziehungen (z. B. Freundlichkeit Vertrautheit) innerhalb der Organisation erlebt, baut eine entsprechende emotionale Bindung auf. Eine Commitment-Beziehung trägt so wesentlich zur Entstehung einer vertrauensvollen Arbeitsatmosphäre bei, welche Offenheit und Nähe der Mitarbeiter untereinander fördert und zugleich die sozialen Bedürfnisse nach Zugehörigkeit und Wertschätzung befriedigt.

Darüber hinaus nutzen Mitarbeiter mit Commitment strukturell eingeräumte »Freiräume« in organisationsförderlicher Weise. Dies setzt eine (partielle) Übereinstimmung zwischen den Werten und Interessen des Unternehmens und jenen der Mitarbeiter voraus. Diese Wert- und Interessenkongruenz kann durch emotionale Dissonanzen oder Konflikte jedoch gestört werden oder verloren gehen. So kann beispielsweise eine fehlende Übereinstimmung von psychologischen Vertragsinhalten und dem wahrgenommenen Anreiz-Belastungs-Verhältnis starke emotionale Belastungen bewirken. Wie empirische Studien zeigen, führt die Verletzung von solchen Verträgen (z. B. durch gefühlte Unfairness) zur Vernachlässigung von Arbeitspflichten und damit zur Leistungsbeeinträchtigung (vgl. Robinson/Morrison 1995; Feldmann 2000). Ferner belasten solche Störungen das extrafunktionale Rollenverhalten und das sog. »organisational-citizenship-Verhalten« (vgl. Morrison/Robinson 1997) sowie das zukünftige Commitment (vgl. Millward/Hopkins 1998).

Wer in seiner Organisation ständig frustriert oder enttäuscht wird oder Angst empfindet, reduziert üblicherweise sein organisationales Commitment. Ein fortwährendes Erleben unangenehmer Gefühle und Emotionsbeziehungen – z. B. in Form von Missgunst, Mobbing oder Hass – kann dabei zur Entfremdung von der Arbeit, der Organisation und letztlich auch der eigenen Person führen (vgl. Kanungo 1979). Negative Gefühle und verlorenes Commitment können sich zudem im Sinne emotionaler Ansteckung auf andere Gruppenmitglieder übertragen und so ein ganzes Organisationsklima »vergiften«.

Umgekehrt wirkt sich ein wiedergewonnenes Commitment fördernd auf Stressbewältigung, Arbeitszufriedenheit und Leistungsbereitschaft aus (vgl. Tett/Meyer 1993). Commitment und engagiertes Verhalten verstärken sich dabei oft gegenseitig und wirken nachhaltiger und stabiler als bloße Arbeitszufriedenheit. Ein selbstverpflichtendes Bindungsverhältnis zu entwickeln, zu erhalten oder wiederzugewinnen ist jedoch schwierig. Wichtige Faktoren für den Aufbau bzw. die Wiedergewinnung eines eingeschränkten oder verlorenen Commitments sind:

- Vermittlung von Einsichten in den Zusammenhang von Arbeitsaufwand und Leistungsergebnis
- Eingestehen von Fehlern und Schwächen in der Vergangenheit
- Realistische, gemeinsame Ziel- und Aufgabenbestimmung sowie kontinuierliche Rückmeldungen (vgl. Robertson/Smith 1985; McCoy 1996)

- Hinreichende Kompetenzen für erfolgreiche Arbeitsdurchführung (Ermächtigung)
- Integrierte Personalentwicklung zur Förderung sozialer Kompetenz und emotionaler Intelligenz
- Koordination und Kommunikation anstelle von Kontrolle und Kommando.

Positive Entwicklungen auf diesem Weg sind in einer freiwilligen Teilnahme der Mitarbeiter an Problemlösungsgruppen (wie z. B. Qualitätszirkel) oder an koordinierten Trainingsprozessen (vgl. Walton 1987; Kinlaw 1999) zu sehen. Im Rahmen eines strategischen »Commitment-Managements« können zudem auch die Bereiche Personalgewinnung, Personalentwicklung und Personalhonorierung (z. B. Beteiligungsformen) zur (Re-)Aktivierung einer gefühlsgetragenen Selbstverpflichtung dienen.

Entscheidend für die »Organisation« eines Commitments ist die soziale Integration (vgl. Walton 1985), z. B. über offene Kommunikation und transparente Information sowie durch Förderung des Zusammengehörigkeitsgefühls (vgl. Foy 1994, S. 55 ff.). Die Gefahr eines »gemanagten« Commitments liegt jedoch darin, dass es zu einer Art »Pseudo-Engagement« kommen kann (vgl. Spiess 1996, S. 220 ff.), das eher dysfunktional wirkt (vgl. Foy 1980, 1994, S. 78 ff.; Legge 1989, 1995; Spiess 1996, S. 227). Demgegenüber verwirklicht sich in authentischen »Gemeinschaften von Commitment« oder einer »high commitment culture« (vgl. Kofman/Senge 1995) eine nachhaltigere partnerschaftliche Kultur, bei der auch die emotionalen Dimensionen integriert werden.

Mit einem emotionsgetragenen Commitment eng verbunden ist auch das »Involvement« in Organisationen. Dieses spezifische Engagement bestimmt den Grad der persönlichen Beteiligung, welcher sich aus Wirkungsbeziehungen von Werten, Motiven, Einstellungen, Verhalten und eben auch Emotionen ergibt. Das folgende Beispiel zeigt eine Sequenz zusammenhängender Gefühle, Gedanken und Verhaltensweisen eines Mitarbeiters bezüglich seines Involvements (vgl. Briner 1999).

Peter hat seinen ersten Langzeitjob und arbeitet als mittlerer Manager in einem Informations- und Technologieunternehmen. Er ist froh, diese Stelle gefunden zu haben und möchte sich darin bewähren.

Peter mag seinen Job, fühlt aber, dass er schneller Fortschritte machen möchte und glaubt, dass er kompetent genug sei, auf einem höheren Niveau zu arbeiten.
Er bittet seinen Vorgesetzten ihm eine schwierige Aufgabe zu geben, die normalerweise nur erfahreneren Kollegen übertragen wird. Mit der Übernahme der Aufgabe würde er sich aufgewertet fühlen und das ihm entgegen gebrachte Vertrauen als positiv empfinden. Zugleich ist er ein wenig besorgt, da er bisher nie solch eine schwierige Aufgabe bewältigt hat und die Deadline zur Fertigstellung eng ist.
Dennoch stimmt er der Übernahme der Aufgabe zu, da sie sich interessant und herausfordernd anhört. Auch glaubt er, dass dies sowohl seiner Karriere, einer Gehaltserhöhung sowie seinem Ansehen bei seinem Vorgesetzten förderlich sei.
Während er hart an dem Projekt arbeitet, schwanken seine Gefühle von Aufgeregtheit und Begeisterung bis hin zu Furcht und Frustration, da die Dinge gut, aber auch schlecht laufen und die Deadline näher rückt.
Er beendet die Aufgabe sehr zufriedenstellend und pünktlich und fühlt sich stolz und sehr erleichtert.
Peter informiert seinen Vorgesetzen darüber, was er getan hat, und zeigt ihm erwartungsvoll seine komplettierte Arbeit. Sein vielbeschäftigter Vorgesetzter dankt ihm weder, noch lobt er ihn und schaut sich das Ergebnis nur oberflächlich an; er scheint Peter zu ignorieren.
Peter grollt und ist verärgert. Er will sich nie wieder solchen Umständen aussetzen oder zukünftig irgendetwas Zusätzliches für seinen Vorgesetzten oder das Unternehmen leisten. Auch fühlt er sich ausgenutzt und ausgebeutet.
Er denkt darüber nach, einen anderen Job zu suchen, und fragt sich zweifelnd, warum er in diesem Unternehmen arbeitet, wenn er so behandelt wird.
Er hört auf, sich freiwillig für zusätzliche Aufgaben zu melden und beginnt sein Commitment zu reduzieren.
Auch nach einiger Zeit fühlt er sich immer noch verärgert und ist nachtragend.
Gegenüber Anderen spricht er mehr und mehr schlecht über seine Organisation.
Zunehmend beginnt er sich traurig und enttäuscht zu fühlen.

Er steckt nur noch vergleichsweise wenig Gedanken oder Anstrengungen in seinen Job und verliert so sein Involvement. Zudem verschlechtert sich das Verhältnis zu seinen Arbeitskollegen und seinem Vorgesetzten. Da er keine Befriedigung und Rückhalt in seinem Beruf findet, leiden auch sein Gesundheitszustand und sein Privatleben.
Mehr und mehr empfindet er seine Arbeit langweilig und uninteressant, ja belastend und kündigt innerlich. Sein eingeschränktes Engagement zieht ihn immer tiefer »runter«. Schließlich wird er noch von einigen Mitarbeitern seines Arbeitsteams gemobbt, was ihn stresst und verzweifeln lässt.
Unter diesen Umständen sieht er schließlich keine Lösung; er aktualisiert seinen Lebenslauf sowie schaut sich regelmäßig Arbeitsangebote an.

Auch wenn dies nur eine hypothetische Veranschaulichung ist, sind solche miteinander verflochtenen Episoden und Zyklen hilfreicher zum Verständnis z. B. von Arbeitszufriedenheit und Commitment als einfache Ursache-Wirkungs-Ansätze (vgl. Weiss/Cropanano 1996).

Abschließend seien noch einige kritische Aspekte des Commitments betrachtet. Problematisch wird ein Commitment, wenn es ein überzogenes Ausmass annimmt und dabei auch negative Gefühle bei Einzelnen und Emotionen im Gruppenzusammenhang auslöst. Mit einer übermässigen Identifikation i. S. eines »Over-Commitment« bzw. »Over-Involvement« können – z. B. durch Überstunden und einem Engagement, immer »härter« für die Organisation zu arbeiten, physische, psychische und emotionale Belastungen einhergehen. Diese können dann wiederum Versagensängste, Zweifel an den eigenen Fähigkeiten sowie Gefühle der Ohmacht auslösen. Eine permanente Überbeanspruchung bewirkt – gerade bei hohem Anspruchsniveau bezüglich der eigenen Leistungsfähigkeit – innere Konflikte und negativen Stress. Insbesondere wenn die organisatorische Verbundenheit mit anderen Bindungen wie Familie und Freunde konkurriert, verursacht dies dann weitere belastende Gefühlsspannungen (vgl. Moser 1997, S. 169).

Auf der kollektiven Ebene kann eine zu starke Bindung an eine Gruppe bewirken, dass die Mitglieder im Hinblick auf ihre Arbeitsweise unkritischer und »blinder« werden sowie unangenehme Emotionen unterdrücken, um so den Gemeinschaftsgeist nicht zu gefährden. Damit wird möglicherweise eine abteilungs- und funktionsübergreifende Zusammenarbeit, die Flexibilität sich an neue Situation anzupassen sowie die Innovationsbereitschaft reduziert (vgl. Salancik 1977). Auch sind damit leistungschwächere Mitarbeiter einem Gruppendruck ausgesetzt, der das Bindungsverhalten der Betroffenen negativ beeinflusst. Zudem kann eine sehr hohe Verbundenheit mit der Organisation zu überhöhten Erwartungen bei den Mitgliedern führen, die sich bei Nichterfüllung negativ auf das emotionale Befinden auswirkt und das Engagement verringert. Der ›gerufene Geist‹ wird in diesen Fällen zur Belastung.

5.1.6 Gefühle und Intellekt spielen in der emotionalen Intelligenz zusammen

Im Folgenden soll das Konzept der »emotionale Intelligenz« vorgestellt und kritisch diskutiert werden. Die Bedeutung des Emotionalen und des Emotionsmanagements für und in Organisation wird gerade am Beispiel der emotionalen Intelligenz deutlich, die in den letzten Jahren besondere Aufmerksamkeit in Theorie und Praxis, insbesondere im Führungskontext gefunden hat (vgl. zum Führungskontext Weibler 2004). Mit diesem Konzept wird ein Rahmen gesteckt, der nicht nur den Bereich des Emotionalen analytisch und sprachlich zugänglich macht, sondern auch den praktischen Bedarf nach einer Integration dieses vernachlässigten Elements widerspiegelt. Diese Entwicklung ist auch an der Vielzahl organisationsspezifischer Emotionsratgeber in den letzten Jahren abzulesen (vgl. Bergknapp 2002, S. 268). Die Aufnahme und Verbreitung des Konzeptes der emotionalen Intelligenz wurde sogar als eine Art »neo-human-relations-Bewegung« interpretiert (vgl. Langley 2000).

Um das Konzept der emotionalen Intelligenz zu erschließen, werden zunächst zwei einflussreiche Modelle vorgestellt: Einerseits das Modell von Mayer und Salovey, das einem kognitionswissenschaftlichen Paradigma der Intelligenzforschung folgt und emotionale Intelligenz als Verarbeitung affektiver Informationen und als mentales Vermögen versteht. Andererseits das Modell von Goleman, das vor allem dem verhaltenswissenschaftlichen Paradigma folgt und emotionale Intelligenz als eine spezifische Kompetenz konzeptionalisiert. Der Vorteil gerade dieses Konstruktes ist seine Anschlussfähigkeit an das gewohnte Managementdenken. Zudem kann es mit den bekannten Instrumenten des Personalmanagements verbunden werden, wodurch eine praktische Umsetzung ermöglicht wird.

Zunächst aber zum Modell von Salovey und Mayer. Es schließt an die einflussreiche Theorie multipler Intelligenzen an (vgl. Gardners 1983, 1993). Dabei werden körperlich-kinästhetische, räumliche, musikalische, aber auch sprachliche, logisch-mathematische sowie intrapersonelle und interpersonelle Intelligenzen unterschieden. Aufbauend auf diesem Ansatz bestimmen die Psychologen Salovey und Mayer emotionale Intelligenz als die Begabung bzw. die mentale Befähigung, mit den eigenen Gefühlen sowie den Gefühlen anderer so umzugehen, dass das eigene Denken und Handeln verbessert wird (vgl. Salovey/Mayer 1990, S. 189; Mayer/Salovey 1997, S. 11; Mayer/Salovey 2000). »Emotionale« Intelligenz ist dabei als ein Unterbereich der »sozialen Intelligenz« zu verstehen (vgl. Salovery/Mayer 1990, S. 193). Des Weiteren gruppieren Salovey/Mayer den Set konzeptuell verbundener emotionaler Informationen in drei Bereiche:

1. Annahme, Bewertung und Ausdruck von Emotionen;
2. Regulation von Emotionen und
3. Gebrauch von Emotionen.

Auf Basis der Fähigkeit, Emotionen korrekt wahrzunehmen, zu bewerten und auszudrücken soll es zu einer reflektierten Regulation emotionalen Erlebens kommen. Diese Regulation dient vor allem der Unterstützung des emotionalen und intellektuellen Wachstums (vgl. Salovey/Mayer 1990, S. 189; Mayer/Salovey 1997, S. 10, 14). Maßstab für die Steuerung der eigenen Emotionen ist dabei die subjektive Einschätzung, wie nützlich eine Emotion für die Bewältigung der jeweiligen Situation ist. Zu den zentralen Bestimmungsgrössen emotionaler Intelligenz gehört schließlich auch der Gebrauch von Emotionen (vgl. Salovey/Mayer 1990, S. 189).

Mit psychometrischen Verfahren haben Salovey/Mayer sowie weitere Autoren verschiedene Modelle zur Erfassung der emotionalen Intelligenz entwickelt (vgl. Mayer/Salovery 1995, 1997; Mayer/Caruso/Salovey 1999; Mayer et al. 2003). Dieses Modell emotionaler Intelligenz ermöglicht – insbesondere in seiner Weiterentwicklung von Mayer, Salovey und Caruso (2000, vgl. auch Mayer/Geher 1996) – eine stringente Betrachtung von Emotionen und bietet operationalisierbare Messmöglichkeiten. Damit macht es konvergente und diskriminante Beziehungen zur kognitiven Intelligenz einerseits sowie zu traditionellen Persönlichkeitsmerkmalen andererseits möglich. Da dieses Modell jedoch Emotionen als Informationen und emotionale Intelligenz vorrangig als mentale Fähigkeit versteht, bleibt es weitgehend einem mechanistischen Modell der Informationsverarbeitung verhaftet. Zudem erhebt es den fraglichen Anspruch, eine Grenze zwischen kognitiver Intelligenz und nicht-intellektueller Disposition bestimmen zu können. Kritisch wurde zudem die Gefahr einer »Inflation der Intelligenzen« (Weber/Westmeyer 2001) herausgestellt. Dennoch wurden praktische Vorschläge für das Arbeitsleben und den Führungsalltag entwickelt (Caruso/Salovey 2005, vgl. auch http://www.emotionaliq.org).

Kommen wir nun zum zweiten einflussreichen Modell emotionaler Intelligenz, nämlich jenem von Daniel Goleman (1995, 1996, 1998a, 2001). Mit ihm wurde das Konzept popularisiert und gewann großen Einfluss in der Praxis. Sein Bestsellerbuch »Emotionale Intelligenz« wurde in mehr als 30 Sprachen übersetzt und zwischenzeitlich mehr als fünf Millionen Mal verkauft. Mittlerweile ist Goleman Unternehmensberater und Kooperationspartner eines der weltweit größten Beratungsunternehmens für Personalmanagement. In nachfolgenden Büchern wie »EQ2 der Erfolgsquotient« (1999) und »Emotionale Führung« (2003b) hat Goleman und andere das Konzept weiterentwickelt und verfeinert (vgl. auch http://www.eiconsortium.org). In kritischer Auseinandersetzung mit Salovey und Mayer definiert er emotionale Intelligenz als die Metafähigkeit, die eigenen Gefühle zu erkennen, die Gefühle anderer zu erkennen, sich selbst zu motivieren und gut mit anderen umzugehen (Goleman 1996, S. 56).

Während Salovey und Mayer, ganz in der Tradition der Intelligenzforschung, einem kognitiven Paradigma folgen, bekennt sich Goleman zu einem verhaltenswissenschaftlichen und kompetenzorientierten Paradigma mit explizitem Interesse für die Leistungserstellung. Damit erreicht er eine direkte Anwendbarkeit für die Organisation im Sinne einer Optimierung der personalen und organisationalen Effektivität.

In seinem integrativen Kompetenzmodell geht Goleman von vier Bereichen emotionaler Intelligenz aus (vgl. Goleman 1999): Die persönlichen (EI-) Kompetenzen Selbstwahrnehmung und Selbstregulierung werden ergänzt durch die sozialen (EI-)Kompetenzen sozialer Wahrnehmung und einem Beziehungsmanagement. Beide werden Kompetenzbereichen in einer Matrix der Ebene der Anerkennung und Regulation zugeordnet. Den daraus entstehenden Schnittstellen werden je spezifische Kompetenzen zugeordnet. Folgende Abbildung zeigt diese emotionalen Kompetenzen im Überblick:

	persönliche Kompetenzen	soziale Kompetenzen
Anerkennung	Selbst-Wahrnehmung • emotionale Selbstachtsamkeit • zutreffende Selbsteinschätzung • Selbstvertrauen	Soziale Wahrnehmung • Empathie • Dienstleistungsorientierung • organisationale Achtsamkeit
Regulation	Selbst-Regulierung/-Management • Selbstkontrolle • Vertrauens-würdigkeit • Gewissenhaftigkeit • Anpassungs-vermögen • Leistungsdrang • Initiative	Beziehungsmanagement • andere entwickeln • soziale Einflussnahme • Kommunikation • Konflikt-management • Führung/Leadership • Wandelkatalysator • Bindungsaufbau • Teamwork und Zusammenarbeit

Abb. 23: Emotionale Kompetenzen im Überblick
(Goleman 2001, 1999, S. 38–39; Goleman 1998a, S. 38 f.)

Im Schnittbereich »persönliche Kompetenzen/Anerkennung« geht es um das Wahrnehmen und Erkennen der eigenen Gefühle, Impulse, Präferenzen, Ressourcen und Intuitionen. Selbstregulierung verweist auf die Fähigkeit, mit diesen inneren Zuständen konstruktiv umzugehen. So nehmen Menschen mit emotionaler Achtsamkeit beispielsweise wahr, welche Emotionen sie empfinden und warum. Sie erkennen die Zusammenhänge zwischen ihren Gefühlen und dem, was sie denken, tun und sagen. Schließlich wissen sie, wie ihre Gefühle ihre Leistung beeinflussen und entwickeln ein verhaltensleitendes Bewusstsein gemäß ihrer Werte und Ziele.

In der Schnittmenge »persönliche Kompetenzen/Selbstregulierung« erfüllen die persönlichen Kompetenzen vor allem den Zweck, mit impulsiven Gefühlen und leidvollen Emotionen zurecht zu kommen. Emotional kompetente Menschen bleiben folglich auch in kritischen Situationen gelassen, positiv und unerschütterlich. Wer emotional kompetent ist, kann sich auf diverse Anforderungen, veränderte Prioritäten und raschen Wandel einstellen. Wer auf emotional kompetente Weise initiativ wird, ist fähig, Chancen zu ergreifen und Ziele über das, was verlangt oder erwartet wird, hinaus zu verfolgen.

Dies kann auch bedeuten, notfalls von bürokratischen Vorschriften abzuweichen bzw. die Regeln zu verletzen. Zudem verstehen es solchermaßen initiative Menschen, andere durch außergewöhnliche, phantasievolle Anstrengungen zu mobilisieren.

Der Schnittbereich »soziale Kompetenzen/Anerkennung« meint v. a. die Kompetenz des Einzelnen, relevante Gefühle, Bedürfnisse und Sorgen anderer (z. B. Kunden, Mitarbeiter, Konkurrenten) zu berücksichtigen. Beispielsweise achten solchermaßen empathische Menschen auf emotionale Hinweise, hören gut zu, zeigen Einfühlungsvermögen und verstehen die Sichtweisen anderer.

Schließlich geht es im Schnittbereich »soziale Kompetenz/Regulation« um Möglichkeiten eines Beziehungsmanagements. Wer sich hierauf versteht, kann andere für sich gewinnen. Menschen mit hoher Kommunikations- und Konfliktbewältigungskompetenz pflegen den kritischen Meinungsaustausch und berücksichtigen bei ihren Äußerungen die emotionalen Hinweise anderer. Sie setzen sich diplomatisch mit schwierigen Problemen auseinander, betreiben eine offene Informationspolitik und bleiben aufnahmebereit für gute wie für schlechte Nachrichten. Mit all dem führen sie Lösungen herbei, bei denen beide Seiten gewinnen. Emotional kompetent Führende wecken Enthusiasmus für eine gemeinsame Vision. Sie leiten andere in ihrer Tätigkeit an, ohne ihnen die Verantwortung abzunehmen und führen vorrangig durch ihre Vorbildfunktion. Als Katalysatoren des Wandels erkennen sie die Notwendigkeit zu Veränderung und räumen Hindernisse aus dem Weg. Sie stellen schließlich den Status quo in Frage, um einem notwendigen Wandel Anerkennung zu verschaffen.

Menschen mit der Kompetenz zum Aufbau sozialer Bindungen pflegen und erhalten ausgedehnte informelle Beziehungsnetze; sie erkennen Beziehungen, die von gegenseitigem Nutzen sind und stellen persönlichen Kontakt her; auch halten sie den Kontakt zu anderen aufrecht; sie schließen und pflegen persönliche Freundschaften mit Arbeitskollegen. Menschen, die emotional kompetent zusammenarbeiten, behalten neben ihrer Aufgabe auch die Beziehungen im Auge. Sie fördern ein freundliches, kooperatives Klima und erkennen und nutzen Gelegenheiten zur Zusammenarbeit. Menschen mit Teamfähigkeiten zeigen vorbildhaft Teamqualitäten wie Respekt, Hilfsbereitschaft und Kooperation, gewinnen alle Mitglieder für eine rege und begeisterte Mitwirkung. Sie schaffen Teamidentität, Korpsgeist und Engagement und »hüten« die Gruppe und ihren Ruf; wenn sie Anerkennung erfahren, lassen sie andere daran teilhaben.

Diese Fähigkeiten, die hier nur exemplarisch ausgeführt wurden, sind nach Goleman (vgl. 1999 S. 37, 40) einerseits autonom, andererseits interdependent, da es beständig Wechselwirkungen zwischen den Kompetenzen gibt. Die emotionalen Intelligenzen bauen zudem hierarchisch aufeinander auf. So muss eine Selbstwahrnehmung gegeben sein, um zur Selbstregulation zu kommen. Auch sind die personalen Kompetenzen nur eine notwendige, jedoch keine hinreichende Bedingung für das Beherrschen sozialer Fähigkeiten. Zusammenarbeit und Teamfähigkeit einer Person sind beispielsweise nicht nur abhängig von den persönlichen Kompetenzen dieser Person, sondern auch von den Strukturen und dem Arbeitsklima innerhalb der Organisation. Und die emotionale Intelligenz von Gruppen bestimmt zudem deren Fähigkeit, Normen zu entwickeln, um mit ihren Emotionen auf eine Weise umzugehen, die auf alle Bereiche der Gruppenarbeit positiv wirkt (vgl. Druskat/Wolff 2001, S. 153 ff.). Der Besitz der zugrunde liegenden Fähigkeiten zu emotionaler Intelligenz bedeutet also noch nicht, dass die entsprechenden Kompetenzen praktiziert werden.

Bis zu einem gewissen Grad ist nach Goleman die Liste der emotionalen Kompetenzen auf alle Berufe anwendbar, auch wenn die Gewichtung der verschiedenen Kompetenzen von Beruf zu Beruf variieren dürfte. Mit der immer stärkeren Einforderung von Flexibilität, Teamfähigkeit und Kundenorientierung werden Goleman zufolge auch die emotionalen Kompetenzen wichtiger – in jeder Position und überall auf der Welt (vgl. Goleman 1999, S. 42). Damit kommt der Erlernbarkeit emotionaler Kompetenzen eine große Bedeutung zu. Hier gilt, dass diese Kompetenzen grundsätzlich entwicklungsfähig sind (vgl. Goleman 1998, 1999; Bar-On/Parker 2000). Neben der Schulung der Gefühle im Rahmen von Erziehung und Bildung bieten sich dabei auch Maßnahmen im Organisationskontext an. Dabei sind spezifische Richtlinien für eine Schulung der emotionalen Kompetenz im Rahmen der innerbetrieblichen Weiterbildung zu erfüllen (vgl. Goleman 1999, S. 304 ff.), wozu u. a. ein laufendes Leistungsfeedback sowie der Aufbau eines unterstützenden Lernumfeldes gehören (vgl. Goleman 1999, S. 326 f.; vgl. Kapitel 5.3.2).

Des Weiteren können spezielle Trainingprogramme entwickelt werden, die eine emotionale Bildung vermitteln (vgl. Cooper 1997; Cooper/Sawaf 1998). Um in der Arbeitswelt emotional kompetent zu sein (vgl. Cherniss/

Adler 2000), bedarf es jedoch nicht nur formaler Ausbildungen, sondern auch eines Lernens aus Erfahrung (vgl. McCall/Lombardo/Morrison 1988). Damit kommen »on-the-job-Prozessen« im Arbeitsalltag (z. B. in Form Sonderprojekten) eine besondere Bedeutung zu (vgl. Davies/Esterby-Smith 1984). Schließlich sind das Niveau und die Entwicklung emotionaler Kompetenzen zu bewerten. Eine Evaluation emotionaler Kompetenzen kann z. B. in Form eines 360 Grad-Feedbacks, über Bewertungsberichte (vgl. Lepsinger/Lucia 1997) oder mit Hilfe einer so genannten »Human-Resource-Score-Card« (vgl. Becker/Huselid/Ulrich 2001) erfolgen.

Bei all dem gilt grundsätzlich, dass die Entwicklung emotionaler Kompetenzen Zeit benötigt, des Commitments bedarf und fortwährende Unterstützung erfordert. Eine Konzentration auf kurzfristige Resultate kann dabei eher emotional unintelligentes Verhalten begünstigen. Zusammenfassend unterstreicht Goleman die ökonomische Bedeutung einer gestärkten emotionalen Kompetenz von Organisationen: »Für Unternehmen aller Branchen erschließt die Tatsache, das emotionale Kompetenzen eingeschätzt, bewertet und verbessert werden können, ein weiteres Feld, auf dem sie ihre Leistungsfähigkeit – und damit ihre Wettbewerbsfähigkeit – verbessern können.... Auf individueller Ebene lassen sich Elemente der emotionalen Intelligenz identifizieren, bewerten und fördern. Auf Gruppenebene bedeutet dies eine Feinabstimmung der zwischenmenschlichen Dynamik, die Gruppen intelligenter macht. Auf Organisationsebene bedeutet es, die Wertehierarchie umzugestalten und der emotionalen Intelligenz Priorität einzuräumen – in den konkreten Modalitäten der Personaleinstellung, der Aus- und Weiterbildung, der Leistungsbeurteilung und der Beförderungspraxis« (Goleman 1999, S. 383). Auch wenn emotionale Intelligenz kein Allheilmittel für ökonomische Wettbewerbsvorteile ist, wird sie nach Goleman an Bedeutung gewinnen und dazu beitragen, in der Arbeitswelt menschliche Würde und psychische Stabilität zu bewahren und Spaß und Freude darin zu empfinden.

Selbstredend hat sich an dem Modell von Goleman auch Kritik entzündet. So wurde die wissenschaftliche Fundierung des Modells und dessen Methodik verschiedentlich in Frage gestellt. Die uneinheitliche Begriffsverwendung wurde kritisiert und Widersprüchlichkeiten herausgearbeitet (vgl. Sieben 2001; Davies/Stankov/Roberts 1998; Stankov 1999). Auch verweisen andere Autoren auf die Gefahr eines Missbrauchs des Intelligenzbegriffs (vgl. Schuler 2002; Asendorpf 2002) und problematisieren eine mangelnde empirische Fundierung (vgl. Heller 2002; Sternberg 1997). Dem Konzept wurde zudem vorgeworfen, dass es verschiedene Probleme (z. B. Emotions- und Situationsspezifität emotionaler Kompetenzen; Messprobleme bei der Erfassung unerwünschter Gefühle) vernachlässige und suggeriere, dass es eine einheitliche, universale Fähigkeit zum Umgang mit Gefühlen jeder Art gebe (vgl. Asendorpf 2002). Fraglich bleibt überdies, wie sich eine individuelle emotionale Intelligenz zu interaktiven Verhaltensprozessen und unternehmenskulturellen Systemzusammenhängen verhält. Grundsätzlich besteht der Verdacht, dass mit dem Konzept eine normative Orientierung, eine implizite Tugendlehre oder sogar eine Ideologie vertreten wird. Dementsprechend wird emotionale Intelligenz als Tugend vorgestellt (vgl. Weber/Westmeyer 1999), die auf »americanized, male, positive mental attitudes« (Fineman 2003, S. 53) ausgerichtet und für geschlechts-, klassen- und landeskulturelle Besonderheiten unsensibel ist. Nicht zuletzt wurde auf die Gefahren einer »Light-Version« der emotionalen Intelligenz durch marktfähige Verwertung hingewiesen (vgl. Fineman 2002, 2003, 2004; Weber/Westmeyer 1999): »It becomes oversold, oversimplified and, therefore makes some claims that are bound to disappoint« (Fineman 2003, S. 52).

Als Perspektive für eine Weiterentwicklung des Konzeptes sind Bezüge zur Weisheit denkbar (vgl. Sternberg 1990, 1999, S. 631 ff.). Die über Erfahrung gewonnene Weisheit äußert sich insbesondere in der Anwendung von implizitem Wissen, Intuition und angemessenem Urteil. Weisheit als prozedurales Wissen und als Art praktischer Intelligenz soll nach Sternberg einen Ausgleich von personalen, interpersonellen sowie auch transpersonalen Interessen herstellen können (2000, S. 637 f.). Während Weisheit mit Widersprüchen gut umgehen kann, erträgt Intelligenz sie nur schlecht und betrachtet sie als etwas, »das besser früher als später aufgelöst werden muss« (Sternberg 1990, 155). Auch der Weisheit geht es darum, Widersprüchlichkeiten zu klären. Aber sie lässt zu, dass sich aus den Widersprüchen selbst heraus eine neue Klarheit entwickelt, ohne diese durch Simplifizierung erzwingen zu wollen; damit käme ihr im Organisationskontext als eine Ausformung der praktischen Intelligenz eine besondere Bedeutung zu (vgl. Wagner 2000). Sternberg und Wagner (1986) definieren praktische Intelligenz als ein intelligentes Verhalten bei der Bewältigung von Alltagsproblemen sowie als eine Praxis impliziten Wissens und Lernen (vgl. Kapitel 5.3.2). Praktische Intelligenz erweist sich also als Fähigkeit, Wissen in relevanten Situationen anzuwenden, zu hinterfragen und weiterzuentwickeln (vgl. Sternberg/Caruso 1985; Brocke/Beauducel 2001; Hacker 1994); dies insbesondere dann, wenn Probleme zu bearbeiten sind, die schlecht definiert, nicht-linear und in spezifische situationale und komplexe Kontexte eingebettet sind.

In neueren Veröffentlichungen wird bei der Integration von praktischer Intelligenz und Weisheit der Begriff der »spirituellen Intelligenz« bemüht (vgl. z. B. Emmons 1999, 2000; Wolman 2001; Zohar/Marshall 2000; Gardner 1998). Mit dieser soll es möglich sein, umfassendere Potentiale einer Integration zu entwickeln und umzusetzen (vgl. Wilber 2001a, 2001b). Die Ausrichtung auf eine solche »spirituelle Intelligenz« ist jedoch im Zusammenhang mit Möglichkeiten und Grenzen einer »Spiritualisierung« von Organisationen zu sehen (vgl. Bolman/Deal 1995; Conger et al. 1994). So sehr ein spirituell sensibler Umgang v. a. mit destruktiven Emotionen von einigen Autoren wertgeschätzt wird (vgl. Goleman/Dalai Lama 2003), so kritisch sind dabei die Gefahren einer Belebung einer «New Age Arbeitsethik« (Bell/Taylor 2003) zu sehen. Schließlich sind auch die Probleme dysfunktionaler oder pathogener Formen von Spiritualität, insbesondere des Kultischen (vgl. Deikman 1990; Tourish/Pinnington 2002) zu beachten. Ingesamt betrachtet, verweisen sowohl emotionale Intelligenz wie auch Weisheit auf ein Bedürfnis nach integralen Lebensformen im beruflichen Arbeitsalltag.

5.2 Wie Emotionen den Arbeitszusammenhang mitbestimmen

Arbeit und emotionales Erleben stehen in einem engen und multifunktionalen Verhältnis zueinander. Denn die Beziehung der Mitarbeiter zu ihren Arbeitstätigkeiten, -aufgaben, -mitteln und -produkten ist durch emotionale Erlebnisweisen charakterisiert (vgl. Kannheiser 1992, S. 99 ff.). Um diese Beziehung zu verstehen wollen wir im Weiteren die spezifischen Themenfelder Arbeitszufriedenheit und Stress sowie die so genannte Gefühls- oder Emotionsarbeit in Organisationen näher betrachten.

5.2.1 Emotionen beeinflussen die Zufriedenheit mit der Arbeit

Arbeit gilt als wichtige Quelle von Zufriedenheit, kann aber selbstverständlich auch Ursprung persönlicher Unzufriedenheit sein. Unzufriedenheit mit und in der Arbeit äußert sich als stressreiche Anspannung, die mit Zerrissenheit, Unerfülltheit oder Druck einhergeht (vgl. Kapitel 5.2.2). Die entsprechende Gefühlskala reicht von emotionalen Zuständen wie Ärger, Angst, Frustration und Depression (z. B. Lazarus/Folkman 1984) bis hin zu psychosomatischen bzw. psychopathologischen Störungen (vgl. LaBier 1986) und – besonders bei der Emotionsarbeit – emotionaler Erschöpfung (sog. »Burn-Out«; vgl. Kapitel 5.2.3).

Aufgrund seiner besonderen Beziehungen zum Emotionalen ist es sinnvoll, sich näher mit dem Konstrukt der Arbeitszufriedenheit auseinander zu setzen. »Arbeits(un-)zufriedenheit« gehört zu den am häufigsten untersuchten Phänomenen der betrieblichen Verhaltensforschung (vgl. Neuberger 1985a). In Anerkennung der sehr vielfältigen Betrachtungs- und Diskussionsfelder innerhalb der Arbeitszufriedenheitsforschung (vgl. Neuberger 1974, 1985a, S. 164 ff.; v. Rosenstiel 1975; Wiswede 1980; Six/Kleinbeck 1989, S. 348 ff.) wollen wir das Augenmerk insbesondere auf deren emotionsrelevante Erkenntnisse richten.

Der Begriff Arbeits(un-)zufriedenheit hat generell eine Art »Regenschirmfunktion« (Zapf 2000, S. 570) in Bezug auf die verschiedenen arbeitsrelevanten Emotionen. Entsprechend definiert Agnes Bruggemann (1974, S. 281) Arbeits(un)zufriedenheit als »zusammenfassende Einstellung zu einem betrieblichen Arbeitsverhältnis mit allen seinen Aspekten«, d. h. als wertende Stellungnahme zur Arbeit. Als wesentliche Bestimmungsgrößen für Arbeits-(un-)zufriedenheit gelten im Allgemeinen (vgl. Neuberger 1993, Sp. 199 ff.):

- (Nicht-)Befriedigung von Bedürfnissen und Erwartungen
- (Nicht-)Verwirklichung von Werten
- (Nicht-)befriedigende intrinsische und extrinsische Prozesse
- Positive/negative Bewertung der (Arbeits-)Situation.

Aufbauend auf der Gerechtigkeits- sowie Diskrepanztheorie (vgl. Katzell 1964; Locke 1969) formuliert Lawler (1977) folgende Thesen zur Arbeits-(un)zufriedenheit:

- Mitarbeiter, die ihre Arbeit für anspruchsvoll halten, sind mit Arbeitsumständen eher unzufrieden.
- Mitarbeiter, die ihre Leistung hoch einschätzen, neigen eher zu Unzufriedenheit.
- Je mehr ein Mitarbeiter glaubt, dass andere höhere Ergebnisse erzielen, desto unzufriedener wird er mit den eigenen Ergebnissen sein – insbesondere, wenn die anderen ähnliche oder gar weniger anspruchsvolle Arbeiten verrichten.
- Mitarbeiter, die glauben, dass andere Personen ein günstigeres Gleichgewicht zwischen Leistung und Ergebnissen haben, sind eher unzufrieden als solche, die ihre Balance ähnlich oder besser im Vergleich zu anderen wahrnehmen.
- Mitarbeiter, die nur eine relativ niedrige Ergebnisebene erreichen, sind unzufriedener als solche mit hohem Ergebnisniveau.

Gemäß einer demoskopischen Untersuchung von Martin/Nienhüser (1998) ist der Anteil der Berufstätigen, die mit ihrer Arbeit »völlig zufrieden« sind, in Westdeutschland von 50 % (1990) auf 44 % (1997) zurückgegangen. Die Quote der »nicht Zufriedenen« erhöhte sich jedoch nur von 5 % (1990) auf 7 % (1997). Zugenommen hat entsprechend v. a. der Anteil der »einigermaßen Zufriedenen«, der von 43 % (1990) auf 48 % (1997) stieg. Aufschlussreich sind auch verschiedene Aussagen in Bezug auf das Arbeitsleben. So stieg der Anteil derjenigen, die sich als unterfordert einstufen, von 23 % (1990) auf 26 % (1997). Auch stieg der Anteil derjenigen, die fehlende Aufmunterung und Anerkennung in Organisationen beklagen, von 15 % (1979 sonst 1990) auf 21 % (1997).

Entgegen der landläufigen Intuition ist Arbeitsunzufriedenheit aber nicht generell negativ zu bewerten. So sehen March und Simon (1976) gerade in einer Unzufriedenheit mit der Arbeit eine wichtige Antriebskraft zum Handeln, ruft Unzufriedenheit den Einzelnen doch dazu auf, den Zustand zu verbessern. Unzufriedenheit wird so zu einer wichtigen Bedingung des Leistungsverhaltens.

Agnes Bruggeman (1974) hat in ihrem einflussreichen Modell zur Arbeitszufriedenheit versucht, das Person-Umwelt-Verhältnis in einen dynamischprozessualen Bezug zu stellen. Dabei differenziert sie zwischen verschiedenen Formen von Arbeitszufriedenheit. Diese hängen individualisiert davon ab, ob Wahrnehmungsverfälschungen vorliegen, Änderungen des Anspruchsniveaus vorgenommen werden und/oder besondere Verarbeitungsprozesse stattfinden, die von Gefühlszuständen und emotionalen Prozessen mitbestimmt werden. Insgesamt können demnach folgende Typen von Arbeits(-un)zufriedenheit vorliegen:

Progressive Arbeitszufriedenheit
Diese liegt vor, wenn die eigenen Ansprüche befriedigt werden und überdies die Möglichkeit gesehen wird, das Anspruchsniveau weiter zu erhöhen, sprich: zusätzliche Ansprüche im Arbeitszusammenhang verwirklichen werden können.

Stabilisierte Arbeitszufriedenheit
Diese resultiert ebenfalls aus der Befriedigung von Ansprüchen; eine weitere Erhöhung des Anspruchsniveau wird hier jedoch ausgeschlossen.

Resignative Arbeitszufriedenheit
Die arbeitsbezogenen Ansprüche werden hier nicht verwirklicht, was zu einer Reduzierung des Anspruchsniveaus führt; diese Reduzierung ermöglicht eine Zufriedenheit »im Nachhinein« (z. B. bei »innerlich Gekündigten«).

Pseudo-Arbeitszufriedenheit
Hierbei handelt es sich um eine Zufriedenheit, die aus Verdrängungen der Wirklichkeit resultiert; die Arbeitssituation wird also als zufriedenstellend empfunden, weil sie systematisch verfälscht wahrgenommen wird (vgl. Büssing 1991, S. 91).

Fixierte Arbeitszufriedenheit
Hier sind und bleiben die Erwartungen unerfüllt, weil keine Absichten bestehen, den Zustand durch Selbsthilfe zu verbessern. Solchermaßen blockiertes Verhalten kann zu pathologischen Effekten und Entwicklungen führen.

Konstruktive Arbeitszufriedenheit
Auch hier sind die Ansprüche unerfüllt; jedoch bestehen konstruktive Absichten, diesen Zustand selbstorganisiert zu überwinden. Vorausset-

zung dafür ist allerdings eine ausreichende Frustrationstoleranz, die die Wahrung des Anspruchsniveaus auch in einer unbefriedigenden Situation ermöglicht.

Abb. 24: Typologie der Arbeitszufriedenheit von Agnes Bruggemann (Six/Kleinbeck 1989, S. 376)

Für das Verständnis des Zusammenhangs von Emotionen in Organisationen ist diese Differenzierung zwischen konstruktiven und »destruktiven« Arbeits(un)zufriedenheiten hilfreich. So sind emotional belastete Mitarbeiter wohl am ehesten im Bereich der fixierten, pseudohaften oder resignativen Arbeitszufriedenheit zu finden. Dabei zeigen sich unterschiedliche Reaktionsweisen und Bewältigungsstrategien. Bei einem fixiert arbeitszufriedenen Zustand kommt es zu emotionalen Problemen, die durch erfolglose Lösungsversuche verstärkt werden können. Die entgangene Bedürfnisbefriedigung führt dann immer stärker zur Erfüllungssuche in anderen Bereichen (z. B. Freizeit) oder mündet in krankhafte (z. B. psychosomatische Krankheiten) bzw. destruktive Kompensationsversuche (z. B. Mobbing) (vgl. auch Bruggemann/Großkurth/Ulich 1975, S. 136). »Pseudo-zufrieden« ist, wer seine emotionale Unzufriedenheit erfolgreich verdrängt. Die emotionalen Probleme werden also nicht bewusst wahrgenommen, wirken jedoch unbewusst und indirekt. Dauerhafte emotionale Belastungen können zu resignativer Arbeitszufriedenheit führen, bei der das Anspruchsniveau sinkt. Werden emotionale Motivationsprobleme aktiv überwunden und eine emotional getragene Remotivation erlebt, dann kann sich progressive Arbeitszufriedenheit ergeben, die eine anspruchserhöhende Eigendynamik für weiteres Engagement freisetzt (vgl. auch Wunderer/Küpers 2003).

Die empirische Arbeitszufriedenheitsforschung hat eine Vielzahl von einflussreichen Faktoren untersucht (vgl. Neuberger 1993, Sp. 199). Neben einer methodischen und inhaltlichen Kritik (vgl. Fischer 1989, S. 195; Büssing 1985; Neuberger/Allerbeck 1978; Fischer 1989, S. 55 ff.; 1991, S. 11 ff.) bleibt jedoch vor allem zu bemängeln, dass die Interpretation ihrer Resultate – auch bezüglich des Emotionalen – zumeist recht unbefriedigend ausfällt (vgl. Martin 1992, Sp. 489). Als besonders problematisch ist zu bewerten, dass die Arbeitszufriedenheit nur als psychische Disposition gegenüber der Arbeit betrachtet wird (vgl. Martin 1992). Emotionale Wechselwirkungsprozesse zwischen Person und Situation (vgl. Hummel 1995) sowie speziell emotionsbedingte Arbeits(un)zufriedenheiten können damit nur begrenzt erfasst werden (vgl. Büssing 1991, S. 85). Dazu sind neben emotionsbasierten Wert- oder Arbeitsorientierungen (vgl. Fischer 1989, S. 59; vgl. Marr 1996) und willentlichen Prozessen (vgl. Fischer 1989, S. 66 ff.) auch Beziehungskontexte (z. B. Gruppenprozesse) und der Zusammenhang von Arbeits- und Lebenszufriedenheit (vgl. Meulemann 1991) stärker zu berücksichtigen.

Eine Integration emotionsbezogener Aspekte trägt wesentlich zur Erweiterung der Arbeitszufriedenheitsforschung bei (vgl. Temme/Tränkle 1996). Dazu gehört auch die Berücksichtigung tätigkeitsbezogener Freude. Im Gegensatz zur ergebnisbezogenen Zufriedenheit ist die eher ungeplant und unerwartet auftretende »ereignisbezogene Freude« ein Nebenprodukt der Zielverfolgung (vgl. Izard 1994; Temme/Tränkle 1996, S. 286). Der Prozesscharakter der Arbeitsfreude verweist dabei auf andere Emotionsformen wie Spaß, Begeisterung, Lust und Leidenschaft.

5.2.2 Emotionen und Stress sind in der Arbeit miteinander verbunden

Einen besonders emotionsrelevanten Bereich des Arbeitslebens stellt der Stress dar. Emotion und Stress sind eng miteinander verknüpft. Einerseits werden spezifische Emotionen durch Stressoren hervorgerufen, andererseits haben Emotionen selbst Stresseffekte oder bieten Möglichkeiten zur Entlastung von Stress. Unter »Stress« ist alltagssprachlich die Summe der überschwellig auf uns einwirkenden Reize sowie die Anpassungsreaktion des Körpers hierauf zu verstehen.

Als wichtigste Stressoren im organisationalen Kontext gelten nach Staehle (1999, S. 253):

- physischer Stress (z. B. Lärm, Hitze, unangenehme Gerüche etc.),
- aufgabenbedingter Stress (z. B. quantitative und qualitative Über- oder Unterforderung, Zeitdruck, störende Ablenkungen bzw. Unterbrechungen, unzureichende Arbeitsmittel, nicht avisierte Aufgabenwechsel),
- rollenbedingter Stress (z. B. Rollenkonflikte, Rollenmehrdeutigkeit, Rollenüberlastung, Mangel an Status und Managementunterstützung),

- kommunikationsbedingter Stress (z. B. überbeanspruchende Beziehungen mit Vorgesetzten, Mitarbeitern, Kollegen, Kunden),
- organisationsbedingter Stress (z. B. unklare Kommunikationen und Verantwortungen),
- führungsbedingter Stress (z. B. Diskrepanz zwischen postuliertem Führungsstil und realem Führungsverhalten),
- berufs- und karrierebedingter Stress (z. B. Arbeitsplatzunsicherheit, zu langsame, aber auch zu schnelle Beförderung, unzureichende Vorbereitung auf eine neue Position),
- organisationsexterne Stressoren (z. B. Familie, ökonomische Situation, kritische Lebensphase).

Organisationale Strukturen und Prozesse führen bei den Mitarbeitern oft zu stressreichen Spannungen (vgl. Karasek/Theroell 1990, S. 33). So kann sich aus einer Spannung zwischen den empfundenen Gefühlen und der Notwendigkeit einer »Aufführung« im Organisationsalltag ein spezifischer »dramaturgischer Stress« (Freund 1990; 1998) ergeben. Der unhöfliche Kunde, der »immer Recht hat«, die wachsenden Anforderungen nach sozialen und kommunikativen Kompetenzen angesichts eigenen Unvermögens, die zwischenmenschliche Konkurrenz sowie der Druck von Hierarchien sind Beispiele für diese Art des Arbeitsstresses (vgl. Freund 1982). Auf emotionale Stressoren, die aus der Anforderung zur so genannten »Gefühls- oder Emotionsarbeit« entstehen, werden wir noch genauer eingehen (vgl. Kapitel 5.2.3).

Weitere Stressfaktoren, die zu emotionaler Erschöpfung und Demotivation führen können, betreffen den Verlust der sozialen Einbindung und eine damit einhergehende Isolation am Arbeitsplatz. Belastende oder fehlende persönliche Beziehungen schwächen emotionale Bindungen und leisten einem Gefühl der Entfremdung Vorschub. Gerade die Qualität der sozialen Kommunikations- und Unterstützungsstrukturen beeinflusst das Ausmaß des emotionalen Arbeitsstresses (vgl. Ray/Miller 1991). Dazu treten Wertekonflikte, bei denen es zwischen individuellen Werthaltungen (z. B. moralisches Verantwortungsgefühl) und den Anforderungen am Arbeitsplatz (z. B. moralisch fragwürdige Praktiken) zu belastenden Spannungen kommt. Besondere Formen von konfligierendem Stress stellen kognitive und emotionale Dissonanzen dar. Schon seit längerem wurde die Bedeutung kognitiver Dissonanzen untersucht (vgl. Festinger 1978; Irle/Möntmann 1978, S. 366 ff.; Weidemann/Frey 1992, S. 727 ff.). Das Verhältnis zwischen individuellen Kognitionen wird dabei dann dissonant, wenn Informationsverarbeitungsprozesse oder deren Folgen in Widerstreit miteinander geraten (vgl. Festinger 1978; Frey 1995). In organisationalen Kontexten ist dies beispielsweise dann der Fall, wenn Rückmeldungen zur Aufgabenerledigung oder zum Sozialverhalten deutlich von der eigenen (Selbst-)Wahrnehmung abweichen (vgl. z. B. Rousseau 1995; Rousseau/McLean Parks 1993).

Kognitive Dissonanzen, die als unangenehmer Zustand erlebt werden, vermindern die organisationale Effektivität und erhöhen die Demotivation von Mitarbeitern (vgl. Wunderer/Küpers 2003). Wer sich diesen Effekten allerdings stellt, kann versuchen, die Inkongruenzen zu beseitigen oder zumindest zu reduzieren. Hierzu kann bereits das Bestreben gezählt werden, dissonanzverursachende Situationen oder Informationen aktiv zu vermeiden (vgl. Festinger 1978, S. 16, S. 30 ff.) Wie neuere Forschungen zeigen, gibt es neben kognitiven auch emotionale Dissonanzen (vgl. Abraham 1999, 2000; Rafaeli/Sutton 1987). Diese treten auf, wenn die gezeigten Emotionen zwar den von der Organisation geforderten Normen, nicht aber den wirklich empfundenen Gefühlen entsprechen. Solche Dissonanzen und deren Folgen sind insbesondere im Rahmen der so genannten Emotionsarbeit von Bedeutung, auf die wir später noch näher eingehen werden (vgl. Kapitel 5.2.3).

Kommen wir schließlich zu den Auswirkungen und Bewältigungsformen von Stress. Die mit Stress verbundenen Kontrollverluste gehen mit Gefühlen der Bedrohung, der Machtlosigkeit oder der Abhängigkeit einher (vgl. Ulich 1981, 1994, S. 400). Dabei sind grundlegend die folgenden Wirkungsweisen von Stress zu unterscheiden:

- Motorisch-physiologische Folgen z. B. Verspannungen, Erhöhung des Blutdrucks und -zuckers, Herz-Kreislauferkrankungen, Schlaf- und Konzentrationsschwierigkeiten, Magengeschwüre.
- Emotionale Wirkungen z. B. Gefühle der Angst (vgl. Panse/Stegmann 1996) oder unlustbetonte Erregungszustände wie Wut, Gereiztheit oder Hilflosigkeit, die zur inneren Erschöpfung bzw. dem so genannten. »Burn-Out« führen können (vgl. Burish 1989).

Dabei gilt grundsätzlich, dass Stress infolge emotionaler Belastung umso stärker ist, je weniger es den Betroffenen gelingt, diesen Belastungen auszuweichen oder sie durch eigene Anstrengungen zu bewältigen (Coping). Copingstrategien zielen dabei nicht nur auf die belastende Situation selbst, sondern auch auf die Veränderung der persönlichen Einstellung zu ihr (z. B. durch Neubewertung oder Anspruchsanpassung) und dem Finden alternativer Lösungen. Grundlegend lassen sich folgende zwei Stressbewältigungsreaktionen voneinander abgrenzen (vgl. Spiess/Winterstein 1999, S. 146 f.):

- Das problembezogene (ursachenorientierte) Coping richtet sich auf die Veränderung der Person-Umwelt-Relation als Quelle der Belastung.
- Das emotionsbezogene (symptomorientierte) Coping bezieht sich auf die subjektive Befindlichkeit, d. h. auf eine verbesserte Regulation der belastenden Gefühle (z. B. Verneinung, Verkehrung ins Gegenteil, Bagatellisierung, Phantasien oder aber auch Entladung von Gefühlen wie Angst, Ärger, Schuld).

Neben der Reduktion der objektiven bzw. subjektiven Belastungen kann durch Coping auch das Selbstwertgefühl aufrechterhalten bzw. wiedergewonnen werden (vgl. Kanning 2000). Dabei haben Mitarbeiter persönlichkeitsabhängige Copingstile. Je nach Belastungsumständen und Bewertungen (z. B. Durchschaubarkeit, Komplexität, Kontrollierbarkeit der belastenden Bedingungen) planen und realisieren sie also durchaus unterschiedliche Lösungsschritte und Reaktionen (vgl. Prystav 1981).

Es besteht somit eine Vielzahl von Ansatzpunkten und Methoden zur Reduktion von Stress (vgl. Battmann/Schönpflug 1992, S. 220 ff.; Richter/Hacker 1998; Karasek/Theorell 1990; Bamberg/Busch 1996). Mit Bezug zum Emotionalen gehört dazu – neben der Selbstkontrolle (vgl. Laux/Weber 1990, S. 576) – ein konstruktives »Ausdrücken« von Gefühlen. Auf Basis einer offenen und sensiblen Wahrnehmung des stressenden Gefühlszustands (z. B. Ärger) kann eine authentische Äußerung unterdrückter Gefühle i. S. einer Katharsis helfen, Spannungszustände abzureagieren und Blockaden aufzulösen (vgl. Verres/Sobez 1980).

Allerdings gibt es auch »destruktive« Coping-Strategien wie Angriff- oder Fluchtmechanismen oder die Leugnung der belastenden Situation, die zu weiteren Spannungen und emotionalen Konflikten führen können. Eine solche Bewältigungsreaktion äußert sich z. B. als Zynismus (vgl. Dean/Brandes/Dharwadkar 1998), sprich: als radikale Distanzierung von eigenem oder fremdem Tun durch Spott. Ein solches Coping qua Zynismus kann jedoch stark beeinträchtigende Konsequenzen für Mitarbeiter haben, die sich in reduziertem Commitment, eingeschränktem Extrarollenverhalten, verminderter Zufriedenheit oder »Burn-out« manifestieren (vgl. Andersson/Bateman 1997).

Schließlich seien noch folgende Grenzen der Stressbewältigung erwähnt (vgl. Jerusalem 1997): Da unterschiedliche Persönlichkeitsmerkmale die Strategien zur Stressbewältigung beeinflussen (vgl. Staehle 1999, S. 253), kann es keine »best-way-Lösung« für Coping geben. Zudem sind die Voraussetzungen für eine wirkungsvolle Bewältigung von Stress oftmals nicht gegeben (z. B. soziale Unterstützung durch Familie, Freunde und andere Bezugspersonen oder Handlungsspielräume für selbstorganisierten Umgang mit Belastungen). Auch besteht die Gefahr, Mitarbeiter durch Stressbewältigung zu überfordern, beispielsweise aufgrund des erhöhten Regulationsaufwandes. Einzelne Bewältigungsformen sind zudem schwer mess- und bewertbar und können je nach Bewertung unterschiedlich kostenintensiv und wirksam sein (vgl. Schönpflug 1983, 1986; Laux/Weber, S. 579 ff.).

Erwähnt werden muss allerdings, dass Stressemotionen nicht nur unlustbetonte emotionale Reaktionen, sondern auch positiv getönte Empfindungen umfassen können – insbesondere dann, wenn eine Situation nicht als bedrohlich, sondern als herausfordernd interpretiert wird (vgl. Lazarus/Lanunier 1978).

5.2.3 Gefühle und Emotionen werden selbst zur Arbeit

Ein besonderer Anwendungszusammenhang des Emotionalen entsteht im Rahmen der so genannten Gefühls- oder Emotionsarbeit, die gerade in modernen Dienstleistungsgesellschaften erheblich an Bedeutung gewinnt (vgl. Nerdinger 2001; Wegge 2001). Dabei wird angenommen, dass es neben physischen und kognitiven häufig auch emotionale Anforderungen in beruflichen Tätigkeiten gibt, z. B. freundliches Auftreten, Empathie gegenüber Kunden etc. (vgl. Zapf et al. 1999). Gefühlsarbeit bezeichnet eine Arbeits- bzw. Verhaltenserwartung, mit der spezifische Gefühle bzw. Gefühlsausdrücke regelmäßig in öffentlichen, beruflichen Interaktionen i. S. der organisationalen Ziele zu steuern und zu regulieren sind (vgl. James 1989, S. 15; Grandey 2000, S. 97). Über die Regulierung eigenen Verhaltens hinaus dient die Gefühlsarbeit dazu, Emotionen des Interaktionspartners richtig wahrzunehmen, zu berücksichtigen sowie ggf. zu beeinflussen (vgl. Zapf 2000, S. 572).

»Gefühlsarbeit« lässt sich allgemein über folgende Bestimmungsfaktoren beschreiben (vgl. Morris/Feldman 1996; Staehle 1999, S. 263):

- Notwendigkeit hoher subjektiver (introspektiver) Aufmerksamkeit, die das Zeigen der emotionalen Regungen zielgerichtet reguliert,
- hohe Häufigkeit zielgerichteter emotionaler Ausdrucksweisen,
- relativ große Vielfalt und Verschiedenartigkeit der Emotionen, die im Rahmen der Arbeitsrollen erwartet werden,
- häufige Dissonanzen zwischen erwarteter und tatsächlicher Empfindung.

Nach Dunkel (1988, S. 67) umfasst die Gefühlsarbeit zudem folgende Bestimmungen von Gefühlen:

- Gefühl als Gegenstand: Die emotionale Befindlichkeit einer anderen Person wird beeinflusst, um einen eigenen Vorteil zu erreichen (z. B. Verkauf einer Ware).
- Gefühl als Mittel: Es wird nicht nur an den Gefühlen des anderen gearbeitet, sondern auch an den eigenen Gefühlen.
- Gefühl als Bedingung: Passen die eigenen und die herzustellenden Gefühle nicht zusammen, so wird eine emotionale Selbstkontrolle notwendig.

Wie zuvor beschrieben, werden Gefühle maßgeblich von der organisationalen »Gefühlskultur« beeinflusst. Hierunter versteht man die »mehr oder weniger bewußten Gefühlsregeln, die dem Einzelnen vorschreiben, welche Gefühle er selbst in welcher Situation einbringt, welche Bedeutung bestimmte Gefühle haben und wann und von wem welche Gefühle unterdrückt oder frei geäußert werden dürfen« (Bandura 1990, S. 323). Diese Gefühlsnormen sollen helfen, erlebte Diskrepanzen zwischen eigener Befindlichkeit und sozial erwarteten Emotionen in Einklang zu bringen (Gerhards 1988, S. 52). Die allgemeine Form dieses Regeltyps lässt sich wie folgt definieren (vgl. Fiehler 1990, S. 78):

»Wenn eine Situation gedeutet wird als vom Typ x,
ist es angemessen und wird sozial erwartet,
ein emotionales Erleben vom Typ y zu haben.«

Gefühlsregeln setzten sich damit aus Erwartungen an das eigene emotionale Erleben, einem spezifischen Wissen über das emotionale Potenzial des jeweiligen Interaktionspartners sowie aus einem grundlegenden »Regelwissen« bezüglich der Akzeptanz von bestimmten Gefühlen zusammen.

Im beruflichen Kontext werden Gefühle in besonderer Weise normiert. Besonders bei kontaktintensiven Dienstleistungen (vgl. Küpers 1999c; Nerdinger 2001), z. B. im Pflegebereich (vgl. Nerdinger/Röper 1999), legen Gefühlsnormen die Dauer und Stärke sowie die inhaltlichen Bezüge der Gefühle fest (vgl. Hochschild 1990, S. 73 ff., S. 99 ff.). Während die Gefühlsregeln Art und Richtung der Gefühle bestimmen, organisieren die so genannten Ausdrucksregeln ihre Expression (vgl. Gerhards 1988, S. 172). Praktische Beispiele für solche Regelungen sind die bewegungs- und gestenreichen Vermittlungen von Freude und Spaß bei Animateuren in Urlaubs- und Freizeitclubs oder die Freundlichkeit von VerkäuferInnen und Dienstleistern im Kundenkontakt. So enthalten die schriftlichen Anweisungen der Schnellimbisskette McDonalds für ihre Mitarbeiter im Kundenkontakt folgende Aufforderung: »Be enthusiastic and smile. You never get a second chance to make a first impression« (vgl. Leidner 1993, S. 69). Diese Ausdrucksregeln können allgemein wie folgt definiert werden (vgl. Fiehler 1990, S. 78):

»Wenn eine Situation gedeutet wird als von Typ x,
ist es angemessen und wird sozial erwartet,
Manifestationen des Typs y in interaktionsrelevanter Weise zu zeigen.«

Auch wenn die Ausdrucksnormen je nach Person variieren – z. B. bedingt durch Alter, Geschlecht oder Rolle (vgl. Ekman 1981, S. 179) – wird die Gefühlsregelung häufig über organisatorisch sanktionierte Skripte institutionalisiert. Diese fordern vom Einzelnen eine Art »Gefühlsmanagement«, d. h. eine gezielte Steuerung des Ausdrucks im Sinne der situativen Gefühlsregeln (vgl. Humphrey/Ashforth 1994; Ashforth/Humphrey 1995; zu verschiedenen Formen des Gefühlsmanagements vgl. Bolton 2000). Da solche Gefühls- und Ausdrucksregeln in Interaktionen aktiviert und reproduziert werden, sind sie allerdings nicht starr und unveränderlich; eher sind sie vage, unvollständig und ggf. widersprüchlich, weshalb Mitarbeiter Lücken füllen oder zwischen konkurrierenden Normen wählen müssen (vgl. Gordon 1989, S. 164).

Im Wesentlichen können folgende Möglichkeiten einer individuellen Reaktion auf emotionale Anforderungen im Sinne des Gefühlsmanagements genannt werden (vgl. Zapf 2002):

- Automatisierte Emotionsregulation,
- Oberflächenhandeln,
- Tiefenhandeln,
- Emotionales Abweichen.

Bei einer automatisierten Emotionsregulation ist der äußere Ausdruck eines Gefühls ein automatisierter senso-motorischer Prozess, d. h. die geforderte Emotion wird auch tatsächlich empfunden. Wird eine Emotion hingegen nicht spontan empfunden, so kann es zu einem Oberflächenhandeln (»surface acting«) oder zu einem Tiefenhandeln (»deep acting«) kommen (vgl. Hochschild 1990). Dem Oberflächenhandeln entspricht die bloße Darstellung von Gefühlen ohne persönliche Teilnahme. Solches Vorspielen von Gefühlen kann vor unterschiedlichen kognitiven Hintergründen erfolgen, sprich: man sieht es als richtig an, ein entsprechendes Gefühl (zumindest) vorzutäuschen (»faking in good faith«), oder man sieht es als falsch an, ein solches Gefühl vorzutäuschen (»faking in bad faith«). Beim Tiefenhandeln wird versucht, ein Fühlen der geforderten Emotion über gewisse Methoden zu erreichen. So kann ein erwünschtes Gefühl beispielsweise durch Konsultation des emotionalen Gedächtnisses hervorgerufen werden (Gross 1999, S. 559 ff.). Bei der vierten Möglichkeit, dem emotionalen Abweichen, wird den emotionalen Anforderungen bewusst nicht entsprochen, d. h. die organisational erwarteten Gefühle werden nicht gezeigt, was vom Kunden als »mangelnde Dienstleistungsmentalität« empfunden werden kann.

Welches sind nun aber die Folgen der Emotionsarbeit? Diese betreffen einerseits die Organisation, andererseits den Gefühlsarbeiter selbst. Hinsichtlich der Folgen für die Organisation wird unterstellt, dass erfolgreiche Emotionsarbeit zu einer höheren Kundenzufriedenheit und damit zu höheren Umsätzen führt (vgl. Rafaeli/Sutton 1987, S. 29; Mann 1997, S. 8). Gefühlsarbeit hat zudem aber auch insofern Folgen für die Organisation, als ihre (un-/befriedigende) Ausübung natürlich Rückwirkungen auf die Arbeitszufriedenheit bzw. das Leistungsverhalten der Mitarbeiter hat. Damit stellt sich gleichsam die Frage, wie die Gefühlsarbeiter selbst ihre Tätigkeit empfinden.

Hochschild (vgl. 1983, S. 124) hat in ihren einflussreichen empirischen Untersuchungen bei FlugbegleiterInnen gezeigt, wie eine beruflich geforderte und normierte Gefühlsarbeit zu Stress und Selbstentfremdung führt. Mit der ständigen äußeren Anpassung der Gefühle an Präsentationsvorgaben gehen ein Verlust der natürlichen Signalfunktion und eine Kommerzialisierung der Gefühle einher. Hochschild zieht den Schluss, dass eine Trennung von Darstellung und Gefühl über einen langen Zeitraum hinweg kaum durchzuhalten sei, weil sie emotionale Dissonanzen bewirke und im Extrem zu emotionaler Entfremdung führen könne (vgl. Hochschild 1983, S. 100, S. 124). Folgendes Zitat macht deutlich: »A young businessman said to a flight attendant: ›Why aren't you smiling?‹ She put her tray back on the food cart and said: ›I tell you what. You smile first, then I'll smile.‹ The businessman smiled at her. ›Good‹, she replied. ›Now freeze and hold that for fifteen hours‹« (Hochschild 1983, S. 127).

Die ständige Anpassung der Gefühle an ein »falsches Selbst« kann neben Alkohol-, Nikotin- und anderen Drogenmissbrauch auch emotionale Erschöpfung i. S. des so genannten »Burn-out« zur Folge haben (vgl. Burish 1989; Enzmann/Kleiber 1989; Brotheridge/Grandey 2002; Büssing/Glaser 1999). Beim »Burn-out« handelt es sich um einen Zustand körperlichen, emotionalen und geistigen »Ausgebranntseins«. Dieser ist »das Resultat andauernder oder wiederholter emotionaler Belastung im Zusammenhang mit langfristigem, intensivem Einsatz für andere Menschen« (Aronson 1983, S. 25). »Burn-out« tritt damit v. a. bei helfenden Tätigkeiten, in Lehr- und Erziehungsberufen sowie in Verwaltung und Management auf (vgl. Heller 1994, S. 224). Typische Folge des Überdrusses an menschlichen Kontakten ist die Distanzierung von den Klienten, die »dehumanisiert« und nur noch als eine Quelle von Problemen und Schwierigkeiten angesehen werden (vgl. Dunkel, 1988, S.77). Ein »Burn-out« kann an folgenden Symptomen erkannt werden (vgl. Aronson 1983, S. 27 ff.; Gerhards 1988, S. 59; Heller 1994, S. 225):

- häufiges Fehlen am Arbeitsplatz,
- exzessiver Drogen- und speziell Alkoholgebrauch,
- Schlafstörungen,
- Gefühl des Versagens,
- häufige Kopfschmerzen und Übelkeit,
- Hilflosigkeit und Hoffnungslosigkeit,
- negative Einstellung zum Selbst, zur Arbeit, zum Leben.

In den negativen Folgen der Gefühlsarbeit gewinnt das manipulierte Selbst ein immer stärkeres Eigenleben im Vergleich zu dem »eigentlichen Selbst« (vgl. Hochschild 1990, S. 151 f.). Hochschild und ihre deutschsprachigen Rezipienten (vgl. z. B. Gerhards 1988; Dunkel 1988; Frese 1990) vermögen jedoch nicht anzugeben, unter welchen Bedingungen die Gefühlsarbeit auch positiv sein kann bzw. wann sie zur Entwicklung des »eigentlichen Selbst« beiträgt. Denn die bleibende Ambivalenz der Gefühlsarbeit liegt darin, dass sie neben den Problemen der Entfremdung und des psychischen Stresses auch positive Wirkungen haben kann (vgl. z. B. Zapf 2002). So erleben Emotionsarbeiter oftmals eine hohe Anerkennung, was zu befriedigenden emotionalen Harmonieerfahrungen führt (vgl. Rafaeli/Sutton 1987). Auch zeigen Studien, wie sehr das »Aufführungsspiel« zwischen Gefühlsarbeitern und ihren Klienten auch wechselseitigen Gewinn und Spielfreude mit sich bringen kann (vgl. Wouters 1989). Solche positiven Gefühle fördern das Engagement für die weitere Emotionsarbeit.

In Studien wurde auch der Zusammenhang zwischen Gefühlsarbeit und Leistung untersucht. Staw, Sutton und Pelled (1994) ermittelten in einer Längsschnittstudie, dass das Fühlen und Ausdrücken von positiven Emotionen zu einer besseren Bewertung durch die Vorgesetzten, zu höherer Bezahlung sowie zu stärkerer sozialer Unterstützung durch Vorgesetzte und Kollegen führte.

In der Bewertung der Gefühlsarbeit sind daher stets positive und negative Seiten zu bedenken. Möglichkeiten zur Entproblematisierung der Gefühlsarbeit liegen neben der Handhabung dysfunktionaler Gefühle (vgl. Ostell 1996; Yanay/Shahar 1998) v. a. in der Vermeidung negativer Folgen sowie in der Förderung ihrer positiven Aspekte (vgl. Sutton/Rafaeli 1988, S. 471; Rafaeli/Sutton 1989, S. 13). Dazu sollten die Mitarbeiter in den Prozess einer Veränderung der »Darstellungsregeln« einbezogen werden (vgl. Rastetter 2001, S. 129 f.; Tolich 1993, S. 377 ff.). Eine Erleichterung der Gefühlsarbeit wird durch die Schaffung einer positiven Grundstimmung in der Organisation bzw. eine Erhöhung der Arbeitszufriedenheit möglich (vgl. auch Rafaeli/Sutton 1989, S. 13). Praktisch kann dies im Rahmen der Personal- und Organisationsentwicklung, durch eine Erhöhung der Entscheidungs-, Handlungs-, Kontrollspielräume oder durch eine Umgestaltung der Arbeit erfolgen (vgl. Wunderer/Küpers 2003). Die damit anvisierte Steigerung der intrinsischen Motivation kann wesentlich zu einer erfolgreichen Gefühlsarbeit beitragen (vgl. Pugliesi 1999).

Eine (partielle) Entlastung von Gefühlsarbeit kann durch die Schaffung von so genannten »back-stage-Bereichen« erfolgen. Dies sind Bereiche, zu denen Kunden keinen Zutritt haben und wo Mitarbeiter sich vergleichsweise ungezwungen bewegen, entspannen und v. a. mit Kollegen austauschen können (vgl. z. B. Rafaeli/Sutton 1987, S. 27). Damit wird die soziale Interaktion zwischen den Mitarbeitern gefördert, was zur psychischen und emotionalen Entlastung des Einzelnen beiträgt (vgl. Rastetter 2001, S. 129). Bei der Verarbeitung von anstrengender Gefühlsarbeit ist im Übrigen auch ein ausgleichender Humor förderlich (vgl. Francis 1994).

Ferner kann eine Kompensation der Gefühlsarbeit auch über materielle und immaterielle Anreizsysteme vermittelt werden (vgl. Rastetter 2001, S. 127). Schließlich können über die Praxis einer freiwillig beschränkten Emotionalität (vgl. Mumby/Putnam 1992, S. 478; Putnam/Mumby 1993) die beschriebenen Probleme der Gefühlsarbeit vermieden bzw. aufgefangen werden (vgl. Martin/Knopoff/Beckman 2000, S. 116; vgl. Kapitel 5.4.1). Dabei werden spontan aufkommende Gefühle am Arbeitsplatz zwar zugelassen, aber die eigenen Emotionen aus Respekt gegenüber den emotionalen Bedürfnissen anderer in einem gewissen Maße beherrscht. Als praktisches Mittel des Emotionsmanagements wahrt eine beschränkte Emotionalität damit die sensiblen Grenzen zwischen dem, was gefühlt wird, und dem, was ausgedrückt wird. Eine selbstbeschränkte Emotionalität ist mithin durch intersubjektiv gefundene Begrenzungen der Gefühle sowie spezifische Ambiguitätstoleranzen bestimmt (vgl. Mumby/Putnam 1992, S. 471). Damit können verschiedene emotionale Bedürfnisse und Kompetenzen der Organisationsmitglieder anerkannt und berücksichtigt werden (vgl. Mumby/Putnam 1992, S. 478; Putnam/Mumby 1993, S. 51 f.). Dies ermutigt, sich am Arbeitsplatz authentisch zu verhalten und das professionelle dem privaten »Ich« anzunähern (vgl. Ashforth/Tomiuk 2000). Interessanterweise ruft eine gemeinsam erlebte Beschränkung des Emotionalen dann sogar ein starkes Gemeinschaftsgefühl hervor (vgl. Martin/Knopoff/Beckman 2000, S. 116).

Somit kommt es auf ein angemessenes Emotionsmanagement an, das die Bedürfnisse der Mitarbeiter und die Erfordernisse der Organisation gleichermaßen berücksichtigt. Ein solches abgestimmtes Emotionsmanagement geht davon aus, dass das Emotionale Teil des sozialen Organisationskontexts ist. Es versucht deshalb, »situationspassende« Emotionen und entsprechende Ausdrucks- und Umgangsweisen zu organisieren (vgl. Duck 1993). Mitarbeiter und Vorgesetzte müssen dafür in wechselseitiger Achtung emotional responsiv sein, d. h. eine dialogische Antwortbeziehung im Verhalten zeigen (vgl. Waldenfels 1994; Waldenfels 2000, S. 313). Ein »responsives« Management des Emotionalen ermutigt die Organisationsmitglieder, ihre Gefühle ohne Furcht, aber angemessen auszudrücken. Es geht einher mit einer Sensibilität für Dauer und Rhythmus von Handlungsprozessen sowie mit einem Respekt gegenüber verschiedenen emotionalen Stilformen und Erfahrungen. Ferner kultiviert es den Sinn dafür, emotionale Beziehungen und informelle Kommunikations- und Verhaltensweisen offen zu halten. Schließlich beachtet ein responsiver Umgang ein mögliches »Aufstauen« von negativen Gefühlen und potenziellen Konsequenzen und agiert entsprechend präventiv. Ein responsives Management des Emotionalen trägt so wesentlich zu einer authentischen Gefühlsinszenierung und damit zu emotionalem Wohlergehen bei (Küpers 2005). Allerdings ist eine solche emotionale Ehrlichkeit angesichts der Grundproblematik einer weit verbreiteten emotionalen Heuchelei im Organisationsleben relativ riskant (vgl. Fineman 2003, S. 196).

5.3 Wie Emotionen die Zukunftsfähigkeit von Organisationen sichern können

Organisationen befinden sich gegenwärtig in einer Phase des Wandels. Organisationalen Veränderungen ist deshalb in den letzten Jahren in Theorie und Praxis verstärkt Beachtung geschenkt worden (vgl. Deeg 2005). Auch wird Prozessen des Wissens und des Lernens von und in Organisationen eine steigende Bedeutung beigemessen. Mit Bezug zum Emotionalen geht es dabei u. a. um folgende Fragen: Welche positiven und welche problematischen Rollen spielen die Emotionen im Rahmen von Veränderungs-, Wissens- und Lernprozessen? Wie hängen Wandlungen und Widerstände zusammen und welche Bedeutung kommt dem emotionalen Widerstand dabei zu? In welchem Verhältnis stehen Wissen und Emotionen? Wie können emotionale Aspekte in Konzepte des Wissensmanagements integriert werden? Inwiefern ist Lernen in und von Organisationen auch ein emotionaler Prozess? Die folgenden Kapitel gehen diesen Fragen nach.

5.3.1 Emotionen in sich wandelnden Organisationen

Jeder Wandel wird auch vom Emotionalen beeinflusst. Gefühle und Emotionen können Auslöser und Katalysatoren, aber auch Blockierer bzw. Verhinderer von Wandlungsprozessen sein. V. a. elementare Veränderungen berühren die direkt oder indirekt Betroffenen emotional. Organisationen sind bekanntlich vielfältigen Veränderungsprozessen unterworfen, deren Ursachen im internen Bereich (z. B. Krisen, neuartige Ressourcenverteilungen, modifizierte Strukturen, veränderte Rollen- und Kompetenzzuordnungen) wie im externen Bereich (z. B. sozio-kulturelle Veränderungen, neuartige Informations- und Kommunikationstechnologien) liegen können. Dies ist keineswegs neu, denn den Wandel von und in Organisationen hat es immer schon gegeben; entsprechend waren hierbei immer auch Emotionen im Spiel.

Aktuell sind Organisationen und ihre Mitglieder jedoch einem besonderen Veränderungsdruck ausgesetzt, der auch neue emotionale Herausforderungen mit sich bringt. Zudem hat sich die Art des Wandels verändert, d. h. es gibt einen »Wandel des Wandels« (Mann 1993, S. 14 ff.). Diese neue Form des Wandels ist v. a. durch das Faktum zunehmender Diskontinuitäten gekennzeichnet, womit Wandel höchst sprunghaft und unabsehbar, gleichsam spiralförmig mit offenem Ende verläuft (vgl. Weick/Quinn 1999, S. 382). Bewährtes Wissen, herkömmliche Routinen oder stabile Organisationsgefüge werden dabei durch ständig neue und auch paradoxe Anforderungen (z. B. Stabilität und Flexibilität) in Frage gestellt (vgl. Handy 1994, S. 33; Müller-Stewens/Fontin 1997). Mit immer neuen Projektaufgaben, Stellenwechseln und Fluktuationen von Organisationsmitgliedern gehen emotionale Belastungen einher, die eine kontinuierliche (Zusammen-)Arbeit stark beeinträchtigen.

Die neuen Bedingungen des Wandels bewirken, dass Organisationen sich von der Vorstellung absoluter Beherrschbarkeit, sicherer Prognosen und langfristig festgelegter, weil zu einem bestimmten Zeitpunkt tauglicher Verhaltensmuster verabschieden müssen. Auch erfordern sie eine besondere Berücksichtigung der Emotionen (Huy 1999). Der Zusammenhang von Emotionen und Wandel zeigt dabei erneut, wie ambivalent das Emotionale ist. So gibt es im Wandelprozess gleichermaßen förderliche wie problematische emotionale Faktoren. Emotionen können damit sowohl eine vitalisierende wie auch eine hemmende Rolle spielen. Einerseits benötigen Wandelprozesse einen energetischen Impuls und müssen emotional getragen werden; andererseits straucheln oder scheitern viele Wandlungs- und Reorganisationsprozesse, weil sie blockierende Gefühle auslösen oder auf emotionale Gegenreaktionen treffen.

Vor, während und nach Wandelprozessen treten viele positive wie negative Emotionen auf. Vor einem Wandel kann es zu produktiven Spannungen kommen, die vermittels einer »schöpferischen Unzufriedenheit« jene emotionalen Energien freisetzen, die als Antriebskraft für die anstehenden Veränderungsprozesse unentbehrlich sind. Im Wandel selbst können positive Emotionen »Täler« des Veränderungsprozesses überwinden helfen und den Wandel damit in kritischen Momenten voran treiben. Hilfreiche Emotionen können auf einer positiven Einstellung gegenüber dem Änderungsprojekt, auf frühzeitigen Erfolgserlebnissen, auf ausreichenden Kompetenzen für die Bewältigung der Herausforderungen oder auch auf guten Kontrollmöglichkeiten der Situation beruhen. Ein gelungener Wandel kann schließlich Gefühle der Zufriedenheit auslösen (z. B. Stolz auf das Erreichte), die für weitere Veränderungsphasen oder -vorhaben unerlässlich sind.

Mit jedem Wandel können aber auch emotionale Zustände der Unsicherheit und der Ungewissheit einhergehen. Oft sind es Ängste des Einzelnen, die eine fehlende Wandlungsbereitschaft und damit Widerstand verursachen (vgl. Staehle 1999, S. 979). Dazu gehören Leistungs-, Identitäts-, Beziehungs- Freiheits- sowie Einkommensängste, aber auch die Furcht davor, Gewohnheiten, Privilegien, Machtpotenziale oder Statussymbole zu verlieren. Verstärkt werden diese Ängste durch persönliche Vorbehalte (z. B. erwartete Zusatzarbeit oder -belastungen) und/oder ein fehlendes Vertrauen gegenüber den Promotoren der Veränderungsprojekte. Während des Wandels kann es zu zahlreichen Frustrationen und Konflikten kommen. Nach vollzogener Wandlung können negative Emotionen schließlich in negative Erfahrungen überführt werden, die kontraproduktiv auf künftige Veränderungsprozesse wirken.

Positive wie negative Reaktionen auf Wandlungsprozesse sind partiell vorhersehbar und gehen mit einer typischen emotionalen Verarbeitungskette einher (vgl. Roth 2000, S. 14 ff.; vgl. auch Cevey/Prange 1999). Nach einer Phase relativer Stabilität und Zufriedenheit mit dem Status Quo, also dem Gewohnten und Vertrauten, kommt es zu Antizipation von Veränderungen, gleichsam zu einer Art emotionalem Vorwissen. Bei der Veränderung treten als erste emotionale Reaktionen Schock und Verleugnung auf, die dann in Abwehr und Wut sowie Ärger übergehen, gefolgt von Gefühlen der Frustration und Depression. Im weiteren Verlauf ist Akzeptanz möglich, die oftmals noch mit Trauer und Abschiednehmen verbunden ist. Nach dieser Phase des Loslassens folgt die emotionale Öffnung, verbunden mit Neugier und anschließender

Neuorientierung i. S. eines Ausprobierens. Hieran kann sich eine Phase des innerlichen Verarbeitens und Integrierens anschließen. Folgende Abbildung zeigt diese idealtypischen Phasen – aktiver und passiver – emotionaler Reaktion und leistungsbeeinflussender Verarbeitungim Überblick.

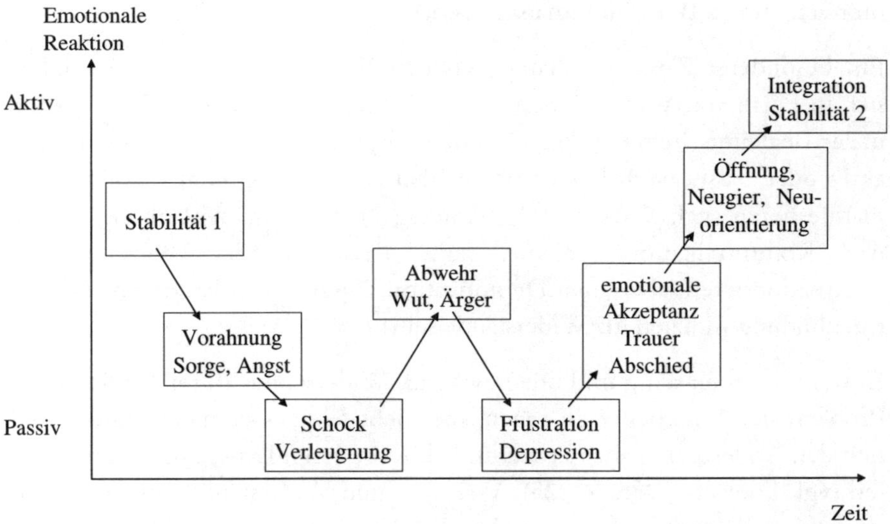

Abb. 25: Phasenmodell der Veränderung und emotionale Reaktionen (Roth 2000, S. 16)

Ein aktuell besonders emotionsrelevanter Wandel in Organisationen betrifft den Arbeitsplatzabbau. Diesbezüglich gilt, dass nicht die tatsächlich Entlassenen tiefe strukturelle »Löcher« in die formalen und informellen Netzwerke sowie in das organisationale Gedächtnis »reißen« (vgl. Susskind/Miller 1998). Gerade bei den Ungekündigten stellen sich Gefühle ein, die als »Überlebenden-Syndrom« (Fineman 2003, S. 186) folgende Aspekte umfassen:

- Sorgen vor weiteren Entlassungen und radikalem Wandel,
- Wachsende Gefühle der Unsicherheit,
- Schuldgefühle,
- Stress durch gestiegene Arbeitsbelastungen,
- Eingeschränktes Vertrauen in die Führung,
- Reduzierte Risikoübernahme und Motivation.

Entlassungen führen demnach – und dies bleibt häufig unbeachtet – zu Aufweichungen des psychologischen Vertrags zwischen den Bleibenden und der

Organisation (vgl. Rousseau 1995; Brown 1996; Freeman/Kleiner/Ostroff 2000). Zur Vermeidung der so genannten »Lay-off-survivor sickness« (Robbins 1999) sind neben einer offenen Informationspolitik auch Pensionierungsarrangements und Out-Placement-Beratungen erforderlich. Zudem können Spezialtrainings für Führungskräfte im Falle emotionaler Konflikte hilfreich sein (z. B. Konfliktmanagement).

Ein besonderer Zusammenhang zwischen Wandel und Emotionen äußert sich in Form von Widerständen. Grundsätzlich sind Widerstände eine »normale« Begleiterscheinung von Veränderungsprozessen. Sie können sich dabei aktiv oder passiv, verbal oder non-verbal sowie auch offen oder verdeckt manifestieren (vgl. Watson 1975, Anhang 2). So können Reibungsverluste und Kommunikationsprobleme, hohe Krankenstände, Fehlzeiten und Fluktuationsraten, aber auch Demotivation, Dienst nach Vorschrift und Intrigenbildung Indizien für Widerstände sein.

Es wäre dabei einseitig und unzureichend, Widerstände als rein individuelles Problem der Mitarbeiter zu sehen, die nicht fähig oder nicht willens sind, sich den Änderungen anzupassen und aktiv an deren Umsetzung mitzuarbeiten (vgl. Lomnitz 1985, S. 225). Vielmehr sind Widerstände immer auch als gruppenspezifische und mikropolitische Aktivitäten zu betrachten. Gerade im Kontext des Wandels streben eigeninteressierte Akteure häufig danach, organisationale Unschärfen als Machtquellen zu nutzen, um Autonomiezonen aufrechtzuerhalten oder zu erweitern (vgl. Felsch/Brüggemeier 1998, S. 348 ff.; Neuberger 1999). Hinzu kommen organisationsweite Zusammenhänge, die sich als Trägheitsformen u. a. in Form eines »organisationalen Konservativismus« manifestieren (vgl. Kieser/Hegele 1998, S. 121 ff.; Bea/Göbel 1999, S. 430).

Mit Blick auf die diversen Formen des Widerstandes können verschiedene Mitarbeitertypen definiert werden. Dazu gehören die »Visionäre und Missionare«, die »aktiven Gläubigen«, die »Opportunisten«, die »Abwartenden und Gleichgültigen«, die »Untergrundkämpfer«, die »offenen Gegner« sowie die »Emigranten« (vgl. Vahs 2001, S. 275). In nachfolgender Abbildung sind Typ und (unterstellte) Auftretenswahrscheinlichkeit plakativ veranschaulicht (vgl. Krebsbach-Gnath 1992).

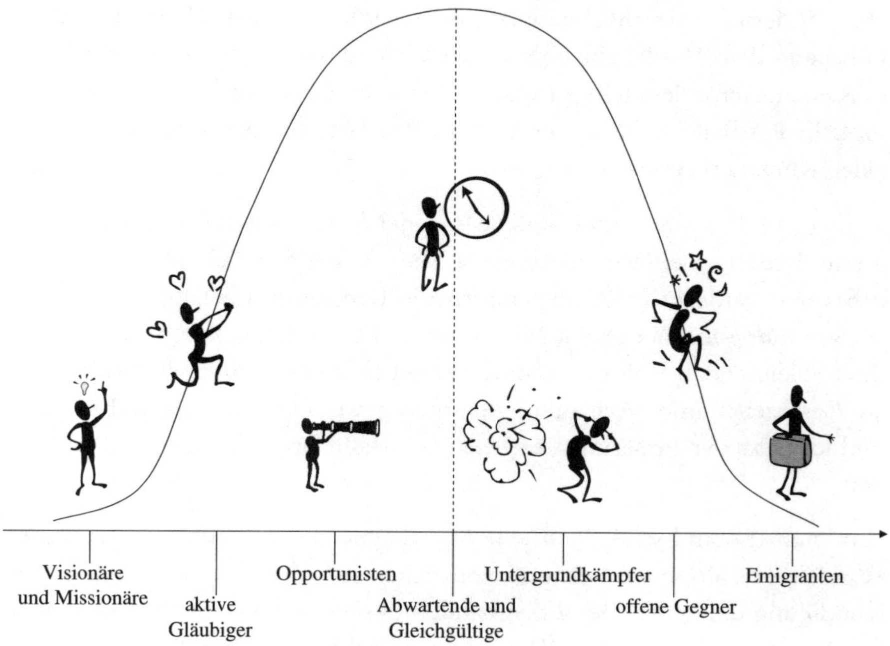

Abb. 26: Typische Einstellung gegenüber dem organisationalen Wandel (Vahs 2001, S. 275 ff.)

Die »Visionäre« und »Missionare« repräsentieren zweifellos eine Schlüsselgruppe innerhalb von Veränderungsprozessen. Sie rekrutieren sich in der Regel aus dem Top-Management und versuchen die übrigen Mitglieder der Organisation von der Notwendigkeit der Veränderung zu überzeugen bzw. für eine Mitarbeit zu gewinnen. Die visionengetragene »Missionierung« wird dabei wirksam, wenn die Zahl der »aktiven Gläubigen« steigt, die Mitarbeiter den bevorstehenden Wandel also gefühlsmäßig akzeptieren, sich dafür einzusetzen und die neuen Ideen in die Organisation hineintragen – und damit selbst als »Missionare« tätig werden.

Demgegenüber sondieren die »Opportunisten« persönliche Vor- und Nachteile, die der Wandel mit sich bringen könnte. Sie bewegen sich zwischen Zustimmung und Skepsis. Dabei wägen sie auch emotionale Potenziale und Risiken des Wandlungsprozesses ab.. Die personale Mehrheit in Wandlungsvorgängen ist der Gruppe der »Abwartenden und Gleichgültigen« zuzurechnen. Deren Bereitschaft, sich an Veränderungen zu beteiligen, ist bis auf weiteres gering. Sie sind emotional eher indifferent eingestellt, demonstrieren eher Widerstand durch Untätigkeit oder verdrängen den Handlungsbedarf. Um sie in den Wandel einzubinden bzw. als »aktive Gläubige« zu gewinnen, müssen zunächst deutliche Erfolge und eine erlebbare Verbesserung der persönlichen Arbeitssituation, der emotionalen Beziehungen oder des emotionalen Klimas erkennbar sein.

»Untergrundkämpfer« und »offene Gegner« sind entschiedene und engagierte Kritiker der Veränderungen. Die »Untergrundkämpfer« operieren dabei stets verdeckt (z. B. über informelle Kanäle) und betätigen sich gerne als Stimmungsmacher gegen Neuerungen. Die »offenen Gegner« stehen zu ihrer ablehnenden Haltung. Damit werden sie zu konstruktiven Kritiker, die als Gesprächs- und Verhandlungspartner gewonnen und deren Einwände und Ideen zur Verbesserung der geplanten Maßnahmen genutzt werden können.

»Emigranten« sind schließlich jene Mitarbeiter, die sich definitiv gegen den Wandel entschlossen haben und von daher zur formalen oder innerlichen Kündigung tendieren. Bei ihnen handelt es sich oftmals um Leistungsträger, für die keine ausreichenden Perspektiven mehr erkennbar sind. Die Größe dieser Gruppe stellt einen Indikator für den bisherigen Erfolg oder Misserfolg des Veränderungsprozesses dar und sollte für Entscheidungsträger u. U. Anlass zum Überdenken seines Verlaufs und seiner Gestaltung sein.

Wie gezeigt wurde, beweisen Widerstände, dass Energien blockiert sind und ein Optimierungsbedarf besteht. Problematisch an Widerständen – auch gerade in emotionaler Hinsicht – ist dabei nicht ihr Auftreten an sich, sondern vielmehr, dass sie oft verdeckt bleiben bzw. nur indirekt oder subtil wirksam werden. Ein Wandlungsverhalten, das versucht, emotionale Prozesse in Veränderungen möglichst zu unterdrücken, führt zwangsläufig zum Gegenteil. Inhaltliche Entscheidungs- und Bewertungsprozesse im Kontext des Wandels erfordern zwingend eine emotionale Verarbeitung. Durch das Zulassen und Berücksichtigen der bei Veränderungen auftretenden Gefühle erhöht sich der Realitätsgehalt der Lösungskonzepte sowie die Wahrscheinlichkeit ihrer erfolgreichen Umsetzung.

Für den Umgang mit Widerständen sind – ähnlich wie im zuvor beschriebenen Reaktionsmodell – die einzelnen Phasen des Veränderungsprozesses aus Sicht der Betroffenen zu beachten und entsprechende Maßnahmen zu entwickeln. Obwohl die zeitliche Komplexität von Wandel und Widerständen bislang kaum erforscht wurde (vgl. Novotny 1994), ist die Berücksichtigung phasenspezifischer Erfahrungen – Schock, Verneinung, Einsicht, Akzeptanz, Ausprobieren, Erkenntnis, Integration – als Arbeitshypothese hilfreich (vgl. Streich 1997, S. 243).

Für einen antizipativen und konstruktiven Umgang mit emotionalen Widerständen beim Wandel bieten sich entsprechend folgende verhaltensorientierte Empfehlungen und Maßnahmen an (vgl. u. a. Vahs 2001, S. 285 ff.; Lippitt/Watson/Westley 1985, S. 99; Gassner 1999; Picot/Freudenberg/Gaßner 1999):

Zur Vermeidung von Schock und Verneinung:
- rechtzeitige und offene Information der Organisationsmitglieder über bevorstehende Projekte und damit Sensibilisierung für die Notwendigkeit von Reorganisationsprozessen.
- Vermeiden revolutionärer Ansätze.
- Aktive Beteiligung der vom Wandel betroffenen Personen an der Planung und Realisation der Veränderungsprozesse sowie Partizipation an wandlungsrelevanten Entscheidungen.
- Schutz von Personen, die vom Wandel negativ betroffen werden (z. B. Zusagen, dass keine Entlassungen erfolgen).

Zur Unterstützung der Einsicht und Akzeptanz:
- Schaffung eines vertrauensvollen Kommunikations- und Arbeitsklimas und einer Feedbackkultur zur Reduzierung von Ängsten.
- Methodisch-fachliche und persönliche Qualifizierung der Betroffenen durch Training und Coaching.
- Sicherung der Stabilität des sozialen Umfelds durch Berücksichtigung langjähriger Arbeits- und Sozialbeziehungen bei der organisatorischen Neugestaltung.

Zur Förderung des Ausprobierens und der Erkenntnis des Möglichen:
- Setzen von Anreizen und sichtbare Belohnung der Promotoren und Träger des Wandels.
- Schaffung frühzeitiger Erfolgserlebnisse, die zur Fortsetzung der Veränderungsprozesse motivieren.
- Zulassen von Fehlern, um die Bereitschaft zu erhöhen, neue Lösungen zu suchen und umzusetzen.
- Einsatz erfahrener interner und/oder externer Berater.

Zur Integration:

- Nachhaltige Stabilisierung erzielter Veränderungen,
- Kontinuierliche Feedbackgespräche,
- Frühzeitige Information über weitere Reorganisationsvorhaben.

Zudem ist schließlich ein ausreichendes Maß an »Slack«, also an Ressourcenüberschüssen, z. B. Zeitreserven, Dispositionsspielräumen (vgl. Fallgatter 1995) notwendig, um das emotionale Widerstandsverhalten im Wandlungskontext proaktiv und flexibel ausrichten zu können. Die Gestaltungsmaßnahmen können durch gezielte Empfehlungen für ein Design organisationaler Wandelinterventionen ergänzt werden (vgl. Ashkanasy/Zerbe/Härtel 2002, S. 74; Paterson/Härtel 2002, S. 39), wobei eine Bewertung der Interventionen und emotionalen Wirkungen sich oft als schwierig erweist (vgl. Hornberger 2000, S. 249 ff.).

In Anbetracht der immer häufigeren und einschneidenderen Wandlungs- und Reorganisationsprozesse sind Organisationen mithin gut beraten, sich intensiver als bisher mit den wandlungsinduzierten – positiven wie negativen – Gefühlen ihrer Mitarbeiter auseinanderzusetzen. Als Leitfaden kann dabei eine emotionssensible, unternehmens- und situationsspezifische Ausbalancierung des Wandels und der Kontinuität gelten (vgl. Huy 2002).

5.3.2 Emotionen in lernenden Organisationen

In diesem Kapitel wollen wir vor dem Hintergrund der breiten Diskussion über das organisationale Lernen (vgl. z. B. Sattelberger 1991; Dodgson 1993; Wiegand 1996; Krebsbach-Gnath 1992; Hennemann 1997, S. 9 f.; Eberl 1996; Huber 1991) insbesondere die spezifischen Wirkungen des Emotionalen für die Lernprozesse in Organisationen aufzeigen.

Emotionen spielen für das Lernen von und in Organisationen eine wichtige, genauer: eine energetisierende (z. B. Interesse, freudige Antizipation, Stolz auf Lernleistungen) oder eine lähmende Rolle (z. B. Angst, Stress, Ärger). Auch die Wirksamkeit des Lernens hängt von der emotionalen Dynamik ab, die sich in Interaktionsprozessen entfaltet. Der Lernprozess beschränkt sich so nie nur auf abgrenzbares »Wissen« als Lerninhalt bzw. -ergebnis, sondern umfasst immer auch die gesamte (Lern-)Situation mit all ihren auch emotionalen Vorkommnissen, Aktionen, Kommunikationsstrukturen und Feedbackprozessen (vgl. Bertels 1997, S. 58). In einem erweiterten Sinn kann Lernen sogar als eine Form des »Seins«, sprich: als ganzheitliche Einstellung zu Lebenserfahrungen überhaupt verstanden werden, die gerade emotionale Erlebnisse als Lernchance begreift (Vail 1998, S. 77).

Vor allem sind aber auch die verschiedenen Lernzyklen (Argyris 1976, 1982; Bateson 1972) – also das Lernen erster Ordnung (sog. »Einfach-Schleifen-Lernen«), das Lernen 2. Ordnung (sog. »Doppel-Schleifen-Lernen«) sowie die Meta-Ebene des Lernens (»Deutero-Lernen«) – von Gefühlen und Emotionen stark beeinflusst. So ist davon auszugehen, dass bereits beim Anpassungs- oder Verbesserungslernen und mehr noch beim Veränderungslernen ein implizites emotionales Situationswissen zur Revision von Zielen, Prämissen und Werthaltungen beiträgt. Ebenso verlangt ein »Verlernen« (Hedberg 1981), also das Überwinden von überholten Verhaltensmustern, Routinen und Wissensstrukturen (vgl. Probst/Büchel 1998, S. 73), ein emotionales Engagement. Schließlich kommt auch das lernende Lernen (»deutero-learning«) nicht ohne Gefühle des Einzelnen und emotionaler Prozesse der Gemeinschaft aus.

Scherer/Tran (2001, S. 369–392) haben die Einflüsse und Wirkungen von Emotionen für den Prozess des organisationalen Lernens näher untersucht. Dabei konnten sie aufzeigen, dass Organisationen wie Individuen sich beim Lernen nie ausschließlich rational verhalten. Vielmehr haben sie fünf Emotionsgruppen identifiziert, die bedeutsame Auswirkungen auf das (Lern- und Leistungs-)Verhalten in Organisationen haben (Scherer/Tran 2001, S. 385):

Emotion	**Wirkung**
Annäherungs-Emotionen (Interesse, Hoffnung, freudige Erwartung)	Sie unterstützen die Entdeckung und Entwicklung beim Lernen, stellen motivationalen Untergrund für nachhaltige zielorientierte Aktivitäten zur Verfügung.
Erreichungs-Emotionen (Befriedigung, Stolz, Zufriedenheit, Freude)	Sie stärken positiv Leistungsbemühungen und sind Reaktionen auf positive Chancen bzw. Ergebnisse. Sie können aber auch eine Überattribution für persönliches Verdienst bedeuten oder Stagnation ermutigen.

Abschreckungs-Emotionen (Furcht, Angst, Sorge, Pessimismus)	Sie dienen als Warnung vor Gefahren oder negativen Konsequenzen auf der Basis von Verallgemeinerungen aus Vergangenheitserfahrungen. Sie können aber auch weitere Entwicklungen verhindern oder Entdeckungsbereitschaft blockieren und das Lernen beeinträchtigen.
Rückzugs-Emotionen (Trauer, Resignation, Scham, Schuld)	Sie dienen der Einrichtung der Wiedergewinnung von Kräften und internen Anpassung nach einem unkontrollierbaren Verlust oder der Entdeckung von persönlichen Defiziten, die einen Ausgleich oder eine Verheimlichung bzw. beides zugleich erfordern. Sie können dem Organismus sowohl Energie entziehen wie ihn zu heftigen Verfolgen eines Lernens oder Handlung auf der Basis von Wissen antreiben.
Antagonistische Emotionen (Irritation, Ärger, Hass, Aggressivität)	Diese Emotionen dienen einer kraftvollen Überwindung von Hindernissen zur Zielerreichung und führen den Einzelnen oder die Organisation an Interessen oder Status durchzusetzen. Sie können auch dazu führen, dass Selbstbehauptung zu einem Ziel für sich selbst wird und damit zu Konflikten führen oder Konfliktlösungen beeinträchtigen. Insgesamt betrachtet, können diese Emotionen dauerhaft die normalen Beziehungen und Interaktionen sehr belasten.

Abb. 27: Wirkungen von Emotionen auf das Lernen (nach Scherer/Tran 2001)

Oftmals ist es dabei eine Mischung aus diesen verschiedenen Emotionsgruppen, die ein optimales Lernen fördern. Ob die Wirkungen des Emotionalen für das Lernen hilfreich oder hinderlich sind, hängt von der Art der Emotionen bzw. vom situativen Organisationskontext ab. So entsteht z. B. das Interesse als Annäherungsemotion in Kontexten, die als sicher wahrgenommen werden und Neugier auf Neues wecken (vgl. Izard 1977). Da Interesse mit momentanen Handlungstendenzen verbunden sein kann (vgl. Fredrickson 1998), fördert es den aktiven Wissenserwerb sowie reflektierte Erfahrungsbezüge und erweitert so auch die kognitiven und kreativen Fähigkeiten, die wiederum andere Emotionen beeinflussen. Daher spielen Emotionen auch eine wichtige Rolle für wissensoriensorientierten Organisationen (vgl.

Probst et al. 1999). Denn der Erwerb, die Verteilung und die Nutzung sowie die Bewertung von Wissen sind immer auch von emotionalen Prozessen abhängig. Zudem stellt Wissen auch selbst eine emotionsrelevante Handlungsressource im Organisationsalltag dar (vgl. Krebs 1998, S. 46 ff.).

Dies gilt insbesondere für das implizite Wissen, das immer auch Emotionen betrifft oder von diesen vermittelt wird. Als persönliches, erfahrungsgebundes und kontextspezifisches Wissen ist es – im Gegensatz zum expliziten Wissen – nur schwer in Buchstaben, Zahlen oder Diagrammen darstellbar und übertragbar (vgl. Polanyi 1967; Nonaka/Takeuchi 1995, S. 8 f.; Küpers 1999b). Als verkörperte Wissenpraxis oder Könnerschaft (vgl. Schreyögg/Geiger 2002) existiert es nur in den Köpfen, Herzen und Fertigkeiten derjenigen, die es v. a. intuitiv (vgl. Neuweg 1999) beherrschen und deren Denken und Handeln reguliert (vgl. Dörner 1993, S. 174–175). Gestaltungspraktisch dienen Emotionen dem Zugang und der Weitergabe des impliziten Wissen (vgl. Nonaka/Takeuchi 1995, S. 63). So fördern positive Emotionen wie Stolz oder Zufriedenheit die Bereitschaft zur Weitergabe von implizitem Wissen (z. B. in Visionen oder Geschichten) und damit das Lernen.

Lernen vollzieht sich auf der Ebene des Individuums, der Gruppe und der Organisation (vgl. Crossan/Lane/White 1999). Während auf der Ebene des Individuums über emotionale Intuition (z. B. über Erfahrungen, Bilder, Musterkennung) sowie bewusste Interpretation gelernt wird (vgl. Agor 1983), kommt in Gruppen noch ein gemeinsames emotionales Interpretieren (z. B. über Interaktionen, Geschichten) hinzu. Dies wird wiederum auf der Organisationsebene durch eine Institutionalisierung (z. B. über Routinen, Regeln) erweitert. Zwischen diesen Prozessen kann es zu vielfältigen emotionsrelevanten Vor- und Rückbewegungen von neu zu Lernendem und bereits Gelerntem kommen. Ein »Feed-forward-Prozess« lässt neue Ideen und Handlungen vom Individuum über die Gruppe zur Organisation fließen. Gleichzeitig kann Gelerntes von der Organisation auf Gruppen oder Individuen zurückwirken (»Feedback-Prozess«). Folgende Übersicht zeigt diese verschiedenen Ebenen in ihrem Zusammenwirken:

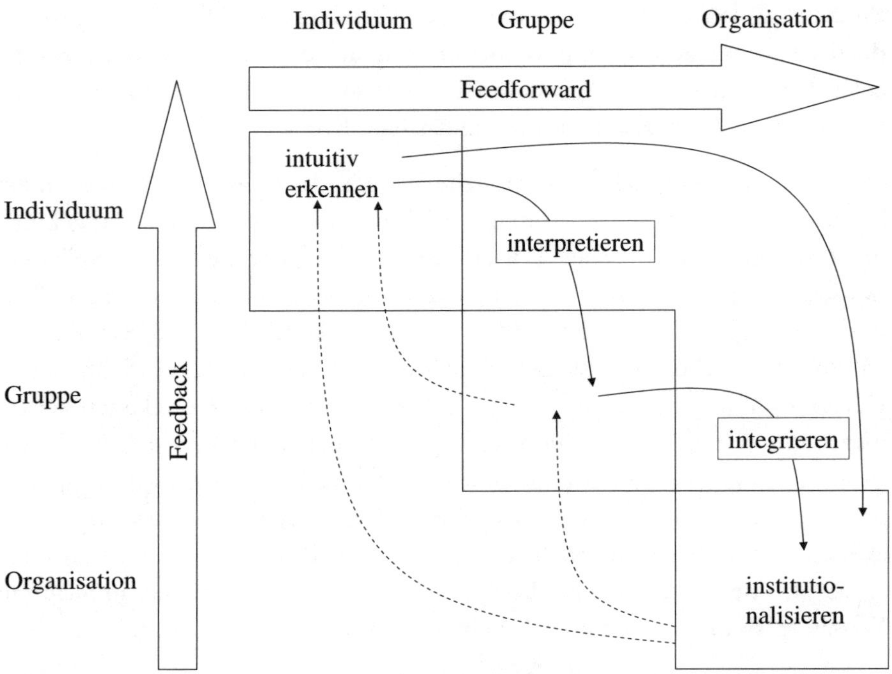

Abb. 28: Organisationales Lernen als dynamischer Prozess (nach Crossan/Lane/White 1999, S. 532)

Wie kann ein emotionsfundiertes Lernen nun aber gefördert werden? Grundsätzlich sollte eine Reduzierung von Lernangst, von emotionalen Lernbarrieren sowie von sog. Abneigungs- und Rückzugsemotionen (z. B. Frustration, Angst, Neid) angestrebt werden. Solches wird durch den Aufbau eines sicheren Umfeld, die Schaffung von Möglichkeiten zum Ver- und Neulernen sowie die Förderung von Zugangsemotionen (z. B. Hoffnung und Interesse) erreicht (vgl. Schein 2002, S. 77). Dabei legen Studien zum Zusammenhang von Lernen und emotionaler Intelligenz nahe, dass emotionale Sensibilität die Lernprozesse in Organisationen spürbar verbessert (vgl. Hughes 2001). Auf die lernförderlichen Möglichkeiten eines Emotionsmanagement sowie der emotionalen Intelligenz wird im Weiteren noch eingegangen (vgl. Kapitel 5.3). Ergänzend sind emotional bedeutungsvolle Rückkopplungen für den Einzelnen sinnvoll z. B. beim Zielvereinbarungsgespräch (vgl. Jetter/Skrotzki 2000).

Gestaltungsmöglichkeiten für das kollektive Lernen auf der Organisationsebene liegen in der Schaffung eines emotionalen Klimas, in dem die Mitarbeiter lernförderliche Emotionen (z. B. Zugangsemotionen zur Motivierung) erleben. Ein solches Klima verstärkt die emotionale Bindung der Mitarbeiter (z. B. durch Vertrauen und Zugehörigkeitsgefühl), was weitere Energien und Motivationen zum Lernen vermittelt.

Von besonderer Bedeutung für die Förderung des Emotionalen auf der kollektiven Ebene sind die Praxis- bzw. Lerngemeinschaften (vgl. Wenger 1998; Wenger/Snyder 2000; Küpers 2003). In diesen emotional getragenen und vermittelten Gemeinschaften werden gefühlsmäßige, soziale und berufliche Aspekte des Lernens integriert und mit der wachsenden Bedeutung eines selbstgesteuerten und lebenslangen Lernens verbunden (vgl. Dohmen 2001). Die sich freiwillig bildenden Praxisgemeinschaften (z. B. informelle Netzwerke von Fachleuten) werden durch das gemeinsame Interesse am Erfahrungsaustausch sowie durch gemeinsame (Lern-)Ziele zusammengehalten. Eine emotionale Praxis bildet sich dabei durch eine gemeinsame Problemlage, ein gemeinsames Repertoire (z. B. Werkzeuge, Regeln, Sprachgebräuche) sowie ein gemeinsames Handeln der Beteiligten.

Da sich solche Praxisgemeinschaften durch persönliche Emotionsbeziehungen bilden, ist deren Mitgliederzahl notwendigerweise begrenzt. In größeren Organisationen kann aber eine Vielzahl von Praxisgemeinschaften nebeneinander existieren. Empirisch ist die Relevanz des Konzeptes am Beispiel von Kundendiensttechnikern bei Xerox aufgezeigt worden (vgl. Brown/Duguid 1991). Auch wenn es für eine nachhaltige Förderung emotionaler Lerngemeinschaften keine Patentrezepte oder pauschalen Lösungen gibt, so können sie doch über ein Design und Lernarchitekturen gefördert werden (vgl. Wenger 1998, S. 225 f., 230 f.; Wehner/Clases/Endres 1996; McDermott 1999).

Abschließend seien noch einige kritische Anmerkungen erlaubt. So sind die sozio-kulturellen und lernspezifischen Voraussetzungen für ein emotionenintegrierendes Lernen, etwa ein angstfreies Lernklima, nicht leicht zu verwirklichen. Bei unzureichender Integration des Emotionalen kann es dann zu suboptimalen Lernprozessen kommen. Vertiefend zu erforschen und zu berücksichtigen sind überdies emotionsbedingte Wissens- und Lernbarrieren (vgl. Schüppel 1996, S. 107 ff.), z. B. Störungen innerhalb der Lernzyklen (vgl. Antal/Rosenbrock 2001). Zudem schränken »Kurzsichtigkeiten« bei den Lernpraktiken (vgl. Levinthal/March 1993, S. 101 f.) oder eine unzureichende Beachtung des Transfers (vgl. Hennemann 1997) deren Wirksamkeit ein. Des Weiteren ist die verbreitete und realitätsferne Vernachlässigung von

Machtfragen (vgl. Coopey 1995) und die (mikro-)politischer Dimensionen beim Organisationslernen problematisch (vgl. Filion/Rudolph 1999). Schließlich sind auch die gewandelten Rollen und Aufgaben der Führung zu beachten. Als Trainer, Coach und Berater sollten Führungskräfte verstärkt ein emotionsgetragenes Lernen fördern (vgl. Kostka/Krämer 1997) und sich auch selbst lernend entwickeln (vgl. Burgoyne/Reynolds 1998).

5.4 Zusammenfassung und Fazit

In diesem Kapitel wurden spezifische Anwendungs- und Gestaltungsfelder des Emotionalen in Organisationen näher betrachtet. Dem Bezugrahmen mit seinen individuellen, gemeinschaftlichen und strukturellen Ebenen folgend, wurden praktische Bezüge der Gefühle einzelner Mitarbeiter, Emotionen in zwischenmenschlichen (Arbeits-)Beziehungen sowie emotionale Dimensionen in strukturellen Kontexten aufgezeigt. Entsprechend wurden Gefühle als personale Energie des einzelnen Mitarbeiters mit Bezug zu Motivation, Zuschreibungen, Willenskräften, Flow und Selbstverpflichtung sowie emotionaler Intelligenz untersucht. Der Zusammenhang von Emotionen und Arbeit behandelte die Bedeutung von Arbeitszufriedenheit, Stress und Gefühls- bzw. Emotionsarbeit im Organisationszusammenhang. Schließlich wurde die Relevanz des Emotionalen in strukturellen Kontexten des Wandels und Lernens für zukunftsfähige Organisationen herausgearbeitet.

Bei allen Gestaltungsansätzen wurden dabei auch kritisch Grenzen, Schwierigkeiten und Probleme aufgezeigt. Da sich Gefühle, Emotionen und emotionale Kontexte letztlich einer vollständigen Steuerung entziehen, stellt ein integrales Management des Emotionalen dabei eine besondere Herausforderung dar. Die praktischen Gestaltungsmöglichkeiten sind zudem betriebsindividuell umzusetzen und zielgruppenspezifisch auszurichten. Eine weitere Notwendigkeit betrifft die Evaluation der Maßnahmen zur Beeinflussung und Entwicklung emotionaler Prozesse in Organisationen.

Insgesamt kann von einem wachsenden Handlungsbedarf für eine verstärkte Berücksichtigung des Emotionalen in der Organisations- und Führungspraxis ausgegangen werden. Ebenso besteht ein erheblicher Forschungsbedarf für weitere theoretische wie empirische Untersuchungen im Bereich der Emotionen in Organisationen und Führung.

Vertiefungsliteratur für das 5. Kapitel

Goleman, D. (1998): Working with emotional intelligence, New York.

Goleman, D./Boyatzis, R. E./McKee, A. (2002): Emotionale Führung, Frankfurt/M.

Gonschorrek, U./Berg, E. (2002): Emotionales Management, Frankfurt/M.

Hochschild, A. R. (1990): Das gekaufte Herz. Zur Kommerzialisierung der Gefühle, Frankfurt/M.

Wunderer, R./Küpers, W. (2003): Demotivation → Remotivation. Wie Leistungsbarrieren blockiert und reaktiviert werden, München.

Steiner, C. M./Perry, P. (1999): Emotionale Kompetenz, München.

Anhang 1

Einflüsse und Effekte von Emotionen in Organisationen

Positive Einflüsse und Effekte		**Negative Einflüsse und Effekte**	
Erhöhung des Selbstwirksamkeit in Leistungsprozessen durch emotionale Stimuli	Baron 1990	Ängste als Kostenfaktor	Panse/Stegmann 1996; Runge 1990
Verbesserung von Problemlösungsprozessen	Isen 1999; Madjar et al. 2002	Gesundheitsprobleme durch Ärger	Begley 1994; Bergknapp 2002
Erhöhung der Qualität und Konsistenz von Entscheidungsprozessen durch Stolz	Isen 2000; Lea/Webley 1997; Simon 1989	Beeinträchtigung von Entscheidungsprozessen bei (Un-)Fairness	Boiney 1995
Entwicklung von Gemeinschaftssinn	Putnam/ Mumby 1993	Lähmung des Leistungsverhaltens durch Neid	Bedeian 1995
Förderung des helfenden Verhaltens und pro-sozialen Engagements	Isen/Baron 1991; Fredrickson 1998; Isen 1987	Beeinträchtigung des organisationalen Lernens durch Schuldgefühle	Vince/Saleem 2004
Wirkung von Stimmungen auf Verhandlungsergebnisse	Forgas 1998	Einfluss von Scham auf «Corporate Governance«	Velayutham/ Perera 2004; Walsh 1999
Verringerung von Fehlzeiten durch emotionales Wohlergehen	Harter et al. 2003	Verlust von Vertrauen und Anstieg von Depression durch organisationalen Wandel	Eriksson 2004

Positive Einflüsse und Effekte		Negative Einflüsse und Effekte	
Ermöglichung und Erhöhung von Flow	Csikszentmihalyi 1990	Gelernte Hilflosigkeit durch Traurigkeit und Depression	Alloy/Abramson 1982
Erhöhung von Kreativität und Produktivität durch emotionales Wohlergehen	Spector 1997; Harter et al. 2003; Keyes 2000	Beeinträchtigung des Organisationslebens durch Langeweile	Fisher 1993; Gemmill/Oakley 1992
Steigerung von Arbeits- und Lebenszufriedenheit	Spector 1997; Suh et al. 1998; Warr 1999	Steigerung von Arbeitsunzufriedenheit	Temme/Tränkle 1996; Fischer 1991
Stresskompensation/Gesundheitsförderung	Frese 1990, S. 289	Erhöhung von Stress, emotionale Erschöpfung (»Burn-out«)	Burish 1989; Paine 1982
Motivations- und Leistungssteigerung	Staw et al. 1994; Ashkanasy 2004	Demotivation, Entfremdung und inneren Kündigung	Wunderer/Küpers 2003
Verhältnis von positiven zu negativen Einflüssen des Emotionalen in Organisationen		Callahan 2000; Domagalski 1999; Fineman 1996	

Anhang 2

Einflüsse und Effekte von Emotionen in Organisationen

	verbal (Reden)	**non-verbal** (Verhalten)
aktiv (Angriff)	**Widerspruch** Gegenargumentation Vorwürfe Drohungen Polemik Sturer Formalismus	**Aufregung** Unruhe Streit Intrigen Gerüchte Cliquenbildung
passiv (Flucht)	**Ausweichen** Schweigen Bagatellisieren Blödeln ins Lächerliche ziehen Unwichtiges debattieren	**Lustlosigkeit** Unaufmerksamkeit Müdigkeit Fernbleiben Innere Emigration Krankheit

Literaturverzeichnis

Abele, A. (1995): Stimmung und Leistung. Allgemein- und sozialpsychologische Perspektive, Göttingen.

Abele, A. (1999): Motivationale Mediatoren von Emotionseinflüssen auf die Leistung, in: Jerusalem, M./Pekrun, R. (Hrsg.): Emotion, Motivation und Leistung, Göttingen, S. 31–49.

Abele-Brehm, A. E./Gendolla, G. H. E. (2000): Motivation und Emotion, in: Otto, J. H./Euler, H. A./Mandl, H. (Hrsg.): Emotionspsychologie: Ein Handbuch, Weinheim, S. 297–305.

Abraham, R. (1998a): Emotional dissonance in organizations: a conceptualization of consequences, mediators and moderators, in: Leadership & Organizational Development Journal, 19. Jg. (1998) 3, S. 137–146.

Abraham, R. (1998b): Emotional dissonance in organizations: Antecedents, consequences and moderators, in: Genetic, Social and General Psychology Monographs, 124. Jg. (1998) 2, S. 1–16.

Abraham, R. (1999): Negative affectivity: Moderator or confound in emotional dissonance-outcome relationships?, in: Journal of Psychology, 133. Jg. (1999) 1, S. 67–72.

Abraham, R. (2000): The role of job control as a moderator of emotional dissonance and emotional intelligence-outcome relationships, in: Journal of Psychology, 124. Jg. (2000) 2, S. 169–184.

Ach, N. (1935): Analyse des Willens, in: Abderhalden, E. (Hrsg.): Handbuch der biologischen Arbeitsmethoden, Band VI, Berlin.

Adams, J. (1977): Inequity in social exchange, in: Staw, B. M. (Hrsg): Psychological foundations of organizational behavior, Santa Monica, S. 110–125.

Adelmann, P. K. (1989): Emotional labour and employee well being, unpublished doctoral dissertation, University of Michigan, Ann Arbor, MI.

Agor, W. H. (1989): Intuition in organizations, Newbury Park.

Albrow, M. (1992): Sine ira et studio – or do organizations have feelings?, in: Organization Studies, 13. Jg. (1992) 3, S. 313–329.

Alderfer, C. P. (1972): Existence, relatedness and growth: Human needs in organizational settings, New York/London.

Alloy, L. B./Abramson, L. T. (1982): Learned helplessness, depression, and the illusion of control, in: Journal of Personality and Social Psychology, 42. Jg. (1982), S. 1114–1126.

Andersson, L. M./Bateman, T. S. (1997): Cynicism in the workplace: Some causes and effects, in: Journal of Organizational Behavior, 18. Jg. (1997), S. 449–469.

Andrasik, F./Heimberg, J. S. (1982): Self-management procedures, in: Frederiksen, L. W. (Hrsg.): Handbook of Organizational Behavior Management, New York, S. 219–247.

Antal, A. B./Lenhardt, U./Rosenbrock, R. (2001): Barriers to organizational learning, in: Dierkes, M./Berthoin-Antal, A./Child, J./Nonaka, I. (Hrsg.): Handbook of Organizational Learning, Oxford, S. 865–888.

Argyris, C. (1976): Single-loop and double-loop models in research on decision making, in: Administrative Science Quarterly, 21. Jg. (1976), S. 363–375.

Argyris, C. (1982): Reasoning, learning and action, San Francisco.

Argyle, M. (1996): Körpersprache & Kommunikation, Paderborn.

Arnold, M. B. (1960): Emotion and personality, Vols I and II, New York.
Aronson, E. (1983): Ausgebrannt, Stuttgart.
Asendorpf, J. (2002): Diskussionsforum: Emotionale Intelligenz nein, emotionale Kompetenzen ja. Kommentar zum Artikel »Emotionale Intelligenz – ein irreführender und unnötiger Begriff« von Heinz Schuler, in: Zeitschrift für Personalpsychologie, 1. Jg. (2002) 4, S. 180–181.
Ashforth, B. E./Humphrey, R. H. (1995): Emotion in the workplace. A reappraisal, in: Human Relations, 48. Jg. (1995) 2, S. 97–125.
Ashforth, B. E./Kreiner, G. E. (2002): Normalizing emotion: Making the extraordinary seem ordinary, in: Human Resource Management Review, 12. Jg. (2002), S. 215–235.
Ashforth, B. E./Tomiuk, M. A. (2000): Emotional labour and authenticity: views from service agents, in: Fineman, S. (Hrsg.): Emotion In Organizations, 2nd Edition, London, S. 184–203.
Ashkanasy, N. M. (2004): Emotion and performance, in: Human Performance, 17. Jg. (2004) 2, S. 137–144.
Ashkanasy, N./Zerbe, W./Härtel, C. (Hrsg.) (2002): Managing emotions in the workplace Armonk, New York.
Atkinson, J. W. (Hrsg.) (1958): Motives in fantasy, action, and society, Princeton.
Atkinson, J. (1975): Einführung in die Motivationsforschung, Stuttgart.
Averill, J. R. (1980): A constructivist view of emotion, in: Plutchik, R./Kellerman, H. (Hrsg.): Emotion: Theory, research, and experience, New York, S. 305–339.
Averill, J. R. (1982): Anger and aggression, An essay on emotion, New York.
Averill, J. R. (1996): An analysis of psychophysiological symbolism and its influence on theories of emotion, in: Harré, R./Parrott, W. G. (1996): The emotions: Social, cultural and biological dimensions, London, S. 204–228.

Babad, E. Y./Wallbott, H. G. (1986): The effects of social factors on emotional relations, in: Scherer, K. R./Wallbott, H. G./Summerfield, A. B. (Hrsg.): Experiencing Emotion: A Cross-Cultural Study, Cambridge, S. 154–172.
Bamberg, E./Busch, C. (1996): Betriebliche Gesundheitsförderung durch Stressmanagementtraining – Eine Metaanalyse (quasi-) experimenteller Studien, in: Zeitschrift für Arbeits- und Organisationspsychologie, 40. Jg. (1996), S. 127–137.
Banse, R. (2000): Soziale Interaktion und Emotion, in: Otto, J./Euler, H. A./Mandl, H. (Hrsg.): Handbuch Emotionspsychologie, Weinheim, S. 360–369.
Barbalet, J. M. (1996): Social emotions: Confidence, trust and loyalty, in: International Journal of Sociology and Social Policy, 16. Jg. (1996) 9, S. 75–96.
Barbalet, J. M. (1998): Emotion, social theory, and social structure, Cambridge, UP.
Baron, R. A. (1990): Environmentally induced positive affect: Its impact on self-efficacy, task performance, negotiation, and conflict, in: Journal of Applied Social Psychology, 55. Jg. (1990), S. 368–384.
Baron, R. (1993): Affect and organizational behavior: When and why feeling good (or bad) matters, in: Murninghan, J. K. (Hrsg.): Social Psychology in Organizations. Advances in Theory and Research, New Jersey, S. 63–88.
Baron, R. A. (1994): The physical environment of work settings: Effects on task performance, interpersonal relations, and job satisfaction, in: Staw, B. M./Cummings, L. (Hrsg.): Research in Organisational Behavior, Greenwich, CT/London, Vol. 16, S. 1–46.
Bar-On, R./Parker, J. D. A. (2000): The Bar-On emotional quotient inventory: Youth Version (EQ-i:YV), Toronto.
Bartel C. A./Saavedra R. (2000): The collective construction of work group moods, in: Administrative Science Quarterly, 45. Jg. (2000) 2, S. 197–231.
Bash, J./Fischer, C. D. (1998): Affective events – emotion matrix: Peper presented at 1st conference on emotions and organizational life, San Diego.
Bateson, G. (1972): Steps to an ecology of mind: Collected essays in anthropology, psychiatry, evolution, and epistemology, New York.
Battmann, W./Schönpflug, W. (1992): Bewältigung von Stress in Organisationen, in: Sonntag, K. (Hrsg.): Personalentwicklung in Organisation. Psychologische Grundlagen, Methoden und Strategien, Göttingen, S. 211–228.

Bea, F. X./Göbel, E. (1999): Organisation: Theorie und Gestaltung, Stuttgart.

Beck, U. (1986): Risikogesellschaft. Auf dem Weg in eine andere Moderne, Frankfurt/M.

Becker, B. E./Huselid, M. A./Ulrich, D. (2001): The HR scorecard: Linking people, strategy, and performance, Boston, MA.

Becker, G. S. (1982): Der ökonomische Ansatz zur Erklärung menschlichen Verhaltens, Tübingen.

Bedeian, A. G. (1995): Workplace envy, in: Organizational Dynamics, 23. Jg. (1995) 4, S. 49–56.

Begley, T. M. (1994): Expressed and suppressed anger as predictors of health complaints, in: Journal of Organizational Behavior, 15. Jg. (1994) 6, S. 503–516.

Bell, E./Taylor, S. (2003): The elevation of work, in: Organization, 10 Jg. (2003) 2, S 329–350.

Bennett, M. R./Hacker, P. M. (2003): The philosophical foundations of neuroscience. Blackwell, Oxford.

Benthien, C./Fleig, A./Kasten, I. (Hrsg.) (2000): Emotionalität – Zur Geschichte der Gefühle, Wien/Köln.

Bergknapp, A. (2002): Ärger in Organisationen. Eine systemische Strukturanalyse, Wiesbaden.

Bermes, C./Henckmann, W./Leonardy, H. (Hrsg.) (2003): Vernunft und Gefühl. Schelers Phänomenologie des emotionalen Lebens, Würzburg.

Bertels, T. (1997): Die lernende Organisation: Modell für das Management des Wandels im Wissenszeitalter, in: Kremin-Buch, B./Unger, F./Walz, H. (1997): Lernende Organisation, 2. Aufl., Sternenfels, S. 54–112.

Bischof, N. (1989): Emotionale Verwirrungen. Oder: Von den Schwierigkeiten im Umgang mit der Biologie, in: Psychologische Rundschau, 40. Jg. (1989), S. 188–205

Blankenship, V. (1985): The dynamics of intention, in: Freese, M./Sabini, J. (Hrsg.): Goal-directed behavior: The concept of action in psychology, Hillsdale, NJ, S. 161–170.

Bögel, R. (1988): Das Konzept des Betriebs- und Organisationsklimas und seine Anwendung in der betrieblichen Praxis, in: Zeitschrift für Personalforschung, 2. Jg. (1988) 4, S. 275–284.

Böhme, G. (1995): Atmosphäre. Essays zur Neuen Ästhetik, Frankfurt/M.

Böhme, H./Böhme, G. (1983): Das Andere der Vernunft. Zur Entwicklung von Rationalitätsstrukturen am Beispiel Kants, Frankfurt/M.

Boiney, L. G. (1995): When efficient is insufficient: Fairness in decisions affecting a group, in: Management Science, 41. Jg. (1995), S. 1523–1537.

Bolton, S. (2000): Emotion here, emotion there, emotional organisations everywhere, in: Critical Perspectives Accounting, 11. Jg. (2000) 1, S. 155–171.

Bosma, H. A./Kunnen, E. S. (Hrsg.) (2001): Identity and emotion, Cambridge.

Bourdieu, P. (1983): Ökonomisches Kapital, kulturelles Kapital, soziales Kapital, in: Kreckel, R. (Hrsg.): Zur Theorie sozialer Ungleichheiten, Sonderband (2) Soziale Welt, Göttingen, S. 183–198.

Bourdieu, P. (1993): Sozialer Sinn. Kritik der theoretischen Vernunft, 2. Aufl., Frankfurt/M.

Bradburn, N. M. (1969): The structure of psychological well-being, Chicago.

Brehm, J. W. (1982): Psychology of teactance: A theory of freedom and control, New York.

Briner, R. B. (1999a): The neglect and importance of emotion at work, in: European Journal of Work and Organizational Psychology, 8. Jg. (1999) 3, S. 323–346.

Briner, R. B. (1999b): Feeling and smiling: An overview of what we currently know about emotion in the workplace, in: The Psychologist, 12. Jg. (1999), S. 16–19.

Brocke, B./Beauducel, A. (2001): Intelligenz als Konstrukt, in: Stern, E./Guthke, J. (Hrsg.): Perspektiven der Intelligenzforschung. Ein Lehrbuch für Fortgeschrittene, Lengerich, S. 13–42.

Brotheridge, C./Grandey, A. (2002): Emotional labor and burnout: Comparing two perspectives on 'people work', in: Journal of Vocational Behavior, 60. Jg. (2002), S. 17–39.

Brown, S. P. (1996): A meta-analysis and review of organizational research on job involvement, in: Psychological Bulletin, 120. Jg. (1996) 2, S. 235–256.

Brown, J. S./Duguid, P. (1991): Communities of practice and learning, in: Organization Science, 2. Jg. (1991), S. 40–55.

Brown, K. A./Mitchell, T. R. (1986): Influence of task interdependence and number on diagnoses of causes of poor performance, in: Academy of Management Journal, 29. Jg. (1986), S. 412–424.

Bruch, H./Ghoshal, S. (2003): Unleashing organizational energy, in: MITSloan Management Review, 45. Jg. (2003) 1, S. 45–51.

Bruch, H./Vogel, B. (2005): Organisationale Energie,Wiesbaden.

Bruggemann, A. (1974): Zur Unterscheidung verschiedener Formen der Arbeitszufriedenheit, in: Arbeit und Leistung, 28. Jg. (1974), S. 281–284.

Bruggemann, A./Großkurth, P./Ulich, E. (1975): Arbeitszufriedenheit, Bern.

Brunsson, N. (1985): The Irrational Organization, New York.

Büschges, G./Abraham, M. (1997): Einführung in die Organisationssoziologie, Stuttgart.

Büssing, A. (1985): Arbeitszufriedenheit – ein Artefakt? Eine Kritik der Arbeitszufriedenheitsforschung, in: Forschungsbericht aus dem Fachbereich Psychologie der Universtität Osnabrück.

Büssing, A. (1991): Struktur und Dynamik von Arbeitszufriedenheit. Konzeptionelle und methodische Überlegungen zu einer Untersuchung verschiedener Formen von Arbeitszufriedenheit, in: Fischer, L. (Hrsg.): Arbeitszufriedenheit, Stuttgart, S. 85.

Büssing, A./Glaser, J. (1999): Interaktionsarbeit. Konzept und Methode der Erfassung im Krankenhaus, in: Zeitschrift für Arbeitswissenschaft, 53. Jg. (1999) 3, S. 164–173.

Bullinger, H.-J. (1999): Wissen und Information als Produktionsfaktor, in: Zeitschrift für wirtschaftlichen Fabrikbetrieb, 94. Jg. (1999), S. 83–84.

Burgoyne, J./Reynolds, M. (Hrsg.) (1998): Management learning: Integrating perspectives in theory and practice, Thousand Oaks.

Burish, M. (1989): Das Burnout-Syndrom. Theorie der inneren Erschöpfung, Berlin.

Burkitt, I. (1999): Bodies of thought. Embodiment, identity & modernity, London.

Burkitt, I. (2002): Complex emotions: relations, feelings and images of emotional experience, in: Barbalet, J. (Hrsg.): Emotions and Sociology, Oxford, S. 151–167.

Buss, D. M. (1999): Evolutionary psychology: the new science of the mind, Boston.

Cacioppo, J. T./Gardner, W. L. (1999): Emotion, in: Annual Review of Psychology, 50. Jg. (1999), S. 191–214.

Callahan, J. L. (2000): Emotion management and organizational functions: A study of action in a not-for-profit organization, in: Human Resource Development Quarterly, 11. Jg. (2000) 3, S. 245–268.

Campbell, J. P./Prichard, R. D. (1976): Motivation theory in industrial and organizational psychology, in: Dunnette, M. D. (Hrsg.): Handbook of industrial and organizational psychology, Chicago, S. 63–130.

Caruso, D. R./Salovey, P.(2005): Managen mit emotionaler Kompetenz. Frankfurt.

Casey, C. (1995): Work, Self and Society, London/New York.

Cevey, B./Prange, P. (1999): Vom Nutzen der Veränderung- Personalentwicklung und Organisationsentwicklung im Zeichen des Wandels; in: Spalink, H. (Hrsg.): Werkzeuge für das Change-Management, Frankfurt/M., S. 113–142.

Cherniss, C./Adler, M. (2000): Promoting emotional intelligence in organizations: Make training in emotional intelligence effective, Alexandria, VA.

Ciompi, L. (1989): Außenwelt – Innenwelt, Göttingen.

Clark, C. (1997): Misery and company: Sympathy in everyday life, Chicago.

Cohen, M. D./March, J. G./Olsen, J. P. (1990): Ein Papierkorb-Modell für organisatorisches Wahlverhalten, in: March, J. G. (Hrsg.): Entscheidung und Organisation, Wiesbaden, S. 229–361.

Compton, W. C./Smith, M. L./Cornish, K. A./Qualls, D. L. (1996): Factor structure of mental health measures, in: Journal Of Personality And Social Psychology, 71. Jg. (1996), S. 406–413.

Conger, J./Associates (1994): Spirit at work: Discovering the spirituality in leadership, San Francisco.

Connolly, J. J./Viswesvaran, C. (2000): The role of affectivity in job satisfaction: A meta-analysis, in: Personality and Individual Differences, 29. Jg. (2000), S. 265–281.

Conrad, C./Witte, K. (1994): Is emotional expression repression oppression? Myths of organizational affective regulation, in: Deetz, S. A. (Hrsg.): Communication Yearbook, 17, Thousand Oaks, S. 417–428.

Cooper, R. K. (1997): Applying emotional intelligence in the workplace, in: Training/Development, December, S. 31 ff.

Cooper, R./Sawaf, A. (1998): Executive EQ: Emotional intelligence in leadership and organisations, New York.

Coopey, J. (1995): The learning organization: Power politics and ideology, in: Management Learning, 26. Jg. (1995) 2, S. 193–214.

Cosmides, L./Tooby, J. (2000): Evolutionary psychology and the emotion. To appear, in: Lewis, M./Haviland-Jones, J. M. (Hrsg.): Handbook of Emotions, 2. Aufl., New York, S. 91–115.
Cottingham, J. (1998): Philosophy and the good life: Reason and the passions in greek, cartesian and psychoanalytic ethics, Cambridge.
Cropanzano, R./Folger, R. (1991): Procedural justice and worker motivation, in: Steers, R. M./Porter, L. W. (Hrsg.): Motivation and work behaviour, New York, S. 131–143.
Crossan, M. M./Lane, H. W./White, R. E. (1999): An organizational learning framework: From intuition to institution, in: Academy of Management Review, 24. Jg. (1999) 3, S. 522–537.
Crozier, M./Friedberg, E. (1979): Macht und Organisation. Die Zwänge kollektiven Handelns, Königstein/Ts.
Csikszentmihalyi, M. (1990): Flow: The psychology of optimal experience, New York.
Czikszentmihalyi, M. (1991): Das Flow-Erlebnis, Stuttgart.
Csikszentmihalyi, M. (1992): Flow: Das Geheimnis des Glücks, Stuttgart.
Csikszentmihalyi, M. (1997): Finding flow: The psychology of engagement with everyday life, San Francisco.
Czikszentmihalyi, M. (2000a): Dem Sinn des Lebens eine Zukunft geben: Eine Psyhologie für das 3. Jahrtausend, 2. Aufl., Stuttgart.
Czikszentmihalyi, M. (2000b): Das flow-Erlebnis: Jenseits von Angst und Langeweile: im Tun aufgehen, 8. Aufl., Stuttgart.
Czikszentmihalyi, M. (2003): Flow: Das Geheimnis des Glücks, 11. Aufl., Stuttgart.
Czikszentmihalyi, M. (2004): Flow im Beruf: Das Geheimnis des Glücks am Arbeitsplatz, 2. Aufl., Stuttgart.
Csikszentmihalyi, M./Csikszentmihalyi, I. S. (Hrsg.) (1988): Die aussergewöhnliche Erfahrung im Alltag. Die Psychologie des flow-Erlebnisses, Stuttgart.
Csikszentmihalyi, M./LeFevre, J. (1989): Optimal experience in work and leisure, in: Journal of Personality and Social Psychology, 56. Jg. (1989) 5, S. 815–822.
Csikszentmihalyi, M./Rathunde, K. (1993): The measurement of flow in everyday life, in: Nebraska Symposium on Motivation, 40. Jg. (1993), S. 58–97.

Damasio, A. (1994): Descartes‹ Irrtum. Fühlen, Denken und das menschliche Gehirn, München (engl. Damasio, A. R. (1994): Descartes‹ Error, New York).
Damasio, A. R. (1999): The feeling of what happens. Body and emotion in the making of consciousness, New York (dt.: 2000 Ich fühle also bin ich. Die Entschlüsselung des Bewusstseins, München).
Darwin, C. (1965): The expression of the emotion in man and animals, Chicago.
Davies, J./Easterby-Smith (1984): Learning and developing from managerial work experiences, in: Journal of Management Studies 21. Jg. (1984) 2, S. 169–183.
Davies, M./Stankov, L./Roberts, R. D. (1998): Emotional intelligence: In search of an elusive construct, in: Journal of Personality and Social Psychology, 75. Jg. (1989), S. 989–1015.
Davis, T. R. (1984): The influence of physical environment in offices, in: Academy of Management Review, 9. Jg. (1984), S. 271–283.
Dawkins, R. (1976): The selfish gene, Oxford.
Dean, J. W./Brandes, P./Dharwadkar, R. (1998): Organizational cynicism, in: Academy of Management Review, 23. Jg. (1998), S. 341–352.
Deci, E. L. (1975): Intrinsic motivation, New York.
Deci, E. L. (1995): Why we do what we do: Understanding self-motivation, New York.
Deci, E./Ryan, R. M. (1985): Intrinsic motivation and self-determination in human behaviour, New York.
Deci, E. L./Ryan, R. M. (1987): The support of autonomy and the control of behaviour, in: Journal of Personality and Social Psychology, 53. Jg., S. 1024–1037.
Dederichs, A. M. (1999): Das soziale Kapital der Leistungsgesellschaft. Emotionalität und Moralität in ›Vetternwirtschaften‹, Münster.
Deeg, J. (2005): Diskontinuierlicher Unternehmenswandel: Eine integrative Sichtweise, Frankfurt/M. u. a.
Deikman, A. (1990): The wrong way home: Cults in everyday life. Boston: Beacon Press.

Denzin, N. (1984): On understanding emotions, San Francisco.

Denzin, N. (1990): On understanding emotion: The interpretive-cultural agenda, in: Kemper, T. D. (Hrsg.): Research Agendas in the Sociology of Emotions, New York, S. 85–115.

DePaulo, B. M. (1992): Nonverbal behavior and self-presentation, in: Psychological Bulletin, 111. Jg. (1992), S. 203–243.

de St. Aubin, E. (1996): Personal ideology polarity: Its emotional foundation and its manifestation in individual value systems, religiosity, political orientation, and assumptions concerning human nature, in: Journal of Personality and Social Psychology, 71. Jg. (1996), S. 152–165.

Dodgson, M. (1993): Organizational learning: A review of some literatures, in: Organization Studies, 14. Jg. (1993), S. 375–394.

Doppler, K./Lauterberg, C. (2000): Change Management: den Unternehmenswandel gestalten. 9. Auflage, Frankfurt/Main.

Dörner, D. (1993): Wissen, Emotionen und Handlungsregulation oder: Die Vernunft der Gefühle, in: Zeitschrift für Psychologie, 201. Jg. (1993), S. 167–202.

Dörner, D./Schaub, H./Stäudel, T./Strohschneider, S. (1988): Ein System zur Handlungsregulation oder die Interaktion von Emotion, Kognition und Motivation, in: Sprache & Kognition, 7. Jg. (1988), S 217–232.

Dörner, D./Stäudel, T. (1990): Emotion und Kognition, in: Scherer, K. R. (Hrsg.): Psychologie der Emotionen, S. 293–344.

Dohmen, G. (2001): Das informelle Lernen. Die internationale Erschließung einer bisher vernachlässigten Grundform menschlichen Lernens für das lebenslange Lernen aller, Bundesministerium für Bildung und Forschung, Bonn http://www.bmbf.de/pub/das_informelle_lernen.pdf.

Domagalski, T. A. (1999): Emotion in organizsations: Main currents, in: Human Relations, 52. Jg. (1999) 6, S. 833–852.

Downing, S. J. (1997): Learning the plot: Emotional momentum in search of dramatic logic, in: Management Learning, 28. Jg. (1997) 1, S. 27–44.

Druskat, V. U./Wolff, S. B. (2001): Building the emotional intelligence of groups, in: Harvard Business Review, 79. Jg. (2001) 3, S. 81–90.

Duck, J. D. (1993): Managing change: The art of balancing, in: Harvard Business Review, 71. Jg. (1993) November-December, S. 109–118.

Dunkel, W. (1988): Wenn Gefühle zum Arbeitsgegenstand werden, in: Soziale Welt, 39. Jg. (1988), S. 66–85.

Durkheim, E. (1988): Über soziale Arbeitsteilung, Frankfurt/M.

Eberl, P. (1996): Die Idee des organisationalen Lernens, Bern.

Eiselen, T./Sichler, R. (2001): Reflexive Emotionalität – Konzepte zum professionellen Umgang mit Emotionen im Management, in: Schreyögg, G./Sydow, J. (2001): Emotionen und Management, Managementforschung 11, Wiesbaden, S. 47–74.

Ekman, P. (1981): Expressions and the nature of emotion, in: Scherer, K. R./Ekman, P. (Hrsg.): Approaches to emotion, New York, S. 319–343.

Ekman, P. (1984): Expression and the nature of emotion, in: Scherer, K./Ekman, P. (Hrsg.): Approaches to emotion, Hillsdale, NJ, S. 319–343.

Ekman, P. (1992): An argument for basic emotions, in: Cognition and Emotion, 6. Jg. (1992) 3/4, S. 169–200.

Ekman, P. (2004): Gefühle lesen, Heidelberg.

Ekman, P./Davidson, R. (1994): The nature of emotion: Fundamental questions, New York.

Ekman, P./Friesen, W. F. (1978): Facial action coding system, Palo Alto, Calif.

Elias, N. (19789/97): Der Prozess der Zivilisation, 2. Bände, Frankfurt/M.

Elster, J. (1987): Subversion der Rationalität, Frankfurt/M.

Elster, J. (1996): Rationality and the emotions, in: Economic Journal, 106. Jg. (1996), S. 1386–1397.

Elster, J. (1999): Alchemies of the mind: rationality and the emotions, Cambridge.

Emmons, L. A. (1999): The psychology of ultimate concerns: Motivation and spirituality in personality, New York.

Emmons, R. A. (2000): Is spirituality and intelligence?, in: Motivation, Cognition, and The Psychology of Ultimate Concern, 10. Jg. (2000) 1, S. 3–26.

Enzmann, D./Kleiber, D. (1989): Helfer-Leiden. Streß und Burnout in psychosozialen Berufen, Heidelberg.

Eriksson, C. B. (2004): The effects of change programs on employees' emotions, in: Personnel Review Volume, 33. Jg. (2004) 1, S. 110–126.

Esser, H. (1999): Soziologie. Spezielle Grundlagen. Band 1: Situationslogik und Handeln, Frankfurt/M./ New York.

Euler, H. A./Mandl, H. (Hrsg.) (1983): Emotionspsychologie. Ein Handbuch in Schlüsselbegriffen, München.

Eysenck, M. W. (1994): Principles of cognitive psychology, Hove.

Fallgatter, M. (1995): Grenzen der Schlankheit: Lean Management braucht Organisational Slack, in: Zeitschrift Führung und Organisation, 64. Jg. (1995), S. 215–220.

Farr, J. L. (1993): Informal performance feedback: Seeking and giving, in: Schuler, H./Farr, J. L./Smith, M. (Hrsg.): Personnel selection and assessment. Individual and organizational perspectives, Hillsdale, NJ, S. 163–180.

Feldmann, D. C. (2000): Re-examining the effects of psychological contract violations: unmet expectations and job dissatisfaction as mediators, in: Journal of Organisational Behaviour, 21. Jg. (2000) 1, S. 25–42.

Felsch, A./Brüggemeier, M. (1998): Mikropolitik, in: Grubitzsch, S./Weber, K. (Hrsg.): Psychologische Grundbegriffe. Ein Handbuch, Hamburg.

Festinger, L. (1978): Theorie der kognitiven Dissonanz, Stuttgart.

Fiedler, K. (1988): Emotional mood, cognitive style, and behavior regulation, in: Fiedler, K./Forgas, J. (Hrsg.): Affect, cognition and social behaviour, Toronto u. a., S. 100–119.

Fiehler, R. (1990): Kommunikation und Emotion. Theoretische und empirische Überlegungen zur Rollen von Emotionen in der verbalen Interaktion, Berlin.

Filion, N./Rudolph, H. (1999): Power, Control and Organizational Learning, Wissenschaftszentrum, Berlin.

Fineman, S. (1993): Emotions in Organisations, London.

Fineman, S. (1994): Organizing and emotion: A social construction, in: Hassard, J./Parker, M. (Hrsg.): Towards a new theory of organizations, Ort, S. 75–86.

Fineman, S. (1996): Emotion and organizing, in: Clegg, S. R./Hardy, C./Nord, W. R. (Hrsg.): Handbook of Organization Studies, London, S. 543–564.

Fineman, S. (2000): Emotion in organizations, London.

Fineman, S. (2002): Commodifying the emotionally intelligent, in: Fineman, S. (Hrsg.): Emotion in Organizations, London, S. 101–114.

Fineman, S. (2003): Understanding emotion at work, London.

Fineman, S. (2004): Getting the measure of emotion – and the cautionary tale of emotional intelligence, in: Human Relations, 57. Jg. (2004) 6, S. 719–740.

Fischer, L. (1989): Strukturen der Arbeitszufriedenheit: zur Analyse individueller Bezugssysteme, Göttingen.

Fischer, L. (1991): Arbeitszufriedenheit, Stuttgart.

Fisher, C. D. (1993): Boredom at work: A neglected concept, in: Human Relations, 46. Jg. (1993) 3, S. 395–417.

Flam, H. (2002): Soziologie der Emotionen, Konstanz.

Forgas, J. P. (1998): On feeling good and getting your way: Mood effects on negotiating strategies and outcomes, in: Journal of Personality and Social Psychology, 74. Jg. (1998), 565–577.

Forgas, J. P./Bower, G. H. (1987): Mood effects on person perception judgements, in: Journal of Personality and Social Psychology, 53. Jg. (1987), S. 53–60.

Forrester, V. (1997): Der Terror der Ökonomie, München.

Foucault, M. (2001): Überwachen und Strafen. Die Geburt des Gefängnisses. Nachdruck, Frankfurt/M.

Foy, N. (1980): The Yin and Yang of organizations, London.

Foy, N. (1994): Empowering people at work, Brookfield, Aldershot.

Francis, L. (1994): Laughter, the best mediation: Humor as emotion management in interaction, in: Symbolic Interaction, 17. Jg. (1994) 2, S. 147–163.

Franck, E./Zellner, J. (2001): Emotionale Grenzen der Vernunft und ihre Konsequenzen für die Neue Institutionenökonomie, in: Schreyögg, G./Sydow, J. (Hrsg.): Emotionen und Management, Managementforschung 11, Wiesbaden, S. 249–276.

Frayne, C. A./Geringer, J. M. (1993): Joint venture general managers: Key issues in research and training, in: Ferris,G./Rowland, K./Shaw, S./Kirkbride, P. (Hrsg.): Research in Personnel and Human Resources Management, Greenwich, CT, S. 301–321.

Fredrickson, B. L. (1998): What good are positive emotions?, in: Review of General Psychology, 2. Jg. (1998), S. 300–319.

Freeman, R. B./Kleiner, M. M./Ostroff, C. (2000): The anatomy of employee involvement and its effects of firms and workers, Cambridge, Mass.

Freemantle, D. (1999): Was Kunden mögen. Wettbewerbsvorteil durch emotionale Qualitäten, München.

French, E. G. (1955): Some characteristics of achievement motivation, in: Journal of Experimental Psychology, 50. Jg. (1955), S. 232–236.

Frese, M. (1990): Arbeit und Emotion – ein Essay, in: Frey, F./Udris, I. (Hrsg.): Bild der Arbeit, Bern/Stuttgart/Toronto, S. 285–301.

Freud, S. (1921): Massenpsychologie und Ich-Analyse, Frankfurt/M.

Freund, P. E. S. (1982): The civilized body: Social domination, control and healths, Philadelphia.

Freund, P. E. S. (1990): The expressive body: A common ground for the sociology of emotion and healt and illness, in: Sociology of Health and Illness, 12. Jg. (1990) 4, S. 452–477.

Freund, P. E. S. (1998): Social performances and their discontents: the biopsychosocial aspects of dramaturgical stress, in: Bendelow, G./Williams, S. J. (Hrsg.): Emotions in social life. Critical themes and contemporary issues, London, S. 268–294.

Frey, D. (1995): Die Theorie der kognitiven Dissonanz, in: Frey, D./Irle, M. (Hrsg.): Theorien der Sozialpsychologie: Band I. Kognitive Theorien, 2. Aufl., Bern, S. 243–292.

Frey, B. S. (1997): Markt und Motivation. Wie ökonomische Anreize die (Arbeits-)Moral verdrängen, München.

Frey, B. S./Osterloh, M. (1997): Sanktionen oder Seelenmassage? Motivationale Grundlagen der Unternehmensführung, in: Die Betriebswirtschaft, 57. Jg. (1997) 3, S. 307–321.

Frey, B. S./Osterloh, M. (2000): Managing Motivation. Wie Sie die neue Motivationsforschung für Ihr Unternehmen nutzen können, Wiesbaden.

Friedman, M./Rosenman, R. (1977): The key cause – Type a behavior patterns, in: Monat, A./Lazarus, R. (Hrsg.): Stress and coping, New York, S. 203–212.

Friedman, M./Rosenman, R. H. (1984): Type a behavior and your heart, New York.

Frijda, N. H. (1986): The emotions, Cambridge, UK.

Frijda, N. H. (1987): Emotion, cognitive structure, and action tendencies, in: Cognition and Emotion, 1. Jg. (1987), S. 115–143.

Frijda, N. H./Mesquita, B. (1994): The social roles and functions of emotions. Emotion and culture, in: Kitayama, S./Markus, H. (Hrsg.): Emotion and culture: Empirical studies of mutual influence, Washington DC, S. 51–87.

Gallup (2003): http://www.gallup.de/poll.htm, Gallup GmbH Deutschland, Potsdam.

Gardner, H. (1983): Frames of mind: The theory of multiple intelligences, New York.

Gardner, H. (1993): Creating minds, New York.

Gardner, H. (1998): Are there additional intelligences? The case for naturalist, spiritual, and existential intelligences, in: Kane, J. (Hrsg.): Education, information, and transformation, New York, S. 111–131.

Gaßner, W. (1999): Implementierung organisatorischer Veränderungen: Eine mitarbeiterorientierte Perspektive, Wiesbaden.

Gebert, D./Rosenstiel, L. v. (1996): Organisationspsychologie. 4. Aufl., Weinheim.

Geen, R. (1995): Human motivation: A social psychological approach, Pacific Grove, CA.

Gemmill, G./Oakley, J. (1992): The meaning of boredom in organizational life, in: Group and Organization Management, 17. Jg. (1992) 4, S. 358–369.

Gendlin, E. T. (1982): FOCUSING. Technik der Selbsthilfe bei der Lösung persönlicher Probleme, Salzburg.
Gendlin, E. T. (1998): Focusing-orientierte Psychotherapie: Ein Handbuch der erlebensbezogenen Methode, Stuttgart.
George, J. M. (1989): Mood and absence, in: Journal of the Applied Psychology, 74. Jg. (1989), S. 317–324.
George, J. M. (1991): State or trait: effects of positive mood on prosocial behaviors at work, in: Journal of Applied Psychology, 76. Jg. (1991), S. 299–307.
George, J. M. (1996): Group affective tone, in: West, M. A. (Hrsg.): Handbook of Work Group Psychology, Chichester, S. 77–93.
George, J. M./Brief, A. P. (1992): Feeling good-doing good: A conceptual analysis of the mood at work-organisational spontaneity relationship, in: Psychological Bulletin, 112. Jg. (1992), S. 310–329.
George, J. M./Brief, A. P. (1996): Motivational agendas in the workplace: The effects of feelings on focus of attention and work motivation, in: Research in Organizational Behavior, 18. Jg. (1996), S. 75–109.
Gergen, J. M./Gergen, K. J. (1988): Narrative and the self as relationship, in: Berkowitz, L. (Hrsg.): Advances in experimental social psychology, New York, S. 17–56.
Gergen, K. J. (1985): The social constructionist movement in modern psychology, in: American Psychologist, 40. Jg. (1985) 1, S. 266–275.
Gergen, K. J. (1994): Realities and relationships: Soundings in social construction, Cambridge.
Gerhards, J. (1988a): Emotionsarbeit. Zur Kommerzialisierung von Gefühlen, in: Soziale Welt, 39. Jg. (1988), S. 47–65.
Gerhards, J. (1988b): Soziologie der Emotionen. Fragestellungen, Systematik und Perspektiven, Weinheim/München.
Gioia, D. A./Sims, H. P. (1986): The thinking organisation, San Francisco.
Goffman, E. (1961): Encounters, Indianapolis (dt. 1973, Interaktion: Spaß am Spiel. Rollendistanz, München).
Goffman, E. (1967): Interaction rituals, New Jersey.
Goleman, D. (1995): Emotional intelligence, London.
Goleman, D. (1996): Emotionale Intelligenz, München
Goleman, D. (1998): Working with emotional intelligence, New York.
Goleman, D. (1999): EQ2 – Der Erfolgsquotient, München.
Goleman, D. (2001): EI-Based theory of performance, in: Cherniss, C./Goleman, D. (Hrsg.): The emotionally intelligent workplace. How to select for, measure, and improve emotional intelligence in individuals, groups, and organizations, San Francisco, S. 27–44.
Goleman, D. (2003a): Dialog mit dem Dalai Lama. Wie wir destruktive Emotionen überwinden können, München.
Goleman, D. (2003b): Emotionale Führung, Berlin.
Goleman, D./Boyatzis, R. E./McKee, A. (2002): Emotionale Führung, Frankfurt/M.
Goleman, D./Dalai Lama (2003): Destructive emotions: A scientific dialogue with the Dalai Lama, New York.
Goller, H. (1992): Emotionspsychologie und Leib-Seele-Problem, Stuttgart.
Gonschorrek, U./Berg, E. (2002): Emotionales Management, Frankfurt/M.
Gordon, S. (1989): Institutional and impulsive orientations in selectively appropriating emotions to self, in: Franks, D. D./McCarthy, E. D. (Hrsg.): The sociology of emotions: Original essays and research papers, Greenwich, CT, S. 115–135.
Grandey, A. (2000): Emotion regulation in the workplace: A new way to conceptualize emotional labor, in: Journal of Occupational Health Psychology, 5. Jg. (1999) 1, S. 95–110.
Great Place to Work-Modell: http://www.greatplacework.de/die_studie.html.
Gross, J. J. (1999): Emotion regulation: Past, present, future, in: Cognition and Emotion, 13. Jg. (1999) 5, S. 551–573.
Gump, B. B./Kulick, J. A. (1997): Stress, affiliation, and emotional contagion, in: Journal of Personality and Social Psychology, 72. Jg. (1997), S. 305–319.

Hacker, W. (1994): Diagnose von Expertenwissen, Dresden.

Handy, C. (1994): The age of paradox, Boston.

Hanft, A. (1991): Identifikation als Einstellung zur Organisation, München/Mering.

Harlos, K. P./Pinder, C. (2000): Emotion and injustice in the workplace, in: Fineman, S. (Hrsg.): Emotion and organizations, Thousand Oaks, S. 255–276.

Harré, R. (1985): The philosophy of science, 2. Aufl., Oxford.

Harré, R. (1986a): An outline of the social constructionist viewpoint, in: Harré, R. (Hrsg.): The social construction of emotions, Oxford, S. 2–14.

Harré, R. (Hrsg.) (1986b): The social construction of emotions, Oxford.

Harré, R./Parrott, W. G. (Hrsg.) (1996): The emotions: Social, cultural and biological dimensions, London.

Harter, J. K./Schmidt, F. L./Keyes, C. L. M. (2003): Well-being in the workplace and its relationship to business outcomes: A review of the Gallup studies, in: Keyes, C./Heidt, J. (Hrsg.): Flourishing: The positive person and the good life, Washington, DC, S. 205–224.

Haslam, S. A. (2001): Psychology in organizations: The social identity approach, London.

Hatfield, E./Cacioppo, J. T./Rapson, R. L. (1992): Primitive emotional contagion, in: Clark, M. S. (Hrsg.): Review of personality and social psychology: Emotion and social behavior, Newbury Park, S. 25–59.

Hatfield, E./Cacioppo, J. T./Rapson, R. L. (1994): Emotional contagion, New York.

Haumer, H. (1998): Emotionales Kapital. Entscheiden zwischen Vernunft und Gefühl, Wien.

Hearn, J. (1992): Men in the public eye. The construction and deconstruction of public men and public patriarchies, London/New York.

Heath, C./Jourden, F. J. (1997): Illusion, disillusion, and the buffering effect of groups, in: Organizational Behavior and Human Decision Processes, 69. Jg. (1997) 2, S. 103–116.

Heckhausen, H. (1989): Motivation und Handeln, Berlin u. a.

Hedberg, B. (1981): How organizations learn and unlearn, in: Nystrom, P./Starbuck, W. (Hrsg.): Handbook of organizational design, New York, S. 3–26.

Heelas, P. (1986): Emotion talk accross cultures, in: Harré, R. (Hrsg.): The social construction of emotions, Oxford, S. 134–266.

Heerwagen, J./Heubach, J./Montgomery, J./Weimer, W. (1995): Environment design, work, and well-being: Managing occupational stress through changes in the workplace environment, in: Aaohn Journal, 43. Jg. (1995) 9, S. 458–468.

Heidegger, M. (1986): Sein und Zeit, 16 Aufl., Tübingen.

Heller, A. (1981): Theorie der Gefühle, Hamburg.

Heller, K. A. (2002): Intelligenz: allgemein oder domain-spezifisch? Kommentar zum Artikel «Emotionale Intelligenz – ein irreführender und unnötiger Begriff« von Heinz Schuler Intelligence: general or domain-specific?, in: Zeitschrift für Personalpsychologie, 1. Jg. (2002) 4, S. 179.

Heller, W. (1994): Arbeitsgestaltung, Stuttgart.

Heneman, R. L./Greenberger, D. B./Anonyuo, C. (1989): Attributions and exchanges: The effects of interpersonal factors on the diagnosis of employee performance, in: Academy of Management Journal, 32. Jg. (1989), S. 466–476.

Hennemann, C. (1997): Organisationales Lernen und die lernende Organisation. Entwicklung eines praxisbezogenen Gestaltungsvorschlages aus ressourcenorientierter Sicht, München.

Herber, H. F. (1976): Motivationspsychologie, Stuttgart.

Herzberg, F. (1966): Work and the natur of man, Cleveland.

Herzberg, F. (1978): One more time: How do you motivate employees?, in: Natemeyer, W. E. (Hrsg.): Classics of organizational behaviour, Oak Park, S. 95–106.

Herzberg, F. (1987): Innovation: Where is the relish?, in: Journal of Creative Behavior, 21. Jg. (1987) 3, S. 179–192.

Herzberg, F./Mausner, B./Snyderman, B. (1959): The motivation to work, 2. Aufl., New York.

Hey, J. D. (1993): Rationality is as rationality does, in: Gerrard, B. (Hrsg): The economics of rationality, London, S. 6–21.

Hochschild, A. R. (1983): The managed heart. Commercialization of human feelings, Berkeley.

Hochschild, A. R. (1990): Das gekaufte Herz. Zur Kommerzialisierung der Gefühle, Frankfurt/M.

Hogen, H. (Hrsg.) (1999): Vernunft, Gefühl und Wirklichkeit. Von der Aufklärung zur Moderne, Leipzig/Mannheim.

Holbrook, M./Hirschmann, E. (1982): The experiential aspects of Consumption: Consumer fantasies, feelings, and fun, in: Journal of Consumer Research, 9. Jg. (1982), S. 132–140.

Hornberger, S. (2000): Evaluation in Veränderungsprozessen, in: Schreyögg, G./Conrad, P. (Hrsg.): Organisatorischer Wandel und Transformation. (Reihe Managementforschung Band 10), Wiesbaden, S. 239–277.

House, R. J./Hanges, P. J./Javidan, M./Dorfman, P. W./Gupta, V. (Hrsg.) (2004): Culture, leadership, and organizations: The GLOBE study of 62 societies, Thousand Oaks, CA.

Huber, G. (1991): Organizational learning: The contributing processes and the literatures, in: Organization Science, 2. Jg. (1991), S. 88–115.

Hughes J. (2001): Getting emotional: the learning organisation and emotional intelligence', in: International Journal of Applied Human Resource Management 2 (3).

Hülshoff, T. (2001): Emotionen, Stuttgart.

Hummel, H.-P. (1995): Arbeitszufriedenheit: eine individuelle und gesellschaftliche Herausforderung: ein umfassendes Modell der Arbeitszufriedenheit, Aachen/Mainz.

Humphrey, R. H./Ashforth, B. E. (1994): Cognitive scripts and prototypes in service encounters, in: Swartz, T. A./Bowen, D. E./Brown, S. W. (Hrsg.): Advances in servies marketing and managment: Research and practices, Vol. 3, Greenwich.

Huy, Q. N. (2002): Emotional balancing of organizational continuity and radical change: The contribution of middle managers, in: Administrative Science Quarterly, 47. Jg. (2002) 1, S. 31–69.

Institut für angewandte Sozialforschung (INFAS) (1995): Betriebsklima. Ergebnisse einer Repräsentativerhebung im Auftrag des Bundesverbandes der Betriebskrankenkassen, Bonn-Bad Godesberg.

Irle, M./Möntmann, V. (1978): Die Theorie der kognitiven Dissonanz: Ein Resümee ihrer theoretischen Entwicklung und empirische Ergebnisse, 1957–1976, in: Festinger, L. (Hrsg.): Theorie der kognitiven Dissonanz, Bern, S. 366–413.

Isen, A. M. (1984): Toward understanding the role of affect in cognition, in: Wyer, R. S./Srull, T. K. (Hrsg.): Handbook of social cognition, Vol. 3, Hillsdale, NJ, S. 179–236.

Isen, A. M. (1987): Positive affect, cognitive processes and social behavior, in: Berkowitz, L. (Hrsg.): Advances in experimental social psychology, New York, S. 203–253.

Isen, A. M. (1999): On the relationship between affect and creative problem solving, in: Russ, S. (Hrsg.): Affect, creative experience, and psychological Adjustment, Philadelphia, S. 3–17.

Isen, A. M. (2000): Positive affect and decision making, in: Lewis, M./Haviland-Jones, J. M. (Hrsg.): Handbook of Emotions, 2. Aufl., London, S. 417–435.

Isen, A. M./Baron, R. A. (1991): Positive affect as a factor in organizational behaviour, in: Research in Organisational Behavior, 13. Jg. (1991), S. 1–53.

Izard, C. E. (1977): Human emotions, New York u. a.

Izard, C. E. (1994): Die Emotion des Menschen, Weinheim.

Jäkel, O. (1997): Metaphern in abstrakten Diskurs-Domänen: Eine kognitiv-linguistische Untersuchung anhand der Bereiche Geistestätigkeit, Wirtschaft und Wissenschaft, Frankfurt/M. u. a.

James, N. (1989): Emotional labour. Skill and work in the social regulation of feeling, in: Sociological Review, 37. Jg. (1989) 1, S. 15–24.

James, W. (1884): What is an Emotion?, in: First published in Mind, 9. Jg. (1884), S. 188–205.

James, W. (1897): The will to believe: In the will to believe and other essays, New York.

Jermier, J. M. (1998): Introduction: Critical perspectives on organizational control, in: Administrative Science Quarterly, 43. Jg. (1998) 2, S. 235–256.

Jerusalem, M. (1997): Grenzen der Bewältigung [Coping boundaries], in: Tesch-Römer, C./Salewski, C./Schwarz, G. (Hrsg.): Psychologie der Bewältigung, Weinheim, S. 261–271.

Jerusalem, M./Pekrun, R. (Hrsg.) (1999): Emotion, Motivation und Leistung, Göttingen u. a.

Jetter, F./Skrotzki, R. (2000): Handbuch Zielvereinbarungsgespräche. Stuttgart.

Jones, A. P./James, L. R. (1979): Psychological climate: Dimensions and relationships of individual and aggregated work environment perceptions, in: Organizational Behavior and Human Performance, 23. Jg. (1979), S. 201–250.

Jung, C. G. (1971): Psychologische Typen, Bd. 8, Olten.

Kannheiser, W. (1992): Arbeit und Emotion, München.

Kanning, U. P. (2000): Selbstwertmanagement. Die Psychologie des selbstwertdienlichen Verhaltens, Göttingen.

Kanungo, R. N. (1979): The concepts of alienation and involvement revisited, in: Psychological Bulletin, 86. Jg. (1979) l, S. 119–138.

Kappas, A. (2002): The science of emotion as a multidisciplinary research paradigm, in: Behavioural Processes, 60. Jg. (2002) 2, S. 85–98.

Kappler, E. (1996): Zur Verflüchtigung des Wissensbegriffs: Kann in pluralistisch-transitorischen Gesellschaften überhaupt noch gewusst werden?, in: Schneider, U. (Hrsg.): Wissensmanagement, Frankfurt/M., S. 181–204.

Karasek, R. A./Theorell, T. (1990): Healthy work. Stress, productivity, and the reconstruction of working life, New York.

Katzell, R. A. (1964): Personal values, job satisfaction, and job behaviour, in: Borrow, H. (Hrsg.): Man in a world of work, Boston, S. 115–127.

Kehr, H. M. (2004): Integrating implicit motives, explicit motives & perceived abilities: The compensatory model of work motivation and volition, in: The Academy of Management Review, 29. Jg. (2004) 3, S. 479–499.

Kemper, T. D./Collins, R. (1990): Dimensions of microinteraction, in: American Journal of Sociology, 96. Jg. (1990), S. 32–68.

Keyes, C. L. M. (2000): Subjective change and its consequences for emotional well-being, in: Motivation and Emotion, 24. Jg. (2000) 2, S. 67–84.

Kieser, A. (1995): Loyalität und Commitment, in: Kieser, A./Reber, G./Wunderer, R. (Hrsg.): Handwörterbuch der Führung 2. Aufl., Stuttgart, Sp. 1442–1456.

Kieser, A./Hegele, C./Klimmer, M. (1998): Kommunikation im organisatorischen Wandel, Stuttgart.

Kinlaw, D. C. (1999): Coaching for commitment: Interpersonal strategies for obtaining superior performance from individuals and teams, San Francisco.

Kirchgässner, G. (1991): Homo oeconomicus, Tübingen.

Kleinginna, P. R./Kleinginna, A. M. (1981): A categorized list of emotion definitions, with suggestions for a consensual definition, in: Motivation and Emotion, 5. Jg. (1981) 4, S. 345–379.

Kniehl, A. T. (1998): Motivation und Volition in Organisationen, Wiesbaden.

Kofman, F./Senge, P. (1995): Communities of commitment, In: Chawla, S./Renesch, J. (Eds) Learning Organisations, Portland S. 14–43

Konrad, A. M./Pfeffer, J. (1990): Do you get what you deserve? Factors affecting the relationship between productivity and pay, in: Administrative Science Quarterly, 35. Jg. (1990), S. 258–285.

Kostka, C./Krämer, F. (1997): Führungskräfte als Dienstleister, in: Personalwirtschaft, 24. Jg. (1997) 8, S. 25–28.

Krebs, M. (1998): Organisation von Wissen in Unternehmungen und Netzwerken, Diss., Wiesbaden.

Krebsbach-Gnath, C. (1992): Wandel und Widerstand, in: Krebsbach-Gnath, C. (Hrsg.): Den Wandel in Unternehmen steuern: Faktoren für ein erfolgreiches Change-Management, Frankfurt/M., S. 23–55.

Krell, G./Weiskopf, R. (2001): Leidenschaften als Organisationsproblem, in: Schreyögg, G./Sydow, J. (Hrsg.): Managementforschung 11: Emotionen und Management, Wiesbaden, S. 1–45.

Kuhl, J. (1983): Emotion, Kognition & Motivation: Auf dem Wege zu einer systemtheoretischen Betrachtung der Emotionsgenese, in: Sprache & Kognition, 2. Jg. (1983), S. 1–27.

Kuhl, J. (1998): Wille und Persönlichkeit: Funktionsanalyse der Selbststeuerung. Psychologische Rundschau, 49. Jg. (1998), S. 61–77.

Kuhn, T./Weibler, J. (2003): Führungsethik: Notwendigkeit, Ansätze und Vorbedingungen ethikbewusster Mitarbeiterführung, in: Die Unternehmung, 57. Jg. (2003) 5, S. 375–392.

Küpers, W. (1999a): Review: Martin Albrow: »Do organizations have feelings?« London (Routledge) 1997, in: »Organizational Studies«, Berlin, New York. S. 1059–1065.

Küpers, W. (1999b): M. Polanyi, Hauptartikel, in: Volpi, F./Koettnitz, M. (Hrsg.): Großes Werkslexikon der Philosophie, 2 Bände, Stuttgart, S. 1205–1207.

Küpers, W. (1999c): Phänomenologie der Dienstleistung, Wiesbaden.

Küpers, W. (2003): »Communities-of-Practice« (Praxisgemeinschaften), in: WiSt – Wirtschafts-wissenschaftliches Studium – Zeitschrift für Ausbildung und Hochschulkontakt, 32. Jg. (2003) 10, S. 610–612.

Küpers, W. (2004): Learning Organisation and Leadership, In: Burns, J. M./Goethals, R. R./Sorenson, G. J. (2004): Encyclopaedia of leadership, Thousand Oaks, S. 881–886.

Küpers, W. (2005): Phenomenology and Integral Pheno-Practice of embodied wellbe(com)ing in Organisations, in: Culture and Organization, September 2005, Vol. 11(3) S. 221–231.

LaBier, D. (1986): Modern madness: The hidden link between work and emotional conflict, New York.

Langley, A. (2000): Emotional intelligence – a new evaluation for management development?, in: Career Development International, 5. Jg. (2000) 3, S. 177–184.

Latham, G. P./Frayne, C. A. (1989): Self-Management training for increasing job attendance: A follow-up and a replication, in: Journal of Applied Psychology, 74. Jg. (1989), S. 411–416.

Laux, L./Weber, H. (1990): Bewältigung von Emotionen, in: Scherer, K. R. (Hrsg.): Enzyklopädie der Psychologie: Differentielle Psychologie und Persönlichkeitsforschung, Band 3, Göttingen, S. 107–151.

Lawler, E. E. (1977): Motivierung in Organisationen, Bern und Stuttgart.

Lawler, E./Yoon, J. (1993): Power and the emergence of comitment behaviour in negotioned exhcange, in: American Sociological Review, 58. Jg. (1993), S. 465–481.

Layder, D. (1997): Modern social theory: Key debates and new directions, London.

Lazarus, R. S. (1966): Psychological stress and the coping process, New York.

Lazarus, R. S./Folkmann, S. (1984): Stress, appraisal and coping, New York.

Lazarus, R. S./Launier, R. (1978): Stress-related transactions between person and environment, in: Pervin, L. A./Lewis, M. (Hrsg.): Perspective in interactional psychology, New York, S. 287–327.

Lea, S. E. G./Webley, P. (1997): Pride in economic psychology, in: Journal of Economic Psychology, 18. Jg. (1997), S. 323–340.

Ledoux, J. (1998): Das Netz der Gefühle. Wie Emotionen entstehen, Wien (engl. 1996 The Emotional Brain. The Mysterious Underpinnings of Emotional Life. New York).

Lefevre, J. (1991): flow und die Erlebensqualität im Kontext von Arbeit und Freizeit, in: Csikszentmihalyi, M./Csikszentmihalyi, I. S. (Hrsg.): Die außergewöhnliche Erfahrung im Alltag: die Psychologie des flow-Erlebnisses, Stuttgart, S. 313–325.

Legge, K. (1989): Human resource management: A critical analysis, in: Storey, J. (Hrsg.): New Perspectives on Human Resource Management, London.

Legge, K. (1995): HRM: Rhetoric, reality and hidden agendas, in: Storey, J. (Hrsg.): Human Resource Management: A Critical Text, London.

Leidner, R. (1993): Fast food, fast talk: Service work and the routinization of everyday life, Berkeley:

Lepsinger, R./Lucia, A. D. (1997): The art and science of 360 degree feedback, San Francisco.

Levinthal, D. A./March, J. G. (1993): The myopia of learning, in: Strategic Management Journal, 14. Jg. (1993), S. 95–112.

Leymann, H. (1996): The content and development of mobbing at work, in: European Journal of Work and Organizational Psychology, 5. Jg. (1996), S. 165–184.

Lippitt, R./Watson, J./Westley, B. (1985): The dynamics of planned change, New York.

Locke, E. A. (1969): What is job satisfaction?, in: Organizational Behavior and Human Performance, 4. Jg. (1969), S. 309–336.

Loewenstein, G. (2000): Emotions in economic theory and economic behavior, in: American Economic Review, 90. Jg. (2000) 2, S. 426–438.

Lofy, M. M. (1998): The impact on creativity in organizations, in: Empowerment in Organizations, 6. Jg. (1998) 1, S. 5–12.

Lomnitz, G. (1985): Umgang mit Widerständen – überflüssiges Ärgernis oder Notwendigkeit, in: Management Enzyklopädie: Managementwissen unserer Zeit, Band 9, S. 224–231.

Lutz, C. A./Abu-Lughod, L. (Hrsg.) (1990): Language and the politics of emotions, Cambridge.

Machleidt, W./Gutjahr, L./Mügge, A. (1989): Grundgefühle: Phänomenologie, Psychodynamik EEG-Spektralanalytik, Berlin.

Machleidt, W./Thiele, U./Laber, B./Assfalg-Machleidt, I./Esterl, A./Wiegand, G./Kos, J./Turk, V./Bode, W. (1989): Mechanism of inhibition of papain by chicken egg white cystatin. inhibition constants of n-terminally truncated forms and cyanogen bromide fragments of the inhibitor, in: FEBS Letters, 243. Jg. (1989), S 234–238.

MacLean, P. D. (1970): The triune brain, emotion, and scientific bias, in: Schmitt, F. O. (Hrsg.): The Neurosciences. Second Study Program, New York, S. 336–349.

Madjar, N./Oldham, G. R./Pratt, M. G. (2002): There's no place like home? The contributions of work and nonwork creativity support to employees' creative performance, in: Academy of Management Journal, 45. Jg. (2002), S. 757–767.

Maier, U. (1999): Sinn und Gefühl in der Moderne, Herzogenrath.

Mandler, G. (1962), Emotion, in: Brown, R. W./Galanter, E./Hess, E./Mandler, G. (Hrsg.): New directions in psychology, New York.

Mandler, G. (1980): The generation of emotions: A psychological theory, in: Plutchik, R./Kellerman, H. (Hrsg.): Emotion: Theory, research, and experience, Vol 1, New York, chapter 9.

Mann, R. (1993): Die fünfte Dimension in der Führung: Quelle für Produktivität und Kreativität im Unternehmen, Düsseldorf.

Mann, S. (1997): Emotional labour in organizations, in: Leadership and Organizational Development Journal, 18. Jg. (1997) 1, S. 4–12.

March, J. (1990): Die Technologie der Torheit, in: March, J. (Hrsg.): Organisation und Entscheidung, Wiesbaden, S. 281–295.

March, J./Simon, H. (1976): Organisation und Individuum, Wiesbaden.

Marr, R. (Hrsg.) (1996): Absentismus, Göttingen.

Marshall, G. D./Zimbardo, P. G. (1979): Affective consequences of inadequately explained physiological arousal, in: Journal of Personality and Social Psychology, 37. Jg. (1979), S. 970–988.

Martin, A. (1992): Arbeitszufriedenheit, in: Gaugler, E./Weber, W. (Hrsg.): Handwörterbuch des Personalwesens, 2. Aufl., Stuttgart, Sp. 481–492.

Martin, A./Nienhüser, W. (1998): Personalpolitik. Wissenschaftliche Erklärung der Personalpraxis, München.

Martin, J./Knopoff, K./Beckman, C. (2000): Bounded emotionality at The Body Shop, in: Fineman, S. (Hrsg.): Emotions in organizations, London, S. 115–140.

Maslow, A. H. (1978): Motivation and personality, New York.

Maslow, A. H. (1981): Motivation und Persönlichkeit, Hamburg.

Mathieu, J. E./Zajac, D. M. (1990): A review and meta-analysis of the antecedents and consequences of organizational commitment, in: Psychological Bulletin, 108. Jg. (1990), S. 171–194.

Matiaske, W. (1999): Soziales Kapital in Organisationen. Eine tauschtheoretische Studie, München.

Mayer, J. D./Caruso, D. R./Salovey, P. (1999): Emotional intelligence meets traditional standards for an intelligence, in: Intelligence, 27. Jg. (1999), S. 267–298.

Mayer, J. D./Geher, G. (1996): Emotional intelligence and the identification of emotion, in: Intelligence, 22. Jg. (1996), S. 89–113.

Mayer, J. D./Salovey, P. (1995): Emotional intelligence and the construction and regulation of feelings, in: Applied and Preventive Psychology, 4. Jg. (1995), S. 197–208.

Mayer, J. D./Salovey, P. (1997): What is emotional intelligence?, in: Salovey, P./Sluyter, D. (Hrsg.): Emotional development and emotional intelligence: Implications for educators, New York, S. 3–31.

Mayer, J. D./Salovey, P./Caruso, D. (2000): Competing models of emotional intelligence, in: Sternberg, R. J. (Hrsg.): Handbook of human intelligence, 2. Aufl., New York, S. 396–420.

Mayer, J. D./Salovey, P./Caruso, D. R. (1997): Multifactor Emotional Intelligence scale, New Caanan, CT.

Mayer, J. D./Salovey, P./Caruso, D. R./Sitarenios, G. (2003): Measuring emotional intelligence with the MSCEIT V.2.0, in: Emotion, 3. Jg. (2003) 1, S. 97–105.

Mayring, P. (1992): Klassifikation und Beschreibung einzelner Emotionen, in: Ulrich, D./Maring, P. (Hrsg.): Psychologie der Emotionen, Stuttgart, S. 131–181.

Mazis, G. A. (1993): Emotion and embodiment: Fragile ontology, New York.

McCall, M./Lombardo, M./Morrison, A. (1988): The lessons of experience, Lexington, Mass.

McClelland, D. C. (1987): Human motivation. Cambridge, Mass.

McCoy, T. J. (1996): Creating an »open book« organization – where employees think & act like business partners, New York.

McDermott, R. (1999): Learning across teams: How to build communities of practice in team organizations, in: Knowledge Management Review, (1999) May-June, S. 32–38.

McGuire, P. K./Bench, C. J./Frith, C. D./Marks, I. M./Frackowiak, R. S./Dolan, R. J. (1994): Functional anatomy of obsessive-compulsive phenomena, in: British Journal of Psychiatry, 164. Jg. (1994), S. 459–468.

Mead, G. H. (1966): Geist, Identität, Gesellschaft, Frankfurt/M.

Meier-Seethaler, C. (1998): Gefühl und Urteilskraft. Ein Plädoyer für die emotionale Vernunft, München.

Merleau-Ponty, M. (1966): Phänomenologie der Wahrnehmung, Berlin.

Merleau-Ponty, M. (1976): Die Struktur des Verhaltens, Berlin.

Merten, J. (2003): Einführung in die Emotionspsychologie, Stuttgart.

Mesquita, B./Frijda, N. H. (1992): Cultural variations in emotions: A review, in: Psychological Bulletin, 112. Jg. (1992), S. 179–204.

Mesquita, B./Frijda, N. H./Scherer, K. (1997): Culture and emotion, in: Berry, J. W./Dasen, P. R./Saraswathi, T. S. (Hrsg.): Handbook of cross-cultural psychology, Basic processes and human development, 2. Aufl., Boston, S. 255–297.

Mestrovic, S. G. (1997): Postemotional society, London u. a.

Meulemann, H. (1991): Lebenserfolg und Lebenszufriedenheit, in: Kölner Zeitschrift für Soziologie und Sozialpsychologie, 43. Jg. (1991), S. 644–667.

Meyer, A. (1999): Wenn Sie mir gegenüber nicht loyal sind, schmeiß' ich Sie raus! Mitarbeiterführung – ein Spiel mit der Angst?, in: Freimuth, J. (Hrsg): Die Angst der Manager, Göttingen, S. 165–173.

Meyer J. P. & Allen, N. J. (1997): Commitment in the workplace: Theory research, and application. Thousand Oaks, USA.

Meyer, W. V./Schmalt, H.-D. (1978): Die Attributionstheorie, in: Frey, D. (Hrsg.): Kognitive Theorien der Sozialpsychologie, Bern, S. 98–138.

Meyer, W.-U./Schützwohl, A./Reisenzein, R. (1997): Einführung in die Emotionspsychologie (Bd. 2): Evolutionspsychologische Emotionstheorien, Bern.

Michael, M. (1991): Some postmodern reflections on social psychology, in: Theory & Psychology, 1. Jg. (1991), S.203–221.

Millward, L. J./Hopkins, L. J. (1998): Psychological contracts, organizational and job commitment, in: Journal of Applied Social Psychology, 28. Jg. (1998) 16, S. 16–31.

Mintzberg, H. (1973): The nature of managerial work, New York.

Mitchell, T. R. (1995): Führungstheorien – Attributionstheorie, in: Kieser, A./Reber, G./Wunderer, R. (Hrsg.): Handwörterbuch der Führung, 2. Aufl., Stuttgart, Sp. 847–861.

Mitchell, T. R./Kalb, L. S. (1982): Effects of job experience on supervisor attributions for a subordinate's poor performance, in: Journal of Applied Psychology, 67. Jg. (1982), S. 181–188.

Mitchell, T. R./Liden, R. C. (1982): The effects of the social context on performance evaluation, in: Organizational Behavior and Human Performance, 29. Jg. (1982), S. 241–256.

Mittelstaedt, I. (1998): Mobbing und Emotionen, München u. a.

Montada, L./Schneider, A./Reichle, B. (1988): Emotionen und Hilfsbereitschaft, in: Bierhoff, H. W./ Montada, L. (Hrsg.): Altruismus – Bedingungen der Hilfsbereitschaft, Göttingen, S. 130–153.

Morreal, J. (1997): Humor works, Amherst, MA.

Morris, W. N. (1989): Mood: The frame of mind, New York.

Morris, J. A./Feldman, D. C. (1996): The dimensions, antecedents, and consequences of emotional labour, in: Academy of Management Journal, 21. Jg. (1996), S. 989–1010.

Morris, J. A./Feldman, D. C. (1997): Managing emotions in the workplace, in: Journal of Managerial Issues, 9. Jg. (1997), S. 257–274.

Morrison, E. W./Robinson, S. L. (1997): When employees feel betrayed: a model of how psychological contract violation develops, in: Academy of Management Review, 22. Jg. (1997), S. 226–256.

Moser, K. (1996): Commitment in Organisationen, Bern.

Mowday, R. T./Steers, R. M./Porter, L. W. (1982): Employee – organizational linkages. The psychology of commitment, absentism, and turnover, New York.

Müller, G. F./Bierhoff, H. W. (1994): Arbeitsengagement aus freien Stücken – psychologische Aspekte eines sensiblen Phänomens, in: Zeitschrift für Personalforschung, 8. Jg. (1994) 4, S. 367–379.

Müller-Stewens, G./Fontin, M. (1997): Management unternehmerischer Dilemmata – Ein Ansatz zur Erschließung neuer Handlungspotentiale, Stuttgart/Zürich.

Mumby, D. K./Putnam, L. L. (1992): The politics of emotion: A feminist reading of bounded rationality, in: Academy of Management Review, 17. Jg. (1992), S. 465–486.

Münsterberg, H. (1912): Psychologie und Wirtschaftsleben. Ein Beitrag zur angewandten Experimental-Psychologie, Leipzig (5. Aufl. 1922; engl. ähnl.: Psychological and industrial efficiency, 1913, Reprint 1973).

Mutz, G./Ludwig-Mayerhofer, W./Bonß, W./Eder, K./Koenen, E. J. (1995): Diskontinuierliche Erwerbsverläufe. Analysen zur postindustriellen Arbeitslosigkeit, Opladen.

Nagel, T. (1993): Wie ist es, eine Fledermaus zu sein?, in: Bieri, P. (Hrsg.): Analytische Philosophie des Geistes, Bodenheim, S. 261–275.

Neckel, S. (1991): Status und Scham. Zur symbolischen Reproduktion sozialer Ungleichheit, Frankfurt/M.

Neckel. S. (1999): Blanker Neid, blinde Wut? Sozialstruktur und kollektive Gefühle, in: Leviathan, 27. Jg. (1999) 2, S. 145–165.

Nedelmann, B. (1988): «Psychologismus« oder Soziologie der Emotionen? Max Webers Kritik and der Soziologie Georg Simmels, in: Rammstedt, O. (Hrsg.): Simmel und die frühen Soziologen, Frankfurt/M., S. 11–35.

Nerdinger, F. W. (1995): Motivation und Handeln in Organisationen, Stuttgart.

Nerdinger, F. W. (2001): Gefühlsarbeit in Dienstleistungsinteraktionen, in: Bruhn, M./Stauss, B. (Hrsg.): Jahrbuch Dienstleistungsmanagement 2001. Interaktionen im Dienstleistungsbereich, Wiesbaden, S. 501–519.

Nerdinger, F. W. (2003): Grundlagen des Verhaltens in Organisationen, Stuttgart.

Nerdinger, F. W./Röper, M. (1999): Emotionale Dissonanz und Burnout im Pflegebereich, in: Zeitschrift für Arbeitswissenschaft, 53. Jg. (1999), S. 187–193.

Neubauer (2003): Organisationskultur, Stuttgart.

Neuberger, O. (1974): Messung der Arbeitszufriedenheit, Stuttgart.

Neuberger, O. (1985a): Arbeit. Begriff, Gestaltung, Motivation, Zufriedenheit, Stuttgart.

Neuberger, O. (1985b): Unternehmenskultur und Führung, Augsburg.

Neuberger, O. (1999): Mobbing. Übel mitspielen in Organisationen, München.

Neuberger, O./Allerbeck, M. (1978): Messung und Analyse von Arbeitszufriedenheit. Erfahrungen mit dem »Arbeitsbeschreibungsbogen- ABB«, Bern.

Neuweg, G. H. (1999): Könnerschaft und implizites Wissen – zur lehr- und lerntheoretischen Bedeutung der Erkenntnis- und Wissenstheorie Michael Polanyis, Münster.

Nonaka, I./Takeuchi, H. (1995): The Knowledge-Creating Company, New York/Oxford.

Novotny, H. (1994): Die Bedeutung der Dimension Zeit in Umwelt und Entwicklung, in: Grübler, A./Höll, O./Lichern, W./Rakos, C. (Hrsg.): Umwelt und Entwicklung, Wien, S. 105–122.

Oatley, K. (1993): Social construction in emotions, in: Lewis, M./Haviland, J. M. (Hrsg.): Handbook of Emotions, London, S. 341–352.

Oatley, K./Johnson-Laird, P. N. (1987): Towards a cognitive theory of emotions, in: Cognition and Emotion, 1. Jg. (1987) 1, S. 29–50.

Öhman, A. (1992): Fear and anxiety as emotional phenomena: clinical, phenomenological, evolutionary perspectives, and information-processing mechanisms, in: Lewis, M./Haviland, J. M. (Hrsg.): Handbook of the Emotions, New York, S. 511–536.

Oldham, G. R./Cummings, A./Mischel, L. J./Schmidtke, J. M./Zhou, J. (1995): Listen while you work? Quasi-experimental relations between personal-stereo headset use and employee work responses, in: Journal Applied Psychology, 80. Jg. (1995) 5, S. 547–564.

Opitz, C. (2000): Tugend, Vernunft und Gefühl. Geschlechterdiskurse der Aufklärung und weibliche Lebenswelten, Münster u. a.

Ornstein, R. (1986): The psychology of consciousness, Harmondsworth.

Ortmann, G. (2003): Regel und Ausnahme. Paradoxien sozialer Ordnung, Frankfurt/M.

Ortony, A./Turner, T. J. (1990): WhatôÇs basic about basic emotions?, in: Psychological Review, 97. Jg. (1999), S. 315–331.

Osgood, C. E./Suci, G. J./Tannenbaum, P. H. (1957): The measurement of meaning, Urbana.

O'Shaughnessy, J./O'Shaughnessy, N. J. (2003): The marketing power of emotion, New York.

Ostell, A. (1996): Managing dysfunctional emotions in organizations, in: Journal of Management Studies, 33. Jg. (1996), S. 525–557.

Otto, J./Heuler, H. A./Mandl, H. (2000): Emotionspsychologie. Ein Handbuch, Weinheim.

Paez, D./Asun, D./Gonzales (1995): Emotional climate, mood and collective behaviour: Chile 1973–1990, in: Riguelme, H. (Hrsg.): Era in twilight, Hamburg, S. 141–182.

Paine, W. S. (1982): Job Stress and Burnout, Newbury Park, CA.

Palmer, S. E. (1992): Modern theories of gestalt perception, in: Humphreys, G. W. (Hrsg.): Understanding vision. An interdisciplinary perspective, Cambridge, S. 39–70.

Panse, W./Stegmann, W. (1996): Kostenfaktor Angst, Landsberg am Lech.

Parker, I. (1998): Realism, relativism and critique in psychology, in: Parker, I. (Hrsg.): Social constructionism, discourse and realism, London.

Parson, T. (1951): The social system, Glencoe, Ill.

Parson, T. (1980): Zur Theorie der sozialen Interaktionsmedien, Opladen.

Paterson, J. M./Härtel, C. E. (2002): ›An integrated affective and cognitive model to explain employees‹ responses to downsizing, in: Ashkanasy, N. M./Zerbe, W. J./Hartel, C. E. J. (Hrsg.): Managing emotions in the workplace, M.E. Sharpe Inc, S. 25–44.

Patterson, M. L. (1990): Functions of non-verbal behavior in social interaction, in: Giles, H./Robinson, W. P. (Hrsg.): Handbook of Language and Social Psychology, Chichester, S. 110–120.

Patterson, M. L./Churchill, M. E./Powell, J. L. (1991): Interpersonal expectancies and social anxiety in anticipating social interaction, in: Journal of Social and Clinical Psychology, 10. Jg. (1991), S. 414–423.

Pekrun, R. (1988): Emotion, Motivation und Persönlichkeit, München.

Perrow, C. (1986): Complex organizations: A critical essay, 3. Aufl., New York.

Peters, T. J./Waterman, R. H. Jr. (1984): Auf der Suche nach Spitzenleistungen, Landsberg/L.

Pettigrew, A. M. (1990): Organisational climate and culture. Two constructs in search of a role, in: Schneider, B. (Hrsg.): Organisational climate and culture, Oxford, S. 413–434.

Picot, A./Freudenberg, H./Gaßner, W. (1999): Die neue Organisation – ganz nach Maß geschneidert, in: Harvard Business manager, 21. Jg. (1999) 5, S. 46–58.

Plutchik, R. (1980): Emotion. A psychoevolutionary synthesis, New York.

Poder, P. (2004): Feelings and Power: Handling emotion in organisational change, unveröffentlichte Dissertation, Copenhagen.

Pohlmann, F. (1987): Individualität, Geld und Rationalität: Georg Simmel zwischen Karl Marx und Max Weber, Stuttgart.

Polanyi, M. (1967): The tacit dimension, New York.

Pratt, M. G./Doucet, L. (2000): Ambivalent feelings in organizational relationships, in: Fineman, S. (Hrsg.): Emotion and in organizations, London, S. 204–226.

Pratt, M. G./Rafaeli, A. (1997): Organizational dress as a symbol of multi-layered social identities, in: Academy of Management Journal, 40. Jg. (1997), S. 862–898.

Price, L. L./Arnould, E. J./Deibler, S. L. (1995): Consumer‹s emotional responses to service encounters. The influence of the service provider, in: International Journal of Service Industry Management, 6. Jg. (1995) 3, S. 34–63.

Probst, G. J. B./Büchel, B. S. (1998): Organisationales Lernen – Wettbewerbsvorteil der Zukunft, Wiesbaden.

Probst, G. J. B./Raub, S./Romhardt, K. (1999): Wissen managen: wie Unternehmen ihre wertvollste Ressource optimal nutzen, Wiesbaden.

Prystav, G. (1981): Psychologische Copingforschung: Konzeptbildungen, Operationalisierungen und Meßinstrumente, in: Diagnostica, 17. Jg. (1981), S. 189–214.

Puca, R. M. (1996): Motivation diesseits und jenseits des Rubikon, Diss. Bergische Universität-Gesamthochschule Wuppertal.

Pugh, S. D. (2001): Service with a Smile: Emotional contagiation in the service encounter, in: Academy of Management Journal, 44. Jg. (2001) 5, S. 1018–1027.

Pugliesi, K. (1999): The consequences of emotional labor: effects on work stress, job satisfaction, and well-being, in: Journal of Motivation and Emotion, 23. Jg. (1999) 2, S. 125–154.

Putnam, L. L./Mumby, D. K. (1993): Organisations, emotions and the myth of rationality, in: Fineman, S. (Hrsg.): Emotion in Organisations, London, S. 36–57.

Rafaeli, A./Sutton, R. I. (1987): Expression of emotion as part of the work role, in: Academy of Management Review, 12. Jg. (1987), S. 23–37.

Rafaeli, A./Sutton, R. I. (1989): The expression of emotion in organizational life, in: Research in Organizational Behavior, 11. Jg. (1989), S. 1–42.

Rastetter, D. (2001): Emotionsarbeit – Betriebliche Steuerung und individuelles Erleben, in: Schreyögg, G./Sydow, P./Sydow, J. (Hrsg.): Emotionen und Management. Managementforschung – Band 11, Wiesbaden, S. 112–134.

Ratner, C. (1989): A social constructionist critique of the naturalistic theory of emotion, in: Journal of Mind and Behavior, 10. Jg. (1989), S. 211–230.

Ray, E. B./Miller, K. I. (1991): The influence of communication structure and social support on job stress and burnout, in: Management Communication Quarterly, 4. Jg. (1991), S. 506–527.

Reddy, W. M. (2001), The Navigation of Feeling: A Framework for the History of Emotions, New York

Rheinberg, R. (1988): Paradoxe Effekte von Lob und Tadel, in: Zeitschrift für Pädagogische Psychologie, 2. Jg. (1988) 4, S. 223–226.

Rheinberg, F. (2004): Motivation, Stuttgart.

Richter, P./Hacker, W. (1998): Belastung und Beanspruchung. Stress, Ermüdung und Burnout im Arbeitsleben, Heidelberg.

Riggio, R./Friedman, H. S. (1983): Individual differences and cues to deception, in: Journal of Personality and Social Psychology, 45. Jg. (1983), S. 899–915.

Robbins, S. P. (1999): Layoff-survivor sickness: A missing topic in organizational behavior, in: Journal of Management Education, 23. Jg. (1999) 1, S. 31–43.

Robertson, I./Smith, M. (1985): Motivation and job design, London.

Robinson, S. L./Morrison, E. W. (1995): Psychological contracts and OCB. The effect of unfulfilled obligations and civic virtue behavior, in: Journal of Organization Behavior, 16. Jg. (1995), S. 289–298.

Rosenstiel, L. v. (1975): Die motivationalen Grundlagen des Verhaltens in Organisationen. Leistung und Zufriedenheit, Berlin.

Rosenstiel, L. v. (1992a): Grundlagen der Organisationspsychologie, 3. Aufl., Stuttgart.

Roth, G. (1994): Das Gehirn und seine Wirklichkeit. Kognitive Neurobiologie und ihre philosophischen Konsequenzen, Frankfurt/M.

Roth, G. (1996): Das Gehirn und seine Wirklichkeit. Kognitive Neurobiologie und ihre philosophischen Konsequenzen, 4. Aufl., Frankfurt/M.

Roth, G. (2001): Fühlen, Denken, Handeln. Wie das Gehirn unser Verhalten steuert, Frankfurt/M.

Roth, S. (2000): Emotionen im Visier: Neue Wege des Change Managements, in: Organisationsentwicklung, 18. Jg. (2000) 2, S. 14–21.

Rousseau, D. M. (1995): Psychological contracts in organizations: Understanding written and unwritten agreements, Thousand Oaks et al.

Rousseau, D. M./McLean Parks, J. (1993): The contracts of individuals and organizations, in: Cummings, L. L./Staw, B. M. (Hrsg): Research in organizational behavior, Grenwich, CT/London, S. 1–43.

Runge, A. (1990): Angst am Arbeitsplatz: Umgang mit einem alltäglichen Gefühl, Zürich.

Russel, J. A. (1980): A circumplex model of affect, in: Journal of Personality and Social Psychology, 39. Jg. (1980) 6, S. 1161–1178.

Russel, J. A. (1991): Culture and the categorization of emotions, in: Psychological Bulletin, 110. Jg. (1991), S. 426–450.

Ryan, R. M./Deci, E. L. (2001): To be happy or to be self-fulfilled: A review of research on hedonic and eudaimonic well-being, in: Fiske, S. (Hrsg.): Annual Review of Psychology, Vol. 52, Palo Alto, CA, S. 141–166.

Ryff, C. D./Singer, B. (1998): The contours of positive human health, in: Psychological Inquiry, 9. Jg., 1–28.

Sackmann, S. A. (2002): Unternehmenskultur, Neuwied-Kriftel.

Salovey, P./Mayer, J. D. (1990): Emotional intelligence, in: Imagination, Cognition and Personality, 9. Jg. (1990) 3, S. 185–211.

Sarbin T. R. (1986): Narrative psychology: The storied nature of human conduct, New York.

Sathe, V. (1985): Culture and related corporate realities, Homewood, Ill.

Sattelberger, T. (1991): Die lernende Organisation: Konzepte für eine neue Qualität der Unternehmensentwicklung, Wiesbaden.

Scarr, S. (1985): Constructing psychology: Making facts and fables for our times, in: American Psychologist, 40. Jg. (1985) 5, S. 499–512.

Schachter, S. (1964): The interaction of cognitive and physiological determinants of emotional state, in: Berkowitz, L. (Hrsg.): Advances in experimental social psychology, New York, S. 49–80.

Schachter, S./Singer, J. E. (1962): Cognitive, social, and physiological determinants of emotional states, in: Psychological Review, 69. Jg. (1962), S. 379–399.

Scheele, B. (1990): Emotionen als bedürfnisrelevante Bewertungszustände: Grundriss einer epistemologischen Emotionstheorie, Tübingen.

Scheff, T. J. (1990): Microsociology: Discourse, emotion and social structure, London.

Schein, E. (1994): Organisational and managerial culture as a facilitator or inhibitor of organisational learning, Cambridge.

Schein, E. (2002): Blut, Schweiß und Tränen – von der Angst zu lernen, in: Harvard Business manager, 5. Jg. (2002), S. 72–79.

Scheler, M. (1973): Wesen und Formen der Sympathie, in: Frings, M. S. (Hrsg.):Gesammelte Werke VII, Bern/München, S. 97–103.

Scherer, K. R. (1984): On the nature and function of emotion: A component process approach, in: Scherer, K. R./Ekman, P. (Hrsg.): Approaches to emotion, Hillsdale, NJ, S. 293–318.

Scherer, K. R. (1986): Zur Rationalität der Emotionen, On the rationality of the emotions, in: Rössner, H. (Hrsg.): Der ganze Mensch, München, S. 181–192.

Scherer, K. R. (Hrsg.) (1988): Facets of emotion: Recent research, Hillsdale, NJ.

Scherer, K. (Hrsg.) (1990): Psychologie der Emotion, Enzyklopädie der Psychologie: Motivation und Emotion, Band 3, Göttingen.

Scherer, K. R. (1994): Toward a concept of »modal emotions", in: Ekman, P./Davidson, R. J. (Hrsg.): The nature of emotion: Fundamental questions, New York/Oxford, S. 25–31.

Scherer, U./Tran, V. (2001): Effects of emotions on the process of organizational learning, in: Dierkes, M./Antal, A. B./Child, J./Nonaka, I. (Hrsg.): Handbook of organizational learning and knowledge, Oxford, S. 369–394.

Schimank 2001: Organisationsgesellschaft. In: Kneer, G./Nassehi, A./Schroer, M. (Hrsg.): Klassische Gesellschaftsbegriffe der Soziologie, München, S. 278–307.

Schmidt-Atzert, L. (1996): Lehrbuch der Emotionspsychologie, Stuttgart.

Schmitz, B. (2000): Werte und Emotionen, in: Otto, J. H./Euler, H. A./Mandl, H. (Hrsg.): Emotionspsychologie: Ein Handbuch, Weinheim, S. 349–359.

Schneider, B. (Hrsg.) (1990): Organisational Climate and Culture, San Francisco.

Schönpflug, W. (1983): Coping efficiency and situational demands, in: Hockey, R. (Hrsg.): Stress and fatigue in human performance, Chichester.

Schönpflug, W. (1986): Behavior economics as an approach to stress theory, in: Appley, M. H./Trumbull, R. (Hrsg.): Dynamics of stress, New York, S. 81–98.

Schreyögg, G./Geiger, D. (2002): Knowledge, Narrations and Könnerschaft. Revisiting the Management of Knowledge, 2. Aufl., Berlin.

Schreyögg, G./Sydow, J. (Hrsg.) (2001):, Managementforschung 11: Emotionen und Management, Wiesbaden.

Schüppel, J. (1996): Wissensmanagement. Organisatorisches Lernen im Spannungsfeld von Wissens- und Lernbarrieren, Wiesbaden.
Schuler, H. (2002). Emotionale Intelligenz – ein irreführender und unnötiger Begriff, in: Zeitschrift für Personalpsychologie, 1. Jg. (2002) 3, S. 138–140.
Schütz, A. (1981): Der sinnhafte Aufbau der sozialen Welt. Eine Einleitung in die verstehende Soziologie, Frankfurt/M.
Schützwohl, A. (1991): Determinanten von Stolz und Scham. Handlungsergebnis, Erfolgserwartung und Attribution, in: Zeitschrift für experimentelle und angewandte Psychologie, 38. Bd. (1991) 1, S. 76–93.
Schwab, F. (2002): Evolution und Emotion. Evolutionäre Perspektiven in der Emotionsforschung und angewandte Psychologie, Stuttgart.
Schwab, F. (2004): Evolution und Emotion, Stuttgart.
Schwarz, N./Bohner, G. (1996): Feelings and their motivational implications. Moods and the action sequence, in: Gollwitzer, P. M./Bargh, J. A. (Hrsg.): The psychology of action. Linking cognition and motivation to behaviour, New York, S. 119–145.
Searle, J. R. (1986): Geist, Gehirn und Wissenschaft. Die Reith Lectures, Frankfurt/M.
Seligman, M. E. P. (1975): Helplesness. On depression, development and death, San Francisco.
Sennett, R. (1980): Authority, New York
Sennett, R. (1998): Der flexible Mensch. Die Kultur des neuen Kapitalismus, 3. Aufl., Berlin.
Sennett, R. (2002): Respekt im Zeitalter der Ungleichheit, Berlin.
Shaver, P./Schwartz, J./Kirson, D./O‹Connor, C. (1987): Emotion knowledge: further exploration of a prototype approach, in: Journal of Personality and Social Psychology, 52. Jg. (1987), S. 1061–1087.
Shweder, R. A. (1994): YourôÇre not sick, youôÇre just in love: Emotions as an interpretative systems, in: Ekman, P./Davidson, R. (Hrsg.) Fundamental issues and questions about emotions, New York, S. 32–43.
Sieben, B. (2001): Emotionale Intelligenz – Golemans Erfolgskonstrukt auf dem Prüfstand, in: Schreyögg, G./Sydow, J. (Hrsg.): Emotionen und Management, Managementforschung 1, Wiesbaden, S. 135–170.
Simmel, G. (1983): Das Geld und die moderne Kultur, in: Simmel, G. (Hrsg.): Schriften zur Soziologie. Eine Auswahl, herausgegeben und eingeleitet von Heiz-Jürgen Dahem und Otthein Rammstedt, Frankfurt/M., S. 78–94.
Simmel, G. (2000): Philosophie des Geldes, Frankfurt/M.
Simon, H. A. (1967): Motivational and emotional controls of cognition, in: Psychological Review, 74. Jg. (1967), S. 29–39.
Simon, H. (1989): Making management decisions: The role of intuition and emotion, in: Agor, W.H. (Hrsg.): Intuition in Organizations, Newbury Park, CA, S. 23–39.
Six, B. (1987): Attribution, in: Frey, D./Greif, S. (Hrsg.): Handbuch der Sozialpsychologie, 2. Aufl., Weinheim, S. 122–146.
Six, B./Kleinbeck, U. (1989): Arbeitsmotivation und Arbeitszufriedenheit: Organisationspsychologie, in: Roth, E. v. (Hrsg): Enzyklopädie der Psychologie, Göttingen, S. 348–398.
Smircich, L. (1983): Concepts of culture and organizational Analysis, in: Administrative Science Quarterly, 28. Jg. (1983), S. 339–358.
Smith, A. (1759): The theory of moral sentiments, London.
Smith, A. (1926): An inquiry into the nature and the causes of the wealth of nations, Chicago.
Smith, B. M. (1994): Selfhood at risk. Postmodern perils and the perils of postmodernism, in: American Psychologist, 49. Jg. (1994), S.405–411.
Smith-Lovin, L. (1990): Emotions as the confirmation and disconformation of identity, in: Kemper, T. D. (Hrsg.): Research agendas in the sociology of emotions, New York, S. 238–270.
Sokolowski, K. (1993): Emotion und Volition: Eine motivationspsychologische Standortbestimmung, Göttingen.
Solomon, R. C. (1980): Emotions and choice, in: Rorty, A. (Hrsg.): Explaining emotions, Berkeley, S. 251–281.
Solomon, R. C. (1993): The philosophy of emotions, in: Lewis, M./Haviland, J. M. (1993): Handbook of emotions, London, S. 3–15.

Solomon, R. C. (1999): The philosophy of emotions, in: Lewis, M./Haviland-Jones, J. (Hrsg.): Handbook of emotions, New York, S. 3–15.

Solomon, R. C./Calhoun, C. (1984): What is an emotion, New York.

Sousa, R. de (1997): Die Rationalität des Gefühls, Frankfurt/M.

Spector, P. E. (1997): Job satisfaction: Application, assessment, cause, and consequences, Thousand Oaks, CA.

Spieß, E. (1996): Kooperatives Handeln in Organisationen, München.

Spiess, E./Winterstein, H. (1999): Verhalten in Organisationen: Eine Einführung, Stuttgart.

Sprenger, R. K. (1995): Mythos Motivation: Wege aus einer Sackgasse, 9. Aufl., Frankfurt/M.

Staehle, W. H. (1991): Redundanz, Slack und lose Kopplung in Organisation: Eine Verschwendung von Ressourcen, in: Staehle, W. H./Sydow, J. (Hrsg.): Managementforschung 1, Berlin, S. 313–345.

Staehle, W. H. (1999): Management: Eine verhaltenswissenschaftliche Perspektive, 8. Aufl., München.

Stankov, L. (1999): Mining on the »no man‹s land« between intelligence and personality, in: Ackermann, P. L./Kyllonen, P. C./Roberts, R. D. E. (Hrsg.): Learning and individual differences. Process, trait, and content determinants, Washington, S. 315–338.

Staw, B. M./Sutton, R. I./Pelled, L. H. (1994): Employee positive emotion and favorable outcomes at the workplace, in: Organization Science, 5. Jg. (1994), S. 51–71.

Steger, T. (2001): Was Metaphern über Gefühle sagen – Ein neuer Zugang zu Emotionen auf der Managementebene, in: Schreyögg, G./Sydow, J. (Hrsg.): Emotionen und Management, Managementforschung 1, Wiesbaden, S. 75–109.

Stein, N. L./Trabasso, T. (1992): The organisation of emotional experience: Creating links among emotion, thinking and intentional action, in: Stein, N./Oatley, K. (Hrsg.): Cognition and Emotion (special issue), 6. Jg. (1992), S. 225–244.

Steiner, C. M./Perry, P. (1999): Emotionale Kompetenz, München.

Sternberg, R. J. (1997): Intelligence and lifelong learning: What's new and how can we use it?, in: [Special Issue] American Psychologist, 52. Jg. (1997) 10, S. 1134–1139.

Sternberg, R. J. (Hrsg.) (1990): Wisdom: Its nature, origins, and development, New York.

Sternberg, R. J. (Hrsg.) (1999): Handbook of creativity, New York.

Sternberg, R. J./Forsythe, G. B./Hedlund, J./Horvath, J. A./Wagner, R. K./Williams, W. M./Snook, S. A./Grigorenko, E. L. (2000): Practical intelligence in everyday life, New York.

Sternberg, R. J./Caruso, D. (1985): Practical modes of knowing, in: Eisner, E. (Hrsg.): Learning the ways of knowing, Chicago, S. 133–158.

Sternberg, R. J./Wagner, R. K. (Hrsg.) (1986): Practical intelligence: Nature and origins of competence in the everyday world, New York: Cambridge University Press.

Stipek, D. (1998): Motivation to learn: From theory to practice, Boston.

Streich, R. (1997): Veränderungsprozessmanagement, in: Reiß, M./Rosenstiel, L. v./Lanz, A. (Hrsg.): Change-Management, Stuttgart, S. 237–254.

Suchanek, A. (1991): Der ökonomische Ansatz und das Verhältnis von Mensch, Institution und Erkenntnis, in: Biervert, B./Held, M. (Hrsg.): Das Menschenbild der ökonomischen Theorie. Zur Natur des Menschen, Frankfurt/M./New York, S. 76–93.

Suchanek, A./Homann, K. (2000): Ökonomik: Eine Einführung, (Reihe »Neue ökonomische Grundrisse", hrsg. v. R. Richter), Tübingen.

Suh, E. M./Diener, E./Oishi, S./Triandis, H. (1998): The shifting basis of life satisfaction judgments across cultures, in: Journal of Personality and Social Psychology, 70. Jg. (1998), S. 1091–1102.

Susskind, A. M./Miller, V. D. (1998): Downsizing and structural holes, in: Communication Research, 25. Jg. (1998) 1, S. 30–36.

Sutton, R. I./Rafaeli, A. (1988): Untangling the relationship between displayed emotions and organizational sales: The case of convenience stores, in: Academy of Management Journal, 31. Jg. (1988) 3, S. 461–487.

Symons, D. (1987): If we're all Darwinians, What's the fuss about?, in: Crawford, C./Smith, M./Krebs, D. L. (Hrsg.): Sociobiology and psychology: Ideas, issues, and applications, Hillsdale, S. 121–146.

Tagiuri, R. (1969): Person perception: in: Lindzey, G./Aronson E. (Hrsg.): The handbook of social psychology. 3. The individual in a social context, Reading, Mass, S. 395–449.

Takahashi, S. (1995): Aesthetic properties of pictorial perceptions, Psychological Review, 102. Jg. (1995) 4, S. 671–683.
Temme, G./Tränkle, U. (1996): Arbeitsemotionen – ein vernachlässigter Aspekt in der Arbeitszufriedenheitsforschung, in: Zeitschrift für Arbeitsforschung, Arbeitsgestaltung und Arbeitspolitik, 5. Jg. (1996) 3, S. 275–297.
Temme, G./Zapf, D. (1997): Measurement of discrete emotions at work: an empirical study to assess the frequencies of emotions at work and to determine the emotional validity of job satisfaction. (Manuskript zum Symposium »Emotion at work« in Verona).
Tett, R. P./Meyer, J. P. (1993): Job satisfaction, organizational commitment, turnover intention, and turnover: Path analyses based on meta-analytic findings, in: Personnel Psychology, 46. Jg. (1993), S. 259–294.
Thomas, K. W. (2000): Intrinsic motivation at work: Building energy & commitment, San Francisco.
Thomas von Aquin (2001) (orig. 1266–1267): Über sittliches Handeln, Summa theologiae I-II, Lateinisch/Deutsch, Stuttgart.
Thommen, J.-P./Achleitner, A.-K. (1998): Allgemeine Betriebswirtschaftslehre, Wiesbaden.
Thomson, K. (1999): Emotional capital: Capturing hearts and minds to create lasting business success, Oxford.
Thomson, K. (2000): Emotional capital: maximizing the intangible assets at the heart of brand and business and success, Oxford.
Tolich M. B. (1993): Alienating and liberating emotions at work, in: Journal of Contemporary Ethnography, 22. Jg. (1993) 3, S. 361–381.
Tomkins, S. S. (1962): Affect, Imagery. Consciousness, New York.
Tomkins, S. S. (1963): Affect, imagery. Consciousness, 2. Aufl., New York.
Tran, V. (1998): The role of the emotional climate in learning organisations. The Learning Organisation, 5. Jg. (1998), S. 99–103.
Trice, H./Beyer, J. B. (1993): The cultures of work organizations, Englewood Cliffs, NJ.
Tourish, D./Pinnington, A. (2002): Transformational Leadership, corporate cultism and the spirituality paradigm: An unholy trinity in the workplace?, In: Human Relations, Vol 55 No. 2, pp. 147–72
Turner, T. J./Ortony, A. (1992): Basic emotions: Can conflicting criteria converge?, in: Psychological Review, 99. Jg. (1992), S. 566–571.

Ulich, E. (1981): Möglichkeiten autonomieorientierter Arbeitsgestaltung, in: Frese, M. (Hrsg.): Stress im Büro, Schriften zur Arbeitspsychologie, Band 34, Bern, S. 159–178.
Ulich, D. (1982): Das Gefühl. Einführung in die Emotionspsychologie, München.
Ulich, E. (1994): Arbeitspsychologie, 3. Aufl., Zürich/Stuttgart.
Ulich, D./Mayring, P. (1992): Psychologie der Emotionen, Stuttgart.
Ulrich, P. (2001): Integrative Wirtschaftsethik. Grundlagen einer lebensdienlichen Ökonomie, 3. Aufl., Bern/Stuttgart/Wien.

Vahs, D. (2001): Organisation: Einführung in die Organisationstheorie und -praxis, 3. Aufl., Stuttgart.
Vaill, P. (1998): Lernen als Lebensform: Ein Manifest wider die Hüter der richtigen Antworten, Stuttgart.
Valley, K./Lingo, E. L. (2001): Power and influence: Achieving Your Objectives in Organizations, Boston.
van Maanen, J./Kunda, G. (1989): »Real Feelings«: Emotional expression and organizational culture, in: Research in Organizational Behavior, 11. Jg. (1989), S. 43–103.
Velayutham, S./Perera, M. H. B. (2004): The influence of guilt and shame on accountability and accounting practice, in: Corporate Governance: International Journal of Business in Society, 4. Jg. (2000) 1, S. 52–64.
Verres, R./Sobez, I. (1980): Ärger, Aggression und soziale Kompetenz, Stuttgart.
Vince, R./Saleem, T. (2004): The impact of caution and blame on organizational learning, in: Management Learning, 35. Jg. (2004) 2, S. 133–154.
Vroom, V. (1964): Work and motivation, New York.

Wachenfeld, A. (2003): Stimmungslage im Krisensommer, in: Personalwirtschaft, 4. Jg. (2003) 11, S. 24–29.

Wagner, R. K. (2000): Practical intelligence, in: Sternberg, R. J. (Hrsg.): Handbook of intelligence, New York, S. 380–395.

Wald, A. & Weibler, J. (2005): Soziale Einbettung und die Zuschreibung von Führung. – Ein Netzwerkansatz. In: Zeitschrift für Betriebswirtschaft, (im Druck).

Waldenfels, B. (1994): Antwortregister, Frankfurt/M.

Waldenfels, B. (2000): Das leibliche Selbst. Vorlesungen zur Phänomenologie des Leibes, Frankfurt/M.

Waldron, V. (1994): One more, with Feeling: Reconsidering the role of emotion in work, in: Deetz, S. A. (Hrsg.): Communication Yearbook, 17, Thousands Oaks, CA, S. 388–416.

Waldron, V. R. (2000): Relational experiences and emotion at work, in: Fineman, S. (Hrsg.): Emotions in organizations, London.

Waldron, V. R./Krone, K. J. (1991):. The experience and expression of emotions in the workplace: A study of corrections organization, in: Management Communication Quarterly, 4. Jg. (1991), S. 287–309.

Walsh, S. (1999): Shame in the workplace, in: The Psychologist, 12. Jg. (1999), S. 20–22.

Walton, R. E. (1985): From control to commitment in the workplace, in: Harvard Business Review, 63. Jg. (1985) March, S. 77–84.

Walton, R. E. (1987): From control to commitment in the workplace, in: Steers, R. M./Porter, L. W. (Hrsg.): Motivation and work behaviour, New York, S. 516–528.

Warr, P. (1999): Well-being and the workplace, in: Kahneman, D./Diener, E./Schwarz, N. (Hrg.): Well-being: The foundations of hedonic psychology, New York, S. 392–412.

Wasserman, V./Rafaeli, A./Kluger, A. N. (2000): Aesthetic symbols as emotional cues, in: Fineman, S. (Hrsg.): Emotion in organizations, London, 2. Aufl., S. 140–166.

Wassmann,C. (2002): Die Macht der Emotionen; Wie Gefühle unser Denken und Handeln beeinflussen, Darmstadt.

Watson, D./Clark, L. A. (1984): Negative affectivity: The disposition to experience unpleasant emotional states, in: Psychological Bulletin, 95. Jg. (1984), S. 465–490.

Watson, D./Pennebaker, J. W. (1989): Health complaints, stress, and distress: Exploring the central role of negative affektivity, in: Psychological Review, 98. Jg. (1989) 2, S. 234–254.

Watson, D./Tellegen, A. (1985): Toward a consensual structure of mood, in: Psychological Bulletin, 98. Jg. (1985), S. 219–235.

Watson, G. (1975): Widerstand gegen Veränderungen, in: Bennis, W. G./Benne, K. D./Chin, R. (Hrsg.): Änderung des Sozialverhaltens, Stuttgart, S. 415–429.

Watson, J. B. (1919): A schematic outline of the emotions, in: Psychological Review, 26. Jg. (1919), S. 165–196.

Watson, J. B./Rayner, R. (1920/2000): Conditioned emotional reactions, In: American Psychologist, 55. Jg. (1920/2000), S. 313–317.

Wayne S. J./Liden R. C. (1995): Effects of impression management on performance ratings: a longitudinal study, in: Academy of Management Journal, 38. Jg. (1995), S. 232–260.

Weber, H. (2000): Sozialkonstruktivistische Emotionstheorien, in: Otto, J./Euler, H. A./Mandl, H. (Hrsg.): Handbuch Emotionspsychologie, Weinheim, S. 139–150.

Weber, H./Westmeyer, H. (1999): Emotionale Intelligenz: Kritische Analyse eines populären Konstrukts, in: www.literaturkritik.de, 1. Jg. (1999) 2/3.

Weber, H./Westmeyer, H. (2001): Die Inflation der Intelligenzen, in: Stern, E./Guthke, J. (Hrsg.): Perspektiven der Intelligenzforschung, Lengerich, S. 251–266.

Weber, M. (1976): Wirtschaft und Gesellschaft. Grundriss der verstehenden Soziologie, Tübingen.

Weber, M. (1988): Die protestantische Ethik und der Geist des Kapitalismus, in: ders.: Gesammelte Aufsätze zur Religionssoziologie, Bd. I, 9. Aufl., Tübingen, S. 71–206.

Wegge, J. (2001): Emotion und Arbeit: Zum Stand der Dinge, in: Zeitschrift für Arbeitswissenschaft, 55. Jg. (2001), S. 49–56.

Wehner, T./Clases, C./Endres, E. (1996): Situiertes Lernen und kooperatives Handeln in Praxisgemeinschaften, in: Endres, E./Wehner, T. (Hrsg.): Zwischenbetriebliche Kooperation. Die Gestaltung von Lieferbeziehungen, Weinheim, S. 71–85.

Weibler, J. (1995): Symbolische Führung, in: Kieser, A./Reber, G./Wunderer, R. (Hrsg.): Handwörterbuch der Führung, 2. Aufl., Stuttgart, Sp. 2015–2026.

Weibler, J. (1996): Ökonomische vs. verhaltenswissenschaftliche Ausrichtung der Personalwirtschaftslehre – Eine notwendige Kontroverse?, in: Die Betriebswirtschaft (DBW), 56. Jg. (1996), S. 649–665.

Weibler, J. (2001): Personalführung, München.

Weibler, J. (2004): Führung und Führungstheorien, in: Schreyögg, G./Werder, A. v. (Hrsg.): Handwörterbuch Unternehmensführung und Organisation, 4. Aufl., Stuttgart, Sp. 294–308.

Weibler, J. (2005): Diskursethik und Organisationsgestaltung – Einige Überlegungen zur Passung, in: Burckhart, H./Sikora, J. (Hrsg.): Praktische Philosophie – philosophische Praxis. Philosophische Orientierung in der modernen Gesellschaft, Darmstadt (im Druck).

Weibler, J./Lucht, T. (2004): Controlling und Ethik, in: Scherm, E./Pietsch, G. (Hrsg.): Controlling – Theorien und Konzeptionen, München, S. 872–891.

Weibler, J./Wald, A. (2004): 10 Jahre personalwirtschaftliche Forschung – Ökonomische Hegemonie und die Krise einer Disziplin, in: Die Betriebswirtschaft, 64. Jg. (2004) 3, S. 259–275.

Weibler, J./Wald, A. (2005), Von Teilen und Ganzen – Zum Verhältnis von Personalökonomik und Personalwirtschaftslehre. In: Die Betriebswirtschaft (DBW), 2005, 65, 1, 95–100

Weick, K. E./Quinn, R. E. (1999): Organizational change and development, in: Annual Review of Psychology, 50. Jg. (1999), S. 361–386.

Weidemann, J./Frey, D. (1992): Dissonanztheorie, in: Gaugler, E./Weber, W. (Hrsg.): Handwörterbuch des Personalwesens, 2. Aufl., Stuttgart, Sp. 727–738.

Weinberger, J./McClelland, D. (1990): Cognitive versus traditional motivational models: Inreconcilable or complementary?, in: Higgins, E. T./Sorrentino, R. M. (Hrsg): The handbook of motivation and cognition: Foundations of social behavior, 2. Aufl., New York, S. 562–597.

Weiner, B. (1976): Theorien der Motivation, Stuttgart.

Weiner, B./Russell, D./Lerman, D. (1979): The cognition-emotion process in achievement-related contexts, in: Journal of Personality and Social Psychology, 37. Jg. (1979), S. 1211–1220.

Weiner, B. (1982): The emotional consequences of causal attributions, in: Clark, M. S./Zajonc, S. T. (Hrsg.): The 17th annual Carnegie symposium on cognition: Affect and cognition, Hillsdale, NJ, S. 185–210.

Weinert, A. B. (1998): Organisationspsychologie. Ein Lehrbuch, 4. Aufl., Weinheim.

Weiss, H. M./Cropanzano, R. (1996): Affective events theory: A theoretical discussion of the structure, causes and consequences of affective experiences at work, in: Staw, B. M./Cummings, L. L. (Hrsg.): In Research in organization behavior: An annual series of analytical essays and critical reviews, Vol. 18, Greenwich, S. 1–74.

Wenger, E. R. (1998): Communities of practice – Learning as a social system, in: Systems Thinker, 9. Jg. (1998) 5, S. 20–26.

Wenger, E. R./McDermott, W./Snyder (2002): Cultivating communities of practice, A guide to managing knowledge, Boston.

Wentworth, W. M./Ryan, J. (1994): Balancing body, mind and culture: The place of emotion in social life, in: Franks, D. D. (Hrsg.): Social perspectives on emotions, Greenwich, S. 25–46.

Wertheimer, M. (1925): Drei Abhandlungen zur Gestalttheorie, Erlangen.

Wertheimer, M. (1957): Produktives Denken. (Deutsche Übersetzung von Productive Thinking durch Wolfgang Metzger), Frankfurt/M.

Westmeyer, H. (1996): The constructionist approach to psychological assessment: Problems and prospects, in: Battmann, W./Dutke, S. (Hrsg.): Processes of the molar regulation of behavior, Lengerich, S. 309–325.

White D. A. (1996): »It's working beautifully!« Philosophical reflections on aesthetics and organization theory, in: Organization, 3. Jg. (1996) 2, S. 195–208.

White, R. W. (1959): Motivation reconsidered: The concept of competence, in: Psychological Review, 66. Jg. (1959) 5, S. 297–331.

Wiegand, M. (1996): Prozesse organisationalen Lernens, Wiesbaden.

Wieland, W. (2001): Urteil und Gefühl. Kants Theorie der Urteilskraft, Göttingen.

Wilber, K. (2001I): Eros, Kosmos, Logos. Eine Vision an der Schwelle zum nächsten Jahrtausend, Frankfurt/M.

Wilber, K. (2001b): Ganzheitlich Handeln. Eine integrale Vision für Wirtschaft, Politik, Wissenschaft und Spiritualität, Freiamt.

Wilber, K. (2002): Das Wahre, Schöne, Gute, Geist und Kultur im 3. Jahrtausend, Frankfurt/M.

Williams S. J./Bendelow G. (1998): The lived body: Sociological themes, embodied issues, London.

Williams, S. J./Shiaw, W. T. (1999): Mood and organizational citizenship behavior: The effects of positive affect on employee organizational citizenship behavior intentions, in: Journal of Psychology, 133. Jg. (1999) 6, S. 656–668.

Willke, H. (1996): Dimensionen des Wissensmanagements – Zum Zusammenhang von gesellschaftlicher und organisationaler Wissensbasierung, in: Schreyögg, G./Conrad, P. (Hrsg.): Managementforschung 6: Wissensmanagement, Berlin, S. 263–303.

Willmott, H. (1993): Strength is ignorance; slavery is freedom: Managing culture in modern organizations, in: Journal of Management Studies, 30. Jg. (1993) 4, S. 515–552.

Wiswede, G. (1980): Motivation und Arbeitsverhalten, München/Basel.

Wolff, G. (1993): Mobbing. Psychoterror im Unternehmen, in: Personalwirtschaft, 20. Jg. (1993) 6, S. 41–44.

Wollheim, R. (2001): Emotionen. Eine Philosophie der Gefühle, München.

Wolman, R. N. (2001): Thinking With Your Soul: Spiritual Intelligence and Why It Matters, New York.

Wouters, C. (1989): The sociology of emotions and flight attendants: Hochschild‹s »managed heart«, in: Theory, Culture and Society, 6. Jg. (1989) 1, S. 95–123.

Wright, T. A./Staw, B. M. (1999): Affect and favorable work outcomes: Two longitudinal tests of the happy-productive worker thesis, in: Journal of Organizational Behavior, 20. Jg. (1999) 1, S. 1–13.

Wunderer, R./Grunwald, W. (1980): Führungslehre. Bd. 1: Grundlagen der Führung. Bd. 2: Kooperative Führung, Berlin u. a.

Wunderer, R./Küpers, W. (2003): Demotivation → Remotivation. Wie Leistungsbarrieren blockiert und reaktiviert werden, München.

Wunderer, R./Mittmann, J. (1995): Identifikationspolitik, Stuttgart.

Wundt, W. (1911): Zur Lehre von den Gemütsbewegungen, in: Kleine Schriften, 2. Bd., Leipzig, S. 366–425.

Yanay, N./Shahar, G. (1998): Professional feelings as emotional labor, in: Journal of Contemporary Ethnography, 27. Jg. (1998), S. 346–373.

Yukl, G. A. (1994): Leadership in organizations, 3. Aufl., Englewood Cliffs, NJ.

Zapf, D. (2000): Emotionen in Organisationen, in: Otto, J. H./Euler, H. A./Mandl, H. (Hrsg.): Handbuch Emotionspsychologie, Weinheim, S. 567–575.

Zapf, D. (2002): Emotion work and psychological well-being. A review of the literature and some conceptual considerations, in: Human Resource Management Review, 12. Jg. (2002), S. 237–268.

Zapf, D./Vogt, C./Seifert, C./Mertini, H./Isic, A. (1999): Emotion work as a source of stress. The concept and development of an instrument, in: European Journal of Work and Organizational Psychology, 8. Jg. (1999) 3, S. 371–400.

Zentner, M. R./Scherer, K. R. (2000): Emotionstheorien: Partikuläre und integrative Ansätze [Emotion theories: Integrative approaches], in: Otto, J. H./Euler, H. A./Mandl, H. (Hrsg.): Handbuch der Emotionspsychologie, Weinheim, S. 151–164.

Zepf, S. (1997): Gefühle, Sprache und Erleben: Psychologische Befunde – psychoanalytische Einsichten, Giessen.

Zimbardo, P. G./Gerrig, R. J. (1999): Psychologie, Berlin.

Zohar, D./Marshall, I. (2000): SQ: Connecting with our spiritual intelligence, London.

Stichwortverzeichnis